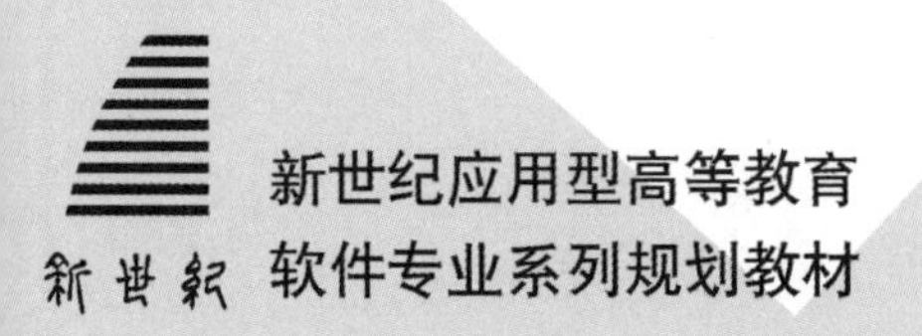

新世纪应用型高等教育
软件专业系列规划教材

C++程序设计

（第三版）

主　编　罗　烨　李秉璋
副主编　杨秀峰

大连理工大学出版社

图书在版编目(CIP)数据

C++程序设计 / 罗烨，李秉璋主编. -- 3 版. -- 大连 : 大连理工大学出版社，2022.10
新世纪应用型高等教育软件专业系列规划教材
ISBN 978-7-5685-3793-3

Ⅰ. ①C… Ⅱ. ①罗… ②李… Ⅲ. ①C++语言—程序设计—高等学校—教材 Ⅳ. ①TP312.8

中国版本图书馆 CIP 数据核字(2022)第 061709 号

C++程序设计
C++ CHENGXU SHEJI

大连理工大学出版社出版
地址:大连市软件园路 80 号 邮政编码:116023
发行:0411-84708842 邮购:0411-84708943 传真:0411-84701466
E-mail:dutp@dutp.cn URL:https://www.dutp.cn
大连永盛印业有限公司印刷 大连理工大学出版社发行

幅面尺寸:185mm×260mm 印张:18 字数:438 千字
2010 年 9 月第 1 版 2022 年 10 月第 3 版
2022 年 10 月第 1 次印刷

责任编辑:孙兴乐 责任校对:贾如南
封面设计:对岸书影

ISBN 978-7-5685-3793-3 定 价:58.80 元

第三版前言

本教材于2010年9月初版面世，多年来得到了许多同行的关心、支持，教材内容深受教师、学生的喜爱。为了使本教材的内容能够更好地呈现给读者，便于读者更好地理解和掌握，我们对教材进行了如下修订：

(1)调整了C++程序设计语言中面向过程和面向对象两部分内容的比例，弱化了面向过程部分的介绍，强化了面向对象部分的介绍，使教材内容突出了C++程序设计语言面向对象的特征。

(2)调整了章节安排，将面向对象语言中的类与对象、继承与派生、多态性三部分内容安排为连续的三章。

(3)对C++程序设计语言中重要的概念、知识、技术以及本教材的重点、难点增加了文字介绍，补充、完善了部分例题、插图，并对关键程序进行了详细的讲解和运行结果的分析。

为响应教育部全面推进高等学校课程思政建设工作的要求，本教材挖掘了相关的思政元素，逐步培养学生正确的思政意识，树立肩负建设国家的重任，从而实现全员、全过程、全方位育人。学生树立爱国主义情感，能够更积极地学习科学知识，立志成为社会主义事业建设者和接班人。

本教材随文提供视频微课供学生即时扫描二维码进行观看，实现了教材的数字化、信息化、立体化，增强了学生学习的自主性与自由性，将课堂教学与课下学习紧密结合，力图为广大读者提供更为全面并且多样化的教材配套服务。

本教材是江苏省中、高等职业教育衔接课程体系建设优秀课题(201436)成果。在修订本教材的过程中，编者得到了该项目负责人、参与者、相关学校教师的大力帮助，在此表示由衷的感谢。

本教材由江苏理工学院罗烨、李秉璋任主编;由黑龙江工程学院昆仑旅游学院杨秀峰任副主编。具体编写分工如下:第1章到第6章、第10章及附录由罗烨编写,第7章由杨秀峰编写,第8章、第9章由李秉璋编写。全书由罗烨统稿并定稿。

在编写本教材的过程中,编者参考、引用和改编了国内外出版物中的相关资料以及网络资源,在此表示深深的谢意!相关著作权人看到本教材后,请与出版社联系,出版社将按照相关法律的规定支付稿酬。

限于水平,书中仍有疏漏和不妥之处,敬请专家和读者批评指正,以使教材日臻完善。

编　者

2022年10月

所有意见和建议请发往:dutpbk@163.com

欢迎访问高教数字化服务平台:https://www.dutp.cn/hep/

联系电话:0411-84708445　84708462

第一版前言

在面向对象程序设计语言中，C++语言是最流行的语言之一。C++从C语言继承发展而来，因此语法严谨，数据类型丰富，运行效率高。同时C++既支持结构化的程序设计方法，也支持面向对象的程序设计方法。因此，C++语言已经成为各高等学校理工类专业的首选计算机语言。

作为“程序设计基础”“面向对象程序设计”课程的教学研究、改革内容，本教材符合CC2001、中国计算机科学与技术学科教程和计算机学科专业规范中关于程序设计、算法等相关知识单元的要求，根据应用型本科人才对程序设计能力的要求，结合多年讲授程序设计语言、面向对象技术等课程的教学经验编写而成。

本教材以C++语言为载体，结合C++语言的新技术、新发展，在讲授与C兼容的面向过程的内容后，重点介绍了面向对象的重要概念、技术，包括类与对象、继承与派生、虚函数与多态性、模板、异常处理等。与本教材配套的《C++程序设计实验与实训指导》则从提高学生的面向对象程序设计能力出发，安排了题型丰富的课后练习、测验、课程实验以及综合性的实训项目。

本教材的编写宗旨是：面向应用、重在实践，通过课程学习，切实提高学生使用面向对象技术解决实际问题的能力。为了体现这一宗旨，全书的内容体系安排特点是：教学内容循序渐进，所有概念、技术均有例题分析讲解。从第4章开始，每章最后设有单独一节，安排一个综合本章主要知识点，内容上前后衔接的综合性案例。这样到本教材最后一章，案例就成为一个融C++主要概念、技术、功能于一体的、较为完整的程序系统。

本教材的内容可以分成两大部分：第1章至第4章为第一部分，主要对C++程序设计思想、面向过程程序设计的基本内容进行介绍，其中包括C++语言成分、数据类型、表达式、流程控制、函数、文件结构等；第5章至第10章为第二部分，重点介绍面向对象程序设计的基本内容，包括类与对象、继承、多态、模板、输入/输出

流、异常处理等。

使用本教材，可以根据不同专业对学生面向对象程序设计能力的不同要求，安排在一个学年两个学期进行，其中第一学期学习第 1 章至第 4 章，第二学期学习第 5 章至第 10 章。对于已经学习过面向过程程序设计的学生(如学习过 C 语言)，也可安排在一个学期完成，重点学习第 5 章至第 10 章的内容。教材中加"*"的内容对于初学者可以略去。

本教材的教学安排建议如下：

第一部分 56 学时(包括理论课、习题课、实验课)，其中：第 1 章 10 学时，第 2 章 12 学时，第 3 章 16 学时，第 4 章 18 学时。

第二部分 56 学时(包括理论课、习题课、实验课)，其中：第 5 章 16 学时，第 6 章 6 学时，第 7 章 12 学时，第 8 章 10 学时，第 9 章 8 学时，第 10 章 4 学时。

在本教材编写过程中，编者得到了众多专家学者、同行、同事的指导帮助。南京大学陈家骏教授以渊博的专业理论和丰富的教学经验，对应用型人才C++教材内容选取、章节安排提出了建设性意见；江苏技术师范学院潘瑜、吴访升、叶飞跃、白凤娥等教授则从应用型人才培养规格、人才能力结构方面提出了许多意见和建议。值此教材出版之际，一并向他们表示衷心感谢。

尽管我们在本教材的编写方面做了很多努力，但由于作者水平所限，不当之处在所难免，恳请各位读者批评指正，并将意见和建议及时反馈给我们，以便下次修订时改进。

编　者

2010 年 9 月

所有意见和建议请发往：dutpbk@163.com

欢迎访问高教数字化服务平台：https://www.dutp.cn/hep/

联系电话：0411-84708445　84708462

目录 Contents

本教材数字资源列表

序号	微课知识点	教材页码	扫码观看
1	运算符和表达式之自增自减运算	14	
2	循环的嵌套	35	
3	函数的参数传递、返回值、函数调用机制	49	
4	指针作为函数参数	50	
5	函数的重载	58	
6	引用及函数的引用调用	83	
7	类定义与建立对象	110	
8	对象的创建与使用	124	
9	类的浅复制与深复制构造函数	129	
10	派生类的构造函数	168	
11	运算符重载为类的成员函数	190	
12	纯虚函数与抽象类	208	

素质目标

第1章 C++基础

素质目标

C++是广泛使用的支持多种程序设计方法的语言。本章首先介绍C++语言的发展历史及其特点，结合实例介绍C++程序的基本构成；然后介绍C++中的基本词法单位、数据类型、相关运算，以及常量、变量、表达式、语句等基础知识；最后介绍简单的输入/输出方法。

学习目标

1.了解C++语言的发展历史及其特点；
2.掌握C++语言程序的构成和开发过程；
3.掌握C++语言的基本词法单位；
4.理解数据类型、变量及常量的概念，掌握使用方法；
5.理解运算符的含义、优先级、结合性，掌握使用方法；
6.理解并掌握表达式的构成规则和使用；
7.理解类型转换概念，掌握数据类型转换规则；
8.掌握基本输入/输出方法。

1.1 C++概述

1.1.1 程序设计语言

人类的社会生活中，“自然语言”是人与人之间用来交流的工具，是由语音、词汇和语法构成的系统。而“程序设计语言”是人指挥计算机工作的工具，是计算机可以识别的语言，用于描述解决问题的方法，供计算机阅读和执行。

计算机的工作是依靠程序来控制的,程序是为实现特定目标或解决特定问题而用计算机语言编写的命令序列的集合,程序规定了计算机执行的动作及其顺序。

在计算机诞生的初期,程序员使用机器语言编写程序。机器语言被称为低级语言,由二进制指令组成,便于计算机硬件系统识别。但是对于人类来说,低级语言难以记忆,软件开发效率低、难度大。于是人类发明了汇编语言,它将机器指令映射为一些易懂的助记符,如ADD、SUB等。用汇编语言编写的程序需要经过翻译才能转换成计算机硬件系统可以识别的机器指令,这种翻译工具称为汇编程序。汇编语言仍然是低级语言,和人的思维相差甚远,必须详尽地描述计算机的任何操作,抽象层次低,程序员需要考虑大量的机器细节。

高级语言的出现是计算机编程语言的一大进步,它使得计算机程序设计语言不再过度依赖于某种特定的计算机或环境,这是因为高级语言在不同的平台上会被编译成对应的机器语言。高级语言忽略了计算机的硬件区别,屏蔽了机器的细节,提高了语言的抽象层次,更接近人类的语言,因而易学、易用、易维护。用高级语言编写的程序称为"源程序",和汇编语言的程序一样,计算机不能直接识别源程序,必须用编译程序或解释程序翻译成二进制的机器指令才能在计算机上运行。

常见的高级语言有:Basic、Pascal、C、C++、C#、Java、PHP、Python等,不同的语言有不同的应用范围。

1.1.2 程序设计

程序设计是根据特定的问题,使用某种程序设计语言,设计出计算机能够执行的指令序列。程序设计是一项创造性的工作,根据任务程序设计主要完成以下两方面工作:

(1)数据描述:数据描述是把被处理的信息描述成计算机可以接收的数据形式,如整数、实数、字符、数组等。

信息可以用人工或自动化装置进行记录、解释和处理。使用计算机进行信息处理时,这些信息必须转换成可以被计算机识别的"数据",如数字、文字、图形、声音、视频等。不管什么数据,计算机都以二进制形式进行存储和加工处理。数据是信息的载体,信息依靠数据来表达。

(2)数据处理:数据处理是指对数据进行输入、输出、整理、计算、存储、维护等一系列的操作。数据处理的目的是为了提取所需的数据成分,以获得有用的资料。

一些程序员,尤其是程序设计初学者,常常认为程序设计就是用某种程序设计语言编写代码,这是片面的认识。上述工作被称为编码,它只是程序设计的一个阶段。程序设计需要用一定的方法来指导,例如:对问题如何进行抽象和分解、对程序如何进行组织,才能使程序的可维护性、可读性、稳定性等更好。计算机对问题的求解方式通常采用数学模型抽象的方法。随着社会科学的发展,人们需要计算机处理的问题越来越复杂,计算机工作者不断寻求简捷可靠的软件开发方法。从结构化程序设计到面向对象程序设计,体现了程序设计理论、方法的不断发展。

学习C++语言,不仅可以掌握一种实用的计算机软件设计工具,更重要的是通过该课程学习,掌握结构化程序设计和面向对象程序设计的基本方法,为进一步学习和应用打下良好基础。

1.1.3 C++语言的发展历史和特点

C++语言由 C 语言发展而来，是以面向对象为主要特征的语言。它是 20 世纪 80 年代初由贝尔实验室的 Bjaren Stroustrup 博士发明的，最初称为“带类的 C”，1983 年正式命名为C++。为了使C++语言具有更好的可移植性，美国国家标准协会（American National Standards Institute，ANSI）和国际标准化组织（International Organization for Standardization，IOS）成立了C++标准委员会，合作进行C++国际标准化的工作。1998 年，通过了第一版C++标准 ISO/IEC 14882：1998，简称C++98。之后，C++标准每隔几年进行更新，分别是C++03、C++11、C++14、C++17 和C++20。

C++编译器对于标准化C++是高度兼容的。目前比较流行的C++编译器有 g++，Microsoft Visual C++，Borland C++等。为便于教学，本教材采用微软的开发环境 Visual Studio。

C++的主要特点包括：

(1)作为 C 语言的超集，C++继承了 C 的所有优点，与 C 语言兼容，支持结构化的程序设计。熟悉 C 语言的程序员，能够迅速掌握C++语言。

(2)对 C 语言的数据类型做了扩充，修补了 C 语言中的一些漏洞，提供了更好的类型检查和编译时的分析。

(3)生成目标程序质量高，程序执行效率高。一般来说，用面向对象的C++编写的程序执行速度与 C 语言程序不相上下。

(4)支持面向对象的程序设计，通过类和对象的概念把数据和对数据的操作封装在一起，模块的独立性更强。通过派生、多态以及模板机制实现软件复用，从而提高软件的生产效率。

(5)提供了异常处理机制，简化了程序的出错处理。出错处理程序不必与正常的代码紧密结合，从而提高了程序的可靠性和可读性。

C++提高了程序的可读性、可靠性、可重用性和可维护性，更适合大型复杂软件的开发。

C++与 C 完全兼容，很多用 C 编写的库函数和应用程序都可以为C++所用，这使C++和面向对象技术很快得到推广。但正是由于与 C 兼容，因此C++不是纯面向对象语言，它既支持面向对象程序设计，又支持面向过程程序设计。在大型复杂程序的设计过程中，应当注意用面向对象的思想进行设计，以发挥C++的优势。

1.2 简单的C++程序实例

C++的程序结构由注释、编译预处理指令和程序主体组成。下面通过一个简单的程序来分析C++程序的基本构成及主要特点。

```
//ex1-1.cpp 求圆周长、圆面积、球体积
#include <iostream>                          //包含头文件
using namespace std;                         //使用名字空间
```

```
int main(){                                    //主函数
    int radius;                                //定义变量
    double perimeter,area;
    const double PI=3.14;                      //定义常变量
    cout<<"半径=";                             //显示"半径="
    cin>>radius;                               //输入半径
    perimeter=2*PI*radius;                     //计算圆周长
    area=PI*radius*radius;                     //计算圆面积
    cout<<"圆周长="<<perimeter<<endl;          //输出计算结果
    cout<<"圆面积="<<area<<endl;
    cout<<"球体积="<<4/3.0*PI*radius*radius*radius<<endl;
    return 0;
}
```

该源程序文件名为 ex1-1.cpp，经编译、连接生成可执行程序，运行后，首先显示：

半径=

用户从键盘上输入一个整数 3 并按 Enter 键，显示器上将显示结果：

圆周长=18.84

圆面积=28.26

球体积=113.04

下面分析该程序的结构。

1.注释

C++注释有两种形式：一种是在"//"之后的内容，一直到本行结束；另一种是"/*"和"*/"之间的内容，注释内容可占多行。注释只是为了改善程序的可读性，在编译、运行时不起作用，可以放在程序任何位置。

2.编译预处理指令

"#"后为编译预处理指令，本例中的 include 称为文件包含指令，指出程序要使用的外部文件 iostream。它指示编译器在对程序进行预处理时，将文件 iostream 中的代码嵌入该指令所在处，使其成为本程序文件的一部分。iostream 是系统定义的头文件，其中定义了和输入输出操作有关的内容。在程序中如果需要使用C++系统中提供的一些功能，就必须包含相关的头文件。

C++编译系统提供的头文件有两类，一类是标准C++库的头文件，这些头文件没有扩展名，另一类头文件是 C 语言风格的，文件的扩展名是".h"，例如 iostream.h。使用该风格的头文件不需要加"using namespace std;"，本书的例题使用标准C++库的头文件。

3.程序主体

程序主体通常由一些数据的说明以及若干函数所组成，任何C++的程序都是由一个或多个函数组成的。本例由一个称为"main()" 的主函数组成。在组成程序的若干个函数中，主函数有且只能有一个，它是程序执行的入口，也是程序执行结束的出口。

每一个函数都包含了函数头和函数体，本例中的"int main()"为函数头，而由"{"和"}"所括起来的部分称为函数体。main 函数头前的 int 的作用是声明函数的返回值类型为整型，此时在函数中至少应包含一条 return 语句（本例为函数体内最后一条语句），该语句的作用是函数执行结束时，向操作系统返回一个值。

对函数的描述由函数体即“{ }”中的语句序列完成，每个语句以“;”结束。一个语句可能是定义或声明一个变量，如“int radius;”，也可能是对数据处理的计算步骤，如：“perimeter=2 * PI * radius;”。cin 表示标准输入流对象，“＞＞”是提取运算符，用于将用户从键盘输入的值保存到其后面的变量中，cout 表示标准输出流对象，“＜＜”是插入运算符，用于将其后面的内容输出到显示器上。

C++严格区分大小写。语法上虽然不严格限制程序的书写格式，但从提高可读性的角度出发，程序书写应采用向右逐层缩进格式，呈锯齿状，以体现程序的逻辑关系。一般一行写一条语句，便于阅读程序。

1.3 C++程序开发过程

C++程序开发通常要经过 5 个阶段，包括：编辑、编译预处理、编译、连接、运行与调试。

1.编辑

编辑阶段的任务是编辑源程序，源程序是使用C++语言规范书写的程序。C++源程序文件通常带有“.h”“.cpp”扩展名。其中“.cpp”是标准的C++源程序扩展名，“.h”是头文件扩展名。一个C++程序可以有多个源程序文件。对C++源程序的编辑可以用任何文本编辑器或C++集成开发环境。

2.编译预处理

在编译器开始编译源程序之前，预处理器会自动执行源程序中的预处理语句（命令）。这些预处理语句是规定在编译之前执行的语句，其处理包括：将其他源程序文件包括到要编译的文件中，执行各种文字替换等。

3.编译

由高级语言编写的C++源程序无法被计算机直接识别和执行，必须先转换成二进制形式的文件。由源程序转换成二进制代码的过程称为编译，这个过程由编译器来完成。编译过程分为词法分析、语法分析、代码生成这 3 个步骤。在进行词法和语法分析过程中如果发现错误，编译结束后会提示出错信息，必须修改源程序，纠正错误后才能继续下面的工作。当编译结束时没有出现任何错误，就会生成目标程序（或称目标代码）。目标程序可以是机器指令代码，也可用汇编语言或其他中间语言表示。目标程序文件的扩展名为“.obj”。

4.连接

虽然目标程序是由可执行的机器指令组成的，但并不能由计算机直接执行。因为C++程序的文件中通常包含了对系统定义函数和数据的引用，也可能包含了本程序其他文件中自定义的函数和数据的引用。一个源程序文件编译生成目标代码时，这些地方通常是“空缺”的，连接器的功能就是将多个源程序文件生成的目标文件代码和系统库文件的代码连接起来，将“空缺”补上，生成可执行代码，即扩展名为“.exe”的可执行文件。

5.运行与调试

在程序开发过程的各个阶段都可能出现错误，编译阶段出现的错误称为编译错误；连接阶段出现的错误称为连接错误；在程序运行过程出现的错误可能是逻辑错误或运行错误。逻辑错误和运行错误可通过C++系统提供的调试工具 debug 帮助发现，然后修改源程序，改正错误。目前C++系统都提供源代码级的调试工具，可直接对源程序进行调试。

在C++系统下，程序开发过程如图 1-1 所示。

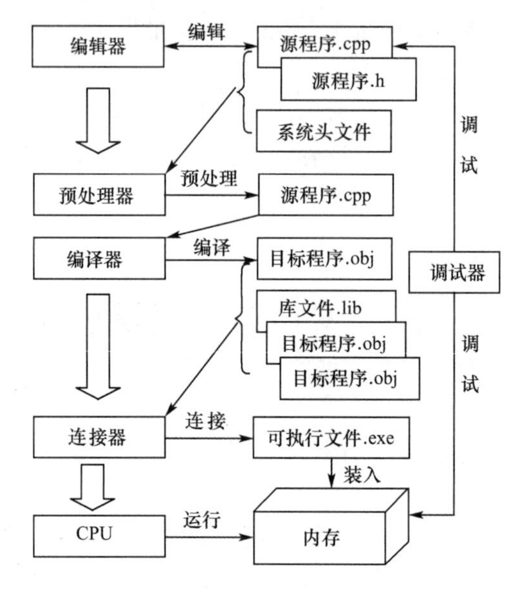

图 1-1 程序开发过程

1.4 C++的词法单位

所有语言系统都是由字符集和规则组成的。“字符”是语言不可细分的基本语法单位。按照规则，由字符可以组成“词”，由词组成“表达式”“语句”，又由各种语句构成“函数”“程序”等。本节介绍C++的字符集，以及各种词法单位。

ASCII(American Standard Code for Information Interchange)码字符集是计算机领域中常用的西文字符集。每个 ASCII 码字符的存储占用一个字节。附录 A 给出了 ASCII 字符表。

C++的字符集是 ASCII 码字符集的子集。包括如下字符：

26 个英文大写字母：ABCDEFGHIJKLMNOPQRSTUVWXYZ

26 个英文小写字母：abcdefghijklmnopqrstuvwxyz

10 个阿拉伯数字：0123456789

26 个其他符号：＋、－、*、/、＝、,、.、_、:、;、?、\、"、'、～、|、!、#、%、&、()、[]、{}、^、<>、空格。

C++的上述字符集构成了 5 种词法单位：关键字、标识符、标点符号、运算符和空白符。

(1)关键字

关键字(又称为保留字)，是由系统定义具有特定含义的、全由小写字母组成的英文单

词。关键字不能另做它用。附录 B 中给出了C++常用的 60 个关键字及含义。例 1-1 中 include、using 、namespace、int、const 等都是关键字。

（2）标识符

标识符是程序员在程序中自定义的“单词”，用来为程序中涉及的变量、常量、函数及自定义数据类型等命名。在标准C++中，标识符的命名遵循如下规则：

①合法标识符以字母或下划线开头，由字母、数字或下划线组成。

②标识符区分大小写字母，如 ab、Ab、aB、AB 被认为是 4 个不同的标识符。

③标识符不能与关键字相同，也不能与C++编译器提供的资源（如库函数名、类名、对象名等）同名，否则同名资源将被标识符屏蔽。

在定义标识符时，最好避免使用由下划线开头的标识符，因为系统定义的内部符号常以下划线或双下划线开头。

作为一种良好的程序设计习惯，命名标识符应该尽量有意义，以便见名知意。例如：命名标识符 radius 表示半径，area 表示面积。标识符中也可大小字母混用，以提高程序的可读性。

（3）标点符号

标点符号包括：# 、()、{}、,、:、;、"、'等。

有些标点符号有一定的语法意义，如字符和字符串常量分别用' '和" "引起来，有些则主要起分隔作用，如“;”。

书写程序时每个语法符号之间必须用分隔符隔开，除这些标点符号外，起分隔符作用的还有运算符、空格、制表符（Tab 键）等。

编译器对源程序进行编译的第一步是词法分析。词法分析以分隔符为界，按最长有效符号的原则提取词法符号，如 charstr 将作为一个标识符，而不是作为一个关键字 char 和一个标识符 str 两个词法符号。

（4）运算符

运算符又称为操作符，是用于实现各种运算的符号。C++提供了丰富的运算符，如+、-、* 、/等，在以后章节中将详细介绍各类运算符。附录 C 给出了C++中所有的运算符。

（5）空白符

C++中的空白符指空格、制表符（Tab 键）、Enter 符（Enter 键）和注释。空白符用于指示词法符号的开始和结束，除此之外的空白符均被编译程序忽略。因此 C++程序可以不必严格按行书写。但是为了便于阅读程序，通常还是一行写一条语句。

1.5 C++的数据类型

数据是程序处理的对象，客观世界中的数据有不同的种类，例如整数、实数、字符，逻辑“真”或“假”。不同类型的数据也有不同的处理方法。在程序设计中“类型”是对数据的抽象。数据类型确定了两方面信息：一是该类型数据在内存中如何存储以及数值表示范围，二是该类型数据允许进行的运算。

C++中提供了丰富的数据类型，分为基本类型和非基本类型两大类，如图 1-2 所示。

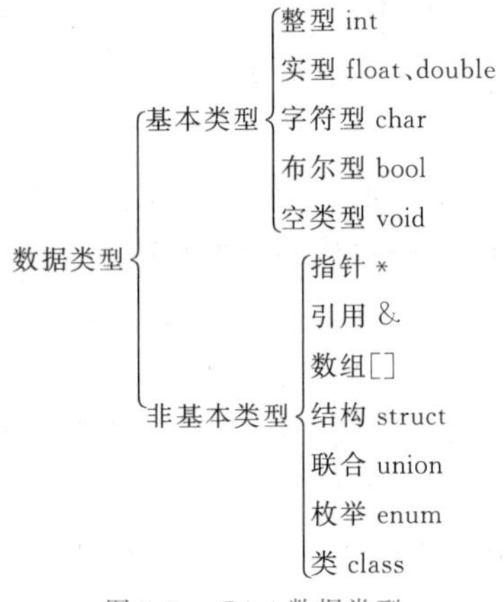

图 1-2　C++数据类型

基本类型是C++内部预先定义的数据类型，有 int(整型)、float(单精度实型)、double(双精度实型)、char(字符型)、bool(布尔型)、void(空类型)。非基本类型是用户根据求解问题需要并按C++语法规则构造出来的数据类型，包括指针、引用、数组、结构、联合、枚举以及类等，非基本数据类型也称自定义类型，即在使用之前必须先定义。

C++对基本数据类型分别进行了封装，称为内置数据类型，并定义了在内置数据类型上的运算。本节仅介绍各种基本数据类型的含义和使用方法。常用运算将在本章的后几节中介绍。

标准C++中只规定了基本数据类型长度之间的关系，没有明确规定每种类型数据的字节数。不同计算机中，同类型数据所占用内存空间的长度不一定相同。例如，16 位计算机中，int 数据占 2 个字节，32 位计算机中，int 数据占 4 个字节。表 1-1 所列为 Visual C++的基本数据类型。

表 1-1　　Visual C++的基本数据类型

类型名	说明	占用字节	取值范围
bool	布尔型	1	true，false
(signed) char	有符号字符型	1	$-128 \sim 127$
unsigned char	无符号字符型	1	$0 \sim 255$
(signed) short (int)	有符号短整型	2	$-32768 \sim 32767$
unsigned short (int)	无符号短整型	2	$0 \sim 65535$
(signed) int	有符号整型	4	$-2^{31} \sim (2^{31}-1)$
unsigned (int)	无符号整型	4	$0 \sim (2^{32}-1)$
(signed) long (int)	有符号长整型	4	$-2^{31} \sim (2^{31}-1)$
unsigned long (int)	无符号长整型	4	$0 \sim (2^{32}-1)$
float	单精度实型	4	$-3.4^{38} \sim 3.4^{38}$
double	双精度实型	8	$-1.7^{308} \sim 1.7^{308}$
long double	长双精度实型	8	$-1.7^{308} \sim 1.7^{308}$
void	无值型	0	

布尔型也称为逻辑型，用于处理逻辑数据，其取值只有 true(逻辑真)和 false(逻辑假)两个。在 Visual C++中布尔型数据占一个字节，实际上是用整数来代替两个逻辑值，所以布尔型在运算中可以和整型相互转换，true 对应 1 或非 0，false 对应 0。

整型用来处理整数。整数在不加说明时是指有符号整数，在内存中以补码形式存放；无符号整数没有符号位，存放的就是原码。

字符型用来描述文字数据中的单个字符。C++中存储的是该字符的 ASCII 码，占用一个字节，如大写字母 A 的 ASCII 码为 65，在对应的一个字节中存储的就是 65。由此可见，字符型数据存储的是整数。因此，在C++中字符型数据可以和整数、实数进行运算。反之，一个整数如果在 ASCII 码表示的范围内，则也可作为可显示字符数据处理。

单精度实型和双精度实型都是用来处理实数的，两者表示的实数精度不同。实数在内存中以规范化的浮点数形式存储，包括尾数、数符和阶码。实数的精度取决于尾数的位数，4 字节 float 型数据包括 1 位符号位，8 位阶码和 23 位尾数位，十进制有效数字是 6～7 位；8 字节 double 型数据包括 1 位符号位，11 位阶码和 52 位尾数位，十进制有效数字是 15～16 位。

基本数据类型还可以加上一些修饰词，包括 signed(有符号)、unsigned(无符号)、long(长)、short(短)等。

表 1-1 中类型名用“()”括起来的部分在书写时可以省略。

1.6 变量和常量

数据在程序中需要一定的表达方式，变量和常量就是用来表示数据的，其中常量又分为文字常量和常变量，下面分别进行介绍。

1.6.1 变　量

在程序运行过程中，其值可以改变的量称为变量。变量必须用标识符进行标识，该标识符称为变量名。

C++是强类型语言，在使用变量之前必须先说明类型才能使用。比如例 1-1 中的“double perimeter,area;”。变量说明有时也称为变量定义。在C++中，变量说明的一般格式为：

```
数据类型　变量名 1[=初始值 1][,变量名 2[=初始值 2],…,变量名 n[=初始值 n]];
```

注意：在上面变量说明的语法格式中，“[]”“…”并非是C++语法符号，而是描述C++语法的元语言符号。它们的含义是：“[]”表示括起来部分的语法内容为可选部分；省略号“…”表示“[]”中的语法内容可以重复任意多次。本书中统一使用这样的语法表示形式。像这种既作为C++语言的符号，又作为描述C++语法格式的元语言符号还有“|”。读者一般可从这类符号出现的上下文来判断其含义。

程序中的数据类型可以是C++定义的基本类型，也可以是非基本类型。

变量定义可以出现在程序中的任何位置，只要在使用该变量之前定义即可。同一变量名在一定范围内只能定义一次。

定义变量时可以根据需要给变量一个值，这称为变量初始化或给变量赋初值。例如：

```
float area=3.5,volumn=5.6;
```

一般情况下，变量经过定义而未被赋值时，其值为不确定的随机值。取其值参与运算的结果是不确定的。而且编译器有时发现不了这类错误，所以变量应先赋值或初始化后再使用。

定义一个变量即明确了它的4个属性：名字、数据类型、允许的取值范围及合法操作。这样做带来三个好处：

(1)便于系统为变量分配内存空间，系统根据变量类型为其分配一段连续的内存单元，不同类型的变量占用内存单元的字节数不同，根据类型能够保证内存空间的有效使用。

(2)便于在编译期间进行语法检查。不同类型的变量有其相应的合法操作，编译程序可以根据变量的类型对其操作的合法性进行检查。

(3)程序可以按名访问变量。变量名和内存单元地址之间存在映射关系，当程序引用变量时，计算机通过变量名寻址，进而访问其中的数据。

1.6.2 文字常量

常量是指其值在程序的执行过程中始终保持不变的量。其中，文字常量指程序中直接给出的量。文字常量存储在代码区，而不是数据区，对它的访问不是通过数据地址进行的。

根据表示方法的不同，文字常量分为整型常量、实型常量、字符型常量和字符串常量。

1.整型常量

C++中的整型常量可以使用十进制、八进制、十六进制形式表示。

(1)十进制表示与平时熟悉的书写方式相同。如：134，－12。

(2)八进制表示以0开始，由数字0～7组成。如：012。

(3)十六进制以0X(或0x)开始，由数字0～9和字母A～F(大小写均可)组成。如：0x51E。

(4)长整型常量以L或l结尾；无符号整型常量以U或u结尾；无符号长整型常量以U、L或LU(大小写均可)结尾。如：－63L，017U，0X45Lu。

对于没有标明为长整型或无符号整型的常量，编译器将根据数据大小自动确定其类型。

2.实型常量

C++中的实型常量，有一般形式和指数形式两种表示方法。

(1)一般形式与平时书写的形式相同，由数字0～9、小数点和正负号组成。如：0.23，－12.56，0.0，76.(注意必须有小数点)。通常编译器将实型常量视为double类型。

(2)指数形式(也称为科学表示法)，形式为：尾数E指数，或尾数e指数。

其中尾数可以是整数或小数，指数必须是整数，E或e称为指示符，表示以10为底指数的整数次方形式。尾数的整数和小数部分不能同时缺省。以下是合法的实型常量指数形式表示：

```
12E12           //指数表示 12×10^12
-0.324e-2       //指数表示-0.324×10^-2
5.E-3           //指数表示 5.0×10^-3
-.86e5          //指数表示-0.86×10^5
```

而

```
E7              //错误，不能没有尾数
1.4E2.9         //错误，指数不能是实数
```

是非法的实型常量指数形式表示。

3.字符型常量

字符型常量是用单引号引起来的字符，在内存中保存的是字符的 ASCII 码值。有两种形式：

(1)单引号引起来的单个字符，如：'A'、'$'、'0'、'_'等。

(2)单引号内以反斜杠开头的字符，称为转义序列表示。主要用于表示不可显示的以及无法从键盘输入的字符，如换行符、制表符、响铃、退格等。另外还有几个具有特殊含义的字符，例如反斜杠、单引号和双引号。表 1-2 中列出了C++中预定义的转义序列。

表 1-2　　C++中预定义的转义序列

字符表示	ASCII 码值	名　称	功能或用途
\a	0x07	响铃	用于输出
\b	0x08	退格(Backspace 键)	退回一个字符
\f	0x0c	换页	用于输出
\n	0x0a	换行符	用于输出
\r	0x0d	回车符	用于输出
\t	0x09	水平制表符(Tab 键)	用于输出
\v	0x0b	纵向制表符	用于制表
\0	0x00	空字符	作为字符串结束标志等
\\	0x5c	反斜杠字符	用于需要反斜杠的地方
\'	0x27	单引号字符	用于需要单引号的地方
\"	0x22	双引号字符	用于需要双引号的地方
\nnn	八进制表示		用八进制 ASCII 码表示字符
\xnn	十六进制表示		用十六进制 ASCII 码表示字符

表中最后两行是所有字符的通用表示方法，即用反斜杠加 ASCII 码表示。以字母 a 为例，可以有 3 种表示方法，即'a'、'\141'和'\x61'。可以看出，对于可见字符，第 1 种表示方法是最简单、直观的。

4.字符串常量

用双引号引起来的若干个字符序列称为字符串常量。例如：

```
"I am a student."、"423"、"a"、"      "
```

字符串常量在内存中按顺序逐个存储串中字符的 ASCII 码，并在最后存放一个'\0'字符，称为串结束符。用该字符表示字符串的结束。字符串的长度指的是串中'\0'字符之前的所有字符个数，包括不可见字符。因此，字符串常量实际占用的字节数是：字符串长度+1。最短的字符串是空字符串，它仅由一个结束符'\0'组成。

需要注意的是：

(1)字符串常量和字符常量是不同的，不能将字符串常量赋值或初始化给字符变量。例如：

```
char c="hello";
char m; m="a";
```

c 是字符型变量，只能存放一个字符。很明显不能将一串字符赋给 c。'a'是字符，"a"是字符串，两者在内存中的存储形式是不一样的，前者只占一个字节，后者占两个字节。图 1-3 是字符'a'和字符串"a"在内存的存储形式。

'a'

'a'	0

图 1-3　字符和字符串的存储形式

（2）当单引号作为字符串中的一个字符时，可以直接按书写形式出现，也可以用转义序列表示，但当双引号作为字符串中的一个字符时，只能用转义序列表示。例如：

```
"I'm glad to know you."          //表示字符串 I'm glad to know you.
"sister\'s book. "               //表示字符串 sister's book.
"\"good\" "                      //表示字符串"good"
```

（3）C++的基本数据类型中没有字符串类型，是用字符数组来处理字符串，这部分内容将在第 4 章中介绍。

1.6.3 常变量

例 1-1 中用到了圆周率 π，但 π 不属于C++的字符集，所以只能用常量形式表示，如 3.14159。如果程序中需要多处使用，可以用一个容易理解和记忆的标识符来替代，如 PI。这样一是提高了程序的可读性，便于理解常量的含义；二是提高了程序的可维护性。如果需要修改该常量的值，只需在标识符的说明处进行修改即可，避免了程序中多处查找修改的麻烦，同时也避免了因漏改导致程序结果错误的情况。

用常量说明符 const 给文字常量起个名字，这个标识符就称为标识符常量。由于标识符常量形式很像变量，因此也称为常变量。常变量的定义形式为：

```
const  数据类型 常变量名=常量值;
```

或

```
数据类型  const  常变量名=常量值;
```

例如：

```
const double PI=3.14159;
const int Number =100;
```

注意：

（1）常变量必须在说明时进行初始化。它虽然存储在数据区，并且可以按地址访问，但在初始化之后不允许再被赋值，其值不能再发生变化。编译器在编译时会对常变量进行类型检查。

（2）常变量同样必须先定义后使用。说明之后，就可以通过标识符使用该常量。C++推荐用大写字母作为常变量名，以便和一般变量名区分。

1.7 运算符和表达式

在程序中，表达式是计算求值的基本单位，表达式与运算符密不可分，它由运算符与操作数组合而成，并由运算符指定对操作数要进行的运算，一个表达式的运算结果是一个值。C++程序的很多语句是由表达式构成的。本节重点介绍与基本数据类型相关的运算符和表达式。

1.7.1 C++的运算符、优先级和结合性

对常量或变量进行运算或处理的符号称为运算符，参与运算的对象称为操作数，运算符与操作数是相关联的，相同的运算符对不同类型的操作数执行的运算是有差异的。C++中定义了丰富的运算符。

1.运算符的分类

按照要求的操作数个数的不同，C++运算符可以分为单目运算符、双目运算符和三目运算符。单目运算符只对一个操作数进行运算，如负号运算符“－”；双目运算符要求有两个操作数，如加号运算符“＋”；三目运算符要求有 3 个操作数，C++中只有一个条件运算符“?:”是三目运算符。

按照运算的功能，C++运算符可以分为算术运算符、关系运算符、逻辑运算符、位运算符、条件运算符、赋值运算符、逗号运算符、sizeof 运算符及其他运算符。

2.运算符的优先级和结合性

运算符有各自的运算优先级和结合性。附录 C 列出了C++中运算符的优先级和结合性。

运算符的优先级指不同运算符在运算中的优先关系，表中序号越小，其优先级越高。运算符的结合性是指优先级相同的运算符组合在一起时运算符和操作数的结合方向。同一优先级的运算符有相同的结合性，如＋、－运算符的结合性是从左到右（左结合），因此 a＋b＋c－d 的运算次序为：

```
((a+b)+c)-d            //先计算 a+b,然后计算+c,最后-d
```

又如＝运算符结合性是从右到左（右结合），因此 c＝b＝a 的运算次序为：

```
c=(b=a)        //先计算 b=a,再计算 c=b
```

1.7.2 运算符及其表达式

表达式是由运算符、操作数及分隔符组成的式子。本节介绍各种基本运算符及表达式。

1.算术运算符及算术表达式

C++提供 5 种基本的算术运算符：＋（加）、－（减）、*（乘）、/（除）、%（取余）。

对于运算符“/”，当两个操作数均为整数时，所执行的运算为整除，结果为整数。例如：

```
9/2  // 结果为 4,整数,而不是 4.5
```

只要有一个操作数是实数，则两个操作数均转换为 double 类型，“/”的结果是实数。例如：

```
5/4.0      //结果为 1.25,实数
```

取余运算符“%”也称为求模，其意义是求两个整数相除后的余数，因此要求两个操作数必须均为整数。例如：

```
3%2        //结果为 1
```

标准C++并没有对取余运算中操作数为负数时的运算规则做出规定。通常由编译器自行决定操作数为负数时取余运算的结果。因此在不同的编译器下，两个相同的操作数进行取余运算结果可能不同。

由算术运算符、操作数和括号连接而成的表达式称为算术表达式。算术运算要注意运算符的优先级。C++仍然遵循“先乘除、后加减”的原则。对于任何类型的表达式，如果要改变运算的次序，都可使用括号“()”。从附录C可以看到括号“()”具有最高优先级。

当表达式中的每个变量都有确定的值时才能进行表达式求值。

算术运算还需注意数据溢出问题。算术运算的结果可能太大（或太小），超出了指定变量的数值表示范围，这种情形称为溢出。C++编译器对溢出不作为错误处理，程序将继续执行并可能产生错误的计算结果。因此，程序设计者必须在程序中解决检查和处理数据溢出的问题。

运算符和表达式之自增自减运算

2.赋值运算符与赋值表达式

C++的赋值运算符为“=”，其意义是将赋值号右边的值送到左边变量名所标识的内存单元中。语法格式为：

```
变量=表达式
```

赋值号不是等号，它具有方向性。左操作数称为“左值”，必须放在内存中可以访问且可以合法修改值的存储单元中，通常只能是变量名；右操作数称为“右值”，可以是常量、变量或表达式，但一定能取得确定的值。例如，下面的赋值运算是错误的：

```
3.14159=PI                      //左值不能是常量
a+b=c                           //左值不能是表达式
const int N=10;
N=20                            //错误，常变量不能被重新赋值
```

由赋值运算符连接的表达式称为赋值表达式。赋值表达式本身也有值，其左值就是赋值表达式的值。赋值表达式的求解过程是：先计算赋值运算符右侧的“表达式”的值；然后将其值赋值给左侧的变量；整个赋值表达式的值就是赋值运算符左侧变量的值。

下面是一些赋值表达式的例子：

```
a=5+6               //将11赋给a，表达式的值为11
b=c=5               //将5赋给c，再将表达式(c=5)的值5赋给b，整个表达式的值为5
a=(b=4)+(c=3)       //将4赋给b，3赋给c，再将表达式(b=4)+(c=3)的值7赋给a，
                    //整个表达式的值为7
```

在C++中，赋值运算符和一些双目运算符可以组合成一个新的运算符，称为复合赋值运算符，如+=、-=、*=、/=、%=等。由这些运算符连接的表达式称为复合赋值表达式。例如：

```
x*=y+1              //等价于x=x*(y+1)而不是x=x*y+1
```

复合赋值运算表达式仍属于赋值表达式，它不仅简化了书写，而且能提高表达式的求值速度。

3.自增、自减运算

自增、自减运算符是单目运算符。其中++是自增运算符，--是自减运算符，其意义是使变量的当前值加1或减1后再赋给该变量。例如：

```
i++           //相当于i=i+1
--j           //相当于j=j-1
```

这两个运算符要求操作数只能是变量，例如：5++、(i+1)--、(i++)++都是错误的表达式。

对于表达式 i=i+1 可使用++i 或 i++来替代，也就是说++、--在使用时还分运算符前置和运算符后置。

运算符前置和后置对操作数本身值的变化没有区别，但整个表达式的值是不同的。因此当自增、自减表达式还参与其他运算时，情况会有所不同。对于前置的形式，变量先作自加或自减运算，然后将运算结果用于表达式中；而对于后置的形式，变量的值先在表达式中参与运算，然后再作自加或自减运算。例如：

```
a = 6;
b = a++;            // 因为表达式 a++的值为 6，因此执行结果为：b=6, a=7
```

而

```
a = 6;
b = ++a;           //因为表达式++a 的值为 7，因此执行结果为：b=7, a=7
```

4.关系运算和逻辑运算

C++提供了 6 种关系运算符：>(大于)、>=(大于等于)、<(小于)、<=(小于等于)、==(等于)和！=(不等于)，用来完成两个操作数的比较，结果为逻辑值 true(真)或 false(假)。

C++提供了 3 种逻辑运算符：！(逻辑非)、&&(逻辑与)和||(逻辑或)。其中！是单目运算符。逻辑运算符的运算规则见表 1-3，逻辑运算的结果均为逻辑值。

表 1-3　　逻辑运算符的运算规则

a	b	a&&b	a||b	！a
真	真	真	真	假
真	假	假	真	假
假	真	假	真	真
假	假	假	假	真

C++中的逻辑值与整数之间存在一个对应关系：真对应 1，假对应 0；反过来，0 对应逻辑值假，而一切非 0 值都对应真。所以逻辑运算的结果可作为整数参与其他运算。同时整数也可参与逻辑运算。假定 a=6，b=4，c=2，d=2，x=6，y=2。

```
a>b>c                      //先求 a>b，结果为 true，即 1，1>c 比较，结果为 false
y=a>b                      //先求 a>b，结果为 true，即 1，再赋值给 y，结果为 1
a+b>c+d                    //相当于(a+b)>(c+d)，结果为 true
a>b&&a>c||(x>y)-！a        //相当于((a>b)&&(a<c))||((x>y)-(！a))，结果为 true
```

计算关系和逻辑表达式时，逻辑非的优先级最高，关系运算符次之，逻辑与和逻辑或最低。

C++在求逻辑表达式值的时候，并非一定先将所有逻辑运算符连接的表达式的值全部求出，再进行所有的逻辑运算，而是采用求值优化算法。即在求逻辑表达式值的过程中，一旦表达式的值能够确定，就不再继续进行余下的运算。例如：

```
int a=3, b=0;
！a && a+b && a++
！a||++a||b++
```

第一个表达式是一个由“&&”组成的逻辑表达式，从左至右计算三个子表达式，只要有一个为 0 就不再计算其后子表达式。当计算“！a”的值为 0 时，便可确定整个表达式的值为

0,因此不再计算后面的子表达式。所以 a 的值仍为 3,b 的值为 0。第二个表达式是一个由“||”组成的逻辑表达式,从左至右计算三个子表达式,只要有一个结果为真则不再计算后面的子表达式。第一个子表达式为“! a”结果为 0,再计算++a,值为 4,为真,因此不再计算后面的子表达式。所以 a 为 4,b 仍为 0。

优化计算虽然提高了运算效率,但可能产生副作用,使表达式得到意想不到的结果,所以在使用逻辑运算的时候要特别加以注意。

5.逗号运算符与逗号表达式

C++中的逗号“,”也是一个运算符,在所有运算符中它的优先级最低。用逗号连接起来的表达式称为逗号表达式。语法格式为:

```
表达式 1,表达式 2,……,表达式 n
```

逗号表达式的求解过程是:自左向右,求解表达式 1,求解表达式 2,…,求解表达式 n。整个逗号表达式的值是表达式 n 的值。例如:

```
3+5,6+8        //表达式的值为 14
a=3*5,a*4      //等价于(a=3*5),(a*4) 整个表达式计算后值为 60,其中 a 为 15
```

并非所有的逗号都构成逗号表达式,有些情况下逗号只起分隔符作用(如函数参数之间的分隔符)。

6.sizeof()运算符

该运算符计算某种类型或某种类型变量在内存中所占的字节数。语法格式为:

```
sizeof(数据类型)或 sizeof(变量名)
```

其中,数据类型可以是基本数据类型,也可以是用户自定义类型。变量必须已经定义。另外,括号可以省略,运算符与操作数之间用空格间隔。例如:

```
sizeof(int)        //值为 4
double x;
sizeof x           //值为 8
```

使用该运算符也是为了实现程序的可移植性和通用性,因为同一类型的数据在不同的计算机上可能占用不同的字节数。

7.条件运算符和条件表达式

C++中唯一的一个三目运算符是条件运算符“?:”,由条件运算符构成的表达式称为条件表达式。条件表达式能够实现简单的选择功能。语法格式为:

```
表达式 1? 表达式 2:表达式 3
```

条件表达式的执行顺序是:先计算表达式 1,若表达式 1 的值为真,则条件表达式的值为表达式 2 的值,否则条件表达式的值为表达式 3 的值。其语义可用图 1-4 表示。

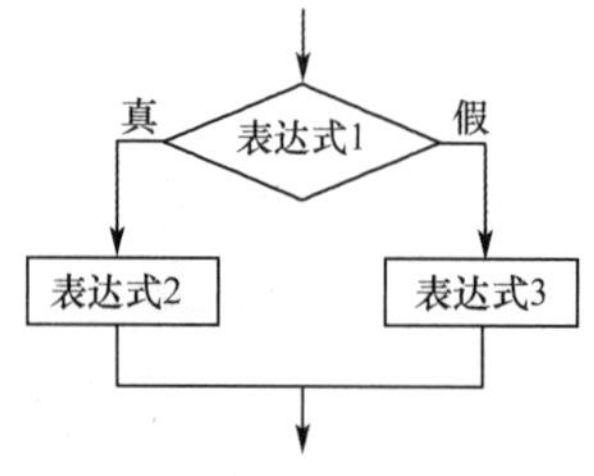

图 1-4 条件运算符的语义

例如：

```
a>b ? a : b                              //求出 a、b 中较大的数
cout<<(score>=60? "pass" :"no pass");
//如果 score>=60 为真,输出字符串 pass,否则输出字符串 no pass
```

条件运算符的优先级高于赋值运算符，低于关系运算符和算术运算符。例如：

```
ch= (ch>='A'&& ch<='Z') ? (ch+32)   : ch;
//等价于 ch= ((ch>='A'&&ch<='Z') ?   (ch+32) : ch);
```

表达式 1、表达式 2、表达式 3 的类型可以不同。条件表达式值的类型是表达式 2，表达式 3 种类型较高的类型。例如：

```
x>y? 1 : 1.5                              //整个表达式类型为实型
```

C++中的其他一些运算符将在后面的章节中陆续介绍。

尽管运算符都有各自的优先级，仍然建议在书写包含多种运算符的混合运算表达式时，尽量使用括号标明运算次序，以便阅读和理解。

1.7.3 表达式求解中的数据类型转换

在表达式求解过程中，允许运算符两边的操作数类型不同，运算时不同类型的数据先转换成同一类型，然后进行计算，转换的方法有两种：自动转换（隐式转换）、强制转换。

如果属于类型相容的情况，如整数、字符和实数之间，则系统会自动进行类型转换，然后再做运算。

1.自动类型转换

自动转换发生在不同类型数据进行混合运算时，由编译系统自动完成。转换规则如下：

(1)字符可以作为整数参与数值运算，ASCII 码为其整数值。

(2)操作数为 bool、字符或短整型时，系统自动将其转换成整型。

(3)当两操作数的类型不同时，将精度低（或表示范围小）的操作数的数据类型转换为另一操作数的类型后再进行运算，转换规则如图 1-5 所示。

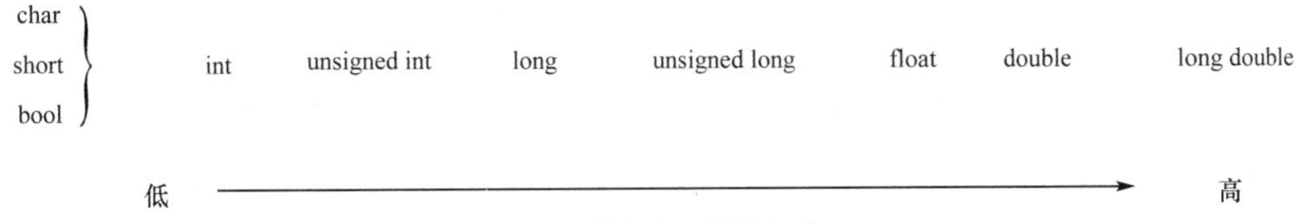

图 1-5　数据类型转换规则

(4)当赋值号的左值和右值的类型不一致但类型相容时，赋值号右边的类型转换为左边的类型。转换规则如下：

①实型数据赋给整型变量时，仅取整数部分赋值，这种转换是截断型的转换，不会四舍五入，相当于取整。但如果整数部分的值超过整型变量的取值范围，将发生溢出。

②整数赋给实型变量时，将整数转换成实数再赋值。

③字符数据赋给整型变量时，将字符转换为整型。转换分为两种情况。对于无符号字符数据，整型变量的低位字节不变，高位字节补 0；对于有符号字符数据，若符号位为 0，高位字节补 0，若符号位为 1，则整型变量的低位字节不变，高位字节全部置 1。

④无符号整型或长整型数据赋给整型变量时，若数据在整型的取值范围内，则无须转换，且结果正确；但若超出取值范围，则发生溢出，赋值结果错误。

该规则适用于所有将数值范围较大的数赋给数值范围较小的数的情况。

2.强制类型转换

强制类型转换必须通过类型转换运算来实现。其格式为：

```
(type) 表达式  或 type (表达式)
```

该运算将表达式的值强制性地转换为 type 所指定的类型。例如：

```
(int)a              //将 a 的结果强制转换为 int 类型
(int)(x+y)          //将 x+y 的结果强制转换为 int 类型
(float)a+b          //将 a 的值强制转换为 float 类型,再与 b 相加
```

设有变量说明:int a=6, b=5;float x;

则表达式 x=a/b 的值为 1.0,因为 a 和 b 都是整数,该除法将执行整除运算,再将整数结果 1 转换为单精度类型后赋值给 x。如果希望将 a 和 b 相除的实数商 1.2 赋给 x,就需要将这两个操作数或其中一个操作数进行强制类型转换。可表示为：

```
x=(float)a/(float)b 或 x=(float)a/b 或 x=a/(float)b
```

注意:(float)a/b 与 float(a/b)的结果是不同的,后者是先进行整除运算,再将整型 1 强制转换为单精度型 1.0。

再举一例：

```
float z=3.27,fraction;
fraction=z-int(z);      // z-int(z)得到 z 的小数部分。
```

关于类型转换,需要说明以下两点：

(1)无论自动转换还是强制转换都是临时转换,不改变数据本身的类型和值。转换后只是产生一个临时变量,用来暂存转换后的值,该临时变量使用后即自动释放。如上例(float)a/(float)b 执行强制类型转换后,变量 a 和 b 的值及类型都不变,只是各自产生一个临时变量,用这两个临时变量的值进行"/"运算。

(2)强制类型转换符的优先级较高,只对紧随其后的表达式起作用,而对其他部分不起作用。如表达式(float)a/b 的含义是先将变量 a 强制转换为 float 类型,然后再与整数 b 进行运算。

以上是 C 风格的强制类型转换,在标准C++中,提供了 4 个类型转换关键字:static_cast、const_cast、dynamic_cast、reinterpret_cast。

1.7.4 语 句

C++程序由语句构成。一个程序包含若干条语句,语句都是用来完成一定操作任务的。C++中的语句分为以下几种：

1.说明语句

说明语句不是执行语句。说明语句有两个作用:一是用于定义。例如变量说明语句,用于定义变量;又如类型说明语句,定义数据的组织方式。二是用于声明程序连接信息。如函数原型、静态变量、全局量说明语句等。因此,为了区分说明语句的不同性质,有时把功能不同的说明语句分别称为定义语句和声明语句。

2.表达式语句

表达式和语句的一个重要区别是:表达式具有值,而语句没有值。并且语句末尾要加分

号。在一个表达式后面加上一个分号就构成了表达式语句,语法格式为:

```
表达式;
```

例如,赋值表达式可以构成赋值语句。

3.空语句

仅由一个分号构成的语句称为空语句。空语句不执行任何操作,但具有语法作用,例如 while 和 for 循环在有些情况下循环体是空语句,也有循环条件判别是空语句,这些将在后续章节中见到。

4.复合语句

由“{}”括起来的一组语句构成一个复合语句。复合语句形成一个“块”,一个块在语法上起到一个语句的作用。

对于单个语句,必须以“;”结束。对于复合语句,其中的每个语句仍以“;”结束,而整个复合语句由“{}”括起来。“}”后不再加分号。

5.流程控制语句

流程控制语句用来控制或改变程序的执行流程和方向。具体语句将在第 2 章中介绍。

1.8 数据的输入/输出

程序执行期间,从外部设备接收数据的操作称为输入,向外部设备发送数据的操作称为输出。本节介绍从键盘向程序中的变量输入数据以及将程序计算的结果输出到显示器上的基本操作。

在C++中,输入/输出使用了流的概念。每一个输入/输出设备接收和传送一系列的字节,称之为流。输入操作可以看成是字节从一个设备流入内存,而输出操作可以看成是字节从内存流出到一个设备。要使用C++标准的输入/输出流库的功能,需要包括两个头文件:iostream 和 iomanip,形式如下:

```
#include<iostream>
#include<iomanip>          //程序如果不需要格式化输入输出,此行语句可以不要
using namespace std;
```

iostream 文件预定义了标准输入/输出流对象,并提供基本的输入输出功能。其中预定义的标准输入流对象为 cin,该对象关联了键盘。预定义的标准输出流对象为 cout,关联了显示器。iomanip 文件则对输入输出流进行格式化处理。

用 cin 对象输入数据,一般格式为:

```
cin>>变量名 1[>>变量名 2>>…>>变量名 n];
```

其中,“>>”称为提取运算符。例如:

```
int a;double b;
cin>>a>>b;        //从键盘输入一个整数和实数,数据间用空白符间隔。
```

用 cout 对象输出数据,一般格式为:

```
cout<<表达式 1[<<表达式 2<<…<<表达式 n];
```

其中，“<<”称为插入运算符。例如：

```
int d=5;
cout << "This is the value of d :" << d << endl;
```

本章小结

本章介绍了C++程序的基本结构，一个C++程序可以由若干个源程序文件组成，一个源文件可以由若干个函数和预处理命令以及说明部分组成，一个函数由若干语句组成。程序的主要功能是数据描述和数据处理。数据描述，由说明部分来实现，主要定义数据结构(用数据类型表示)和数据初值；数据处理的任务是对已提供的数据进行加工，由执行语句来实现。

本章还介绍了程序的基本语法单位：关键字、标识符、运算符以及表达式等的语法规则。

数据表现为常量和变量。常量是程序运行中值不能改变的量，包括文字常量和标识符常量。变量是可改写的内存单元的标识，相当于机器中一个内存位置的符号名，在该内存位置可以保存数据，并可通过符号名进行访问。所有的常量、变量都属于某种数据类型。类型决定了数据的存储和操作方式。不同类型的数据进行运算时按照预定的规则进行类型转换。

不同类型的数据可以进行不同的运算。各种运算符有不同的功能、优先级和结合方向。表达式是由常量、变量和运算符连接并用来表达一个计算值的式子。表达式和语句的一个重要区别是：表达式具有值，而语句没有值，并且语句末尾要加分号。

C++用标准流对象实现数据的标准输入和输出。

练习题

概念填空题

1.用________编写的程序称为“源程序”。计算机________（能/不能）直接识别源程序，必须将其翻译成二进制代码才能在机器上运行。一旦编译成功，目标程序就可以反复执行。

2.C++程序由一个或多个________组成，其中一定有一个称为主函数的________函数。在组成程序的函数中，它是程序执行的________，也是程序运行的________。对函数的描述由“{ }”中的语句序列完成，每个语句以________符号结束。C++程序________字母大小写。

3.布尔型数值只有两个：________、________。在C++的算术运算式中，分别被当作________、________。

4.字符由________括起来，字符串由________括起来。字符只能有________个字符，字符串可以有________个字符。空字符串的表示方法为________。

5.&& 与||表达式按________的顺序进行计算，以 && 连接的表达式，如果左边的计算结果为________，右边的计算就不需要进行了，整个逻辑表达式的结果为________。以||连接的表达式，如果左边的计算结果为________，就能得到整个逻辑表达式的结果为________。

6.前置++、--的优先级________于后置++、--。

第 2 章

程序的控制结构

素质目标

算法是程序设计的灵魂，本章在介绍算法基本知识的基础上介绍三种基本结构的程序设计以及应用。顺序结构、分支结构和循环结构是程序的三种基本结构。程序总是按语句顺序执行，分支结构和循环结构需要用C++的流程控制语句来实现。

学习目标

1.理解算法的概念，掌握算法的表示方法；
2.熟练掌握两种分支语句：if、switch 的用法；
3.熟练掌握三种循环语句：for、while 和 do-while 的用法；
4.掌握两种跳转语句：break 和 continue 的用法；
5.掌握各种流程控制语句的嵌套使用；
6.掌握常用算法的应用；
7.掌握枚举类型的定义和使用。

2.1 算法的概念与表示方法

程序规定了计算机执行的动作和动作的顺序。一个程序应包括以下两方面的内容：

(1)对数据的描述。在程序中要指定数据的类型和数据的组织形式，即数据结构。

(2)对操作的描述。即操作步骤，也就是算法。

数据是操作的对象，操作的目的是对数据进行加工处理，以得到期望的结果。作为程序设计人员，必须认真考虑并设计合适的数据结构和操作步骤。著名的计算机科学家 Niklaus Wirth 提出了一个公式来描述程序、数据结构和算法的关系：

程序 = 数据结构 + 算法。

本节介绍算法的基本概念和表示方法。

2.1.1 算法的概念

算法就是解决问题的步骤序列。对于同一个问题可以有不同的解题方法和步骤,也就是有不同的算法,一般应当选择简单、运算步骤少、运算速度快且内存开销小的算法。

算法具有以下几个特征:

(1)可行性。指算法中的每一步都是计算机可以执行的,并能得到有效的结果。

(2)确定性。指算法中的每一步必须有明确定义,不能有任何歧义。

(3)有穷性。指算法必须在执行有限步骤后结束,而不能是无限的步骤。

(4)可输入/输出数据。输入数据是算法加工的对象,输出数据是算法解决问题的结果。输入数据可以是键盘输入的数据,也可以是程序其他部分传递给算法的数据。同时,所有算法都至少有一个输出。

2.1.2 算法的表示

算法的表示方法有很多种,常用的算法表示方法有:自然语言、流程图、伪代码等。其中流程图和伪代码是程序设计人员常用的两种算法表示方法。

流程图是算法图形化的表示。用一些图框表示各种操作,用箭头表示算法流程,比较直观,易于理解。图 2-1 是常用的流程图符号。

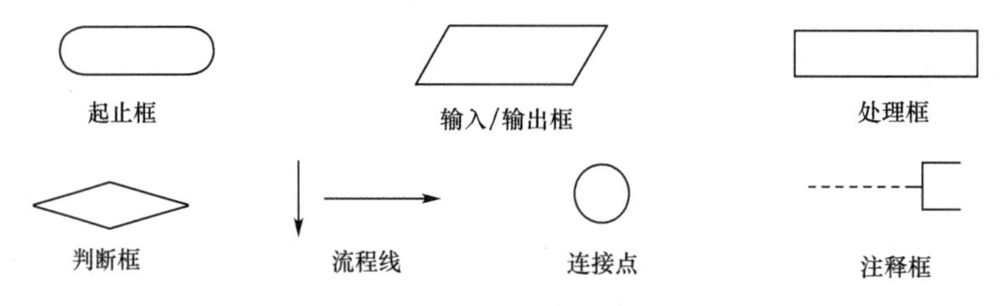

图 2-1 常用的流程图符号

(1)起止框:表示算法的开始和结束。一般内部只写“开始”或“结束”。

(2)输入/输出框:表示算法请求输入需要的数据或算法将某些结果输出。一般内部常常填写“输入……”“打印/显示……”。

(3)处理框:表示算法的某个处理步骤。

(4)判断框:对一个给定条件进行判断,根据判断结果决定如何执行其后的操作。判断框有一个入口,两个出口。

(5)流程线:指出了算法的执行方向。

(6)连接点:表示画在不同地方的两个图是连接起来的。

(7)注释框:注释框不是流程图中必需的部分,不反映流程和操作,它只是对流程图中某些框的操作做必要的补充说明,以帮助人们更好地理解算法。

伪代码是用介于自然语言和计算机语言之间的文字和符号来描述算法。伪代码不用图形符号,书写方便,格式紧凑,便于向计算机语言过渡。

2.1.3 程序的三种基本结构

对算法的理论研究和实践表明,任何算法的描述都可以分解为三种基本结构和它们的组合,这三种基本结构是顺序结构、分支结构和循环结构。图 2-2 为三种基本结构的流程图。

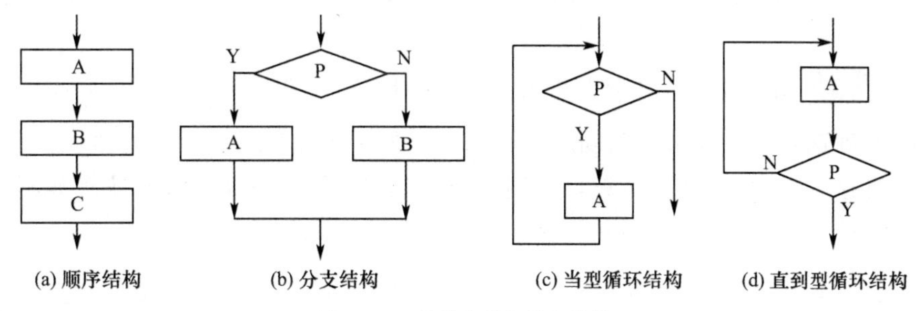

图 2-2 三种基本结构的流程图

流程图中的 A、B、C 代表一条指令或一个指令组,指令组是一个整体,在整个算法中呈现一条指令的特点,要么都执行,要么都不执行。P 代表判断条件。

1.顺序结构

顺序结构是算法中最简单的结构,其特点是按照算法书写顺序依次执行。

例 2-1 输入长和宽,求矩形面积。

用伪代码描述的算法为:

```
输入 length,width
area←length * width
输出 area
```

上述算法描述中"←"符号是伪代码中常用的一种记号,用来实现赋值操作。

2.分支结构

分支结构的特点是根据条件判断选择执行路径。图 2-2(b)中分支结构的语义为:判断条件 P 是否成立,如果成立,则执行 A 操作,否则执行 B 操作。在实际的算法中,"否则"部分是可选的。如果条件不成立时无操作,则"否则"部分可省略。

例 2-2 输入两个整数,比较大小,输出较大的数。

用伪代码描述的算法为:

```
input x,y
if  x>y  then  output  x
else  output  y
```

用伪代码写算法并无固定的、严格的语法规则,只要把意思表达清楚,书写格式清晰易读即可。可以用英文、中文,也可用中英文混合表示算法。

用流程图描述例 2-2 算法,如图 2-3 所示。

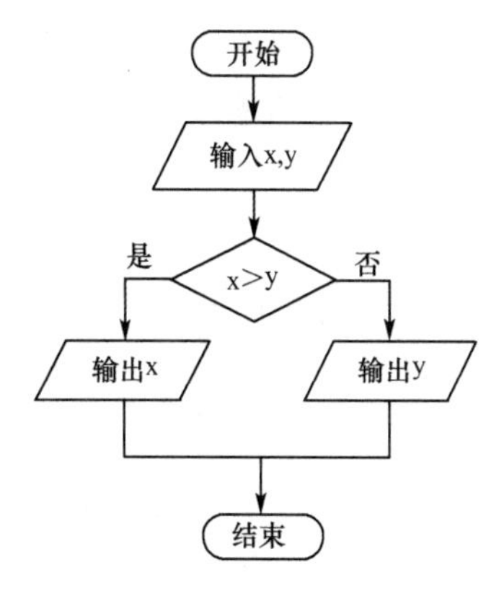

图 2-3 例 2-2 算法的流程图

3.循环结构

循环结构用于实现重复性动作。根据算法的有穷性,循环必须在一定条件下进行,无条件必然会导致无穷循环。循环结构流程图充分反映了这一要求,如图 2-2(c)中循环结构的语义为:判断条件 P 是否成立,在条件成立的情况下循环执行 A 操作,直到条件不成立为止,也称当型循环。图 2-2(d)表示的循环结构称为直到型循环,是先执行 A 操作,再判断条件 P 是否成立,条件不成立就重复执行 A 操作,直到满足条件才结束循环。在这里,P 为循环条件,A 为循环体。描述循环问题的关键在于确定循环体和循环执行的条件,下面通过例 2-3 进行分析说明。

例 2-3 求全班 40 名学生英语考试的平均分。

首先,明确这是个重复求和的问题;其次,重复的主要操作(循环体)包括:输入一个学生成绩,接着将这个数加到和中;第三,循环执行的条件是重复 40 次,即循环次数不超过 40。算法描述如下:

```
count←0,sum←0
当(count<40)
{
  输入 1 个学生的成绩 x
  sum←sum+x
  count←count+1
}
输出平均成绩 sum/40
```

```
count←0,sum←0
{
  输入 1 个学生的成绩 x
  sum←sum+x
  count←count+1
}直到(count 等于 40)
输出平均成绩 sum/40
```

由三种基本结构组成的程序是结构化的程序。结构化的程序容易编写、阅读、修改、维护,降低了程序的出错概率,提高了程序的可靠性,保证了程序的质量。

2.2 分支结构

人们对计算机运算的要求并不仅限于一些简单的运算,经常遇到要求程序进行逻辑判断,即让程序判断是否满足给定条件,并按判断结果进行不同的处理。例如:

从键盘输入一个数,如果它是正数,则输出,否则不输出。

输入一个代表年份的四位数,判断其是否是闰年。

以上这些问题都需要程序按给定的条件进行判断,并按判断后的不同情况进行不同的处理,这类程序设计就属于分支结构,分支结构也称选择结构。分支结构是通过分支语句实现的。本节将介绍 if 语句、switch 语句。

2.2.1 if 语句

if 语句的基本格式为:

```
if(表达式) 语句 1;
[else 语句 2];
```

if 语句也称为条件语句,其功能是根据 if 后表达式的值,确定程序的执行流程:是执行语句 1,还是执行语句 2。

例 2-4 输入一个年份，判断这一年是否为闰年。

分析：设年份为 year，闰年的条件是年份能被 4 整除但不能被 100 整除，或者能被 400 整除，即 year%4==0 && year%100！=0||year%400==0。程序如下：

```
#include <iostream>
using namespace std;
int main( ){
  int year;
  cout<<"输入年份:";
  cin>>year;
  if (year%4==0 && year%100! =0||year%400==0)
    cout<<year<<"年是闰年"<<endl;
  else
    cout<< year<<"年不是闰年"<<endl;
  return 0;
}
```

程序运行结果：

输入年份:2008

2008 年是闰年

关于 if 语句的格式有几点要说明：

(1)if 语句中的表达式可以是C++中任意合法的表达式。表达式的值非 0，即为“真”，为 0 则为“假”。

(2)语句 1 和语句 2 称为内嵌语句，在语法上各自表现为一条语句，可以是单语句，也可以是复合语句。if 语句在一次执行过程中只能执行语句 1 或语句 2 中的一个。

(3)else 分支可以省略，这种情况下当条件表达式的值为假时，不进行任何操作，而是直接执行 if 语句的后续语句。

2.2.2 if 语句的嵌套

一些实际问题可能不只有两种选择，那么通过嵌套 if 语句则可以解决多选择问题。在 if 语句中，如果内嵌语句还是 if 语句，就构成了 if 语句的嵌套。

嵌套 if 语句的语法格式为：

```
if(表达式 1)
    if(表达式 2) 语句 1;
    [else  语句 2;]
else
    if(表达式 3) 语句 3;
    [else 语句 4;]
```

例 2-5 编写程序，计算下面分段函数：

$$y=\begin{cases}1 & x>0\\0 & x=0\\-1 & x<0\end{cases}$$

```
#include <iostream>
using namespace std;
int main(){
    double x;
    int y;
    cout<<"输入 x:";
    cin>>x;
    if(x >= 0)
      if(x == 0) y = 0;
      else y = 1;
    else
      y=-1 ;
    cout<<"y="<<y<<endl;
    return 0;
}
```

使用 if 语句的嵌套形式时，需要注意 if 和 else 遵循“就近配对”的原则，C++语言规定将 else 与最近的、还没有配对的 if 匹配。分析以下两个语句。

语句 1：

```
if(n%3==0)
  if(n%5==0) cout<<n<<"是 15 的倍数"<<endl;
  else cout<<n<<"是 3 的倍数但不是 5 的倍数"<<endl;  //else 与第 2 个 if 配对
```

语句 2：

```
if(n%3==0)
{
   if(n%5==0) cout<<n<<"是 15 的倍数"<<endl;
}
else   cout<<n<<"不是 3 的倍数"<<endl;        //else 与第 1 个 if 配对
```

两个语句的差别仅在于一个“{}”，但逻辑关系却完全不同。由此看出，if 语句的嵌套容易产生副作用，因此从程序的可读性角度出发，if 语句还有另外一种嵌套形式，语法格式为：

```
if(表达式 1) 语句 1;
else if(表达式 2) 语句 2;
    else if...
    else 语句 n;
```

一般称这种形式的 if 语句为 if...else if 形式。

采用 if...else if 改写例 2-5：

```
#include <iostream>
using namespace std;
int main(){
    double x;
    int y;
    cout<<"输入 x:";
    cin>>x;
```

```
    if(x > 0) y = 1;
    else if(x == 0) y = 0;
    else y=-1 ;
    cout<<"y="<<y<<endl;
    return 0;
}
```

例 2-6 求一元二次方程 $ax^2+bx+c=0$ 的根。其中系数 a(a≠0)、b、c 的值由键盘输入。

分析:算法流程如图 2-4 所示。

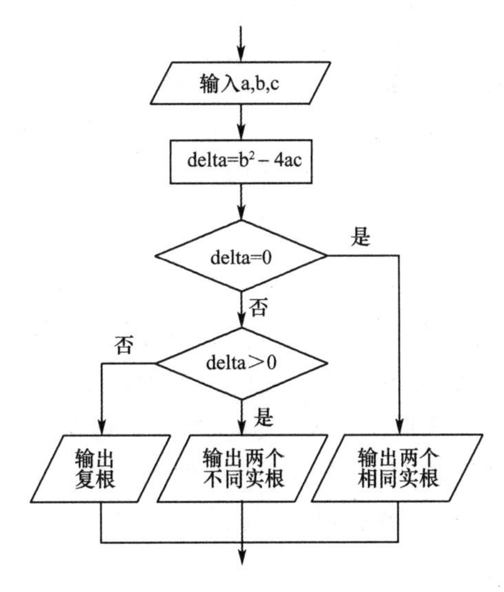

图 2-4 求一元二次方程根的算法流程图

程序如下:

```
#include <iostream>
#include <cmath>
using namespace std;
const float ZERO=1e-6;
int main(){
    float a,b,c;
    float delta,real1,real2,image1;
    cout<<"输入三个系数 a(a! =0), b, c:"<<endl;
    cin>>a>>b>>c;
    cout<<"a="<<a<<'\t'<<"b="<<b<<'\t'<<"c="<<c<<endl;
    delta=b*b-4*a*c;
    if(fabs(delta)<ZERO)
    {
        cout<<"方程有两个相同实根:";
        cout<<"x1=x2="<<-b/(2*a)<<endl;
    }
    else if(delta>ZERO)
```

```
    {
        delta=sqrt(delta);
        real1=(-b+delta)/(2*a);
        real2=(-b-delta)/(2*a);
        cout<<"方程有两个不同实根:";
        cout<<"x1="<<real1<<'\t'<<"x2="<<real2<<endl;
    }
    else
    {
        real1=real2=-b/(2*a);
        image1=sqrt(-delta)/(2*a);
        cout<<"方程有两个复数根:"<<endl;
        cout<<"x1="<<real1<<"+"<<image1<<"i"<<endl;
        cout<<"x2="<<real2<<"-"<<image1<<"i"<<endl;
    }
    return 0;
}
```

程序中 delta 是实数,实数在计算机中的存储和计算会有微小的误差。而这些微小的误差就有可能使 delta==0 始终不成立。因此程序中使用 fabs(delta)<ZERO 来判断实数 delta 是否为 0。(ZERO 是根据误差要求预设的一个近似 0 的数。)当 delta 的绝对值小于 ZERO,则认为 delta 为 0。同理,如果需要判断两个实数是否相等,经常使用判断两数之差的绝对值是否小于一个预先设定的近似 0 的数。

2.2.3 switch 语句

嵌套 if 语句实现了多分支选择。此外C++还提供了一个 switch 语句,又称为开关语句,也可以实现多分支选择。它根据条件从多个分支语句序列中选择一个作为执行入口。语法格式为:

```
switch(表达式)
{
    case 常量表达式 1:[语句序列 1;][break;]
    case 常量表达式 2:[语句序列 2;][break;]
    …
    case 常量表达式 n:[语句序列 n;][break;]
   [default:语句序列 n+1;]
}
```

switch 语句的执行流程是:先求表达式的值,然后依次与每一个 case 后的常量表达式的值进行匹配,当表达式的值与某个常量表达式的值相等时,就执行此 case 后面的语句序列,直到遇到 break 语句或开关语句的结束括号"}"为止。如果表达式的值与所有常量表达式都不匹配,就执行 default 后面的语句,若没有 default 分支,则 switch 语句结束,继续后续语句的执行。

关于 switch 语句,需要说明以下几点:

(1)switch 后面表达式的值只能是整型、字符型、布尔型或枚举型等类型,而不能取实型这样的连续值,这也是开关语句得名的原因。

(2)case 后常量表达式值的类型必须与 switch 后的表达式类型一致。同时各 case 后的常量表达式的取值必须各不相同,否则将引起歧义。

(3)case 后的语句序列为多条语句时,也不必加"{}"。

(4)允许多个 case 共用一个语句序列,见例 2-8。

(5)当每个 case 分支,包括 default 都有 break 语句时,则各 case(包括 default)分支的出现次序可以是任意的,通常将 default 放在最后。

通常每个 case 分支都有 break 语句。但也有例外(见例 2-8)。如果没有 break 语句,则其后的每一个 case 分支都被执行。直到遇到 break 或 switch 结束。由此可见 switch 语句逻辑结构和 if...else if 并不相同。

(6)从形式上看,switch 语句的可读性比嵌套 if 语句好,但不是所有的多分支问题都可用 switch 语句来完成,这是因为 switch 语句中限定了表达式的取值只能是开关量不能是连续量。但在某些情况下,尽管条件表达式本身不符合数据类型的要求,但经过适当处理后仍可用 switch 语句。

(7)switch 语句也可以嵌套,即 case 后的语句序列中还可以包含 switch 语句。

例 2-7 输入学生的成绩,按等级输出,成绩与等级的对应关系为:

```
90≤成绩≤100    优
80≤成绩<90     良
70≤成绩<80     中
60≤成绩<70     及格
成绩<60        不及格
#include <iostream>
using namespace std;
int main(){
    int score;
    cout<<"输入成绩";
    cin>>score;
    switch(score/10)
    {
        case 10:
        case  9:cout<<"优"<<endl;break;
        case  8:cout<<"良"<<endl;break;
        case  7:cout<<"中"<<endl;break;
        case  6:cout<<"及格"<<endl;break;
        default: cout<<"不及格"<<endl;
    }
    return 0;
}
```

本例中要把 0~100 的百分制成绩对应到 5 个分支,利用整除的特点,把 switch 后的表达式设为 score/10,则取值范围就缩小到 0~10。

case 分支中，case 10 和 case 9 共用一组语句。当表达式值为 5,4,3,2,1,0 中的某个值，代表不及格，可以这样实现：

```
case 5:case 4:case 3:case 2:case 1:case 0:cout<<"不及格"<<endl;
```

显然采用 default 分支程序比较简洁，且可读性好。

例 2-8 某公司销售人员的月薪为底薪＋奖金，其中底薪为 1000 元，奖金是按月销售额（按整数计）进行分段提成。要求根据月销售额计算月薪。销售额与提成的分段计算关系如下：

```
sales<1000            无提成
1000≤sales <2000      提成 10%
2000≤sales <5000      提成 15%
5000≤sales <10000     提成 20%
10000≤sales           提成 25%
```

分析：奖金为各段提成金额之和，可采用不加 break 的 switch 语句。switch 语句要求条件表达式的取值为确定的若干个开关量，而不能使用关系表达式。用销售额 sales 进行判断似乎不符合条件。分析发现，销售额 sales 的分段点均是 1000 的倍数，因此，将 sales 除以 1000，取整数商，可得到若干个整数值，和 sales 对应关系如下：

```
sales <1000           对应 0
1000≤sales <2000      对应 1
2000≤sales <5000      对应 2,3,4
5000≤sales <10000     对应 5,6,7,8,9
10000≤sales           对应≥10
#include <iostream>
using namespace std;
int main(){
    int sales;
    double d,salary;
    salary=1000;
    cout<<"输入销售额:";
    cin>>sales;
    switch(sales/1000)
    {
        default:d=0.25;salary+=d*(sales-10000);sales=10000;
        case 9: case 8: case 7: case 6:
        case 5: d=0.2; salary+=d*(sales-5000);sales=5000;
        case 4: case 3:
        case 2: d=0.15; salary+=d*(sales-2000);sales=2000;
        case 1: d=0.1; salary+=d*(sales-1000);sales=1000;
        case 0: d=0; salary+=d*sales;
    }
    cout<<"月薪为:"<<salary<<endl;
    return 0;
}
```

2.3 循环结构

在处理许多实际问题时,某些程序段多次重复执行。例如:

从键盘输入 10 个数据,计算这 10 个数据的和。找出一定正整数范围内的所有素数。

处理以上这些问题,就需要反复执行某段程序。此时就可以采用循环结构实现。这样不但可使程序简练而且可节省存储空间。C++提供了 while、do-while 和 for 三种形式的循环语句来实现循环结构,本节将分别介绍。

2.3.1 while 语句

while 语句实现当型循环。语法格式为:

```
while (表达式)    循环体语句;
```

其中,表达式可以是C++中的任意类型表达式,表达式的值非 0(为真)时,就执行循环体语句。循环体语句可以是单语句,也可以是复合语句。while 循环的执行流程如图 2-5 所示。

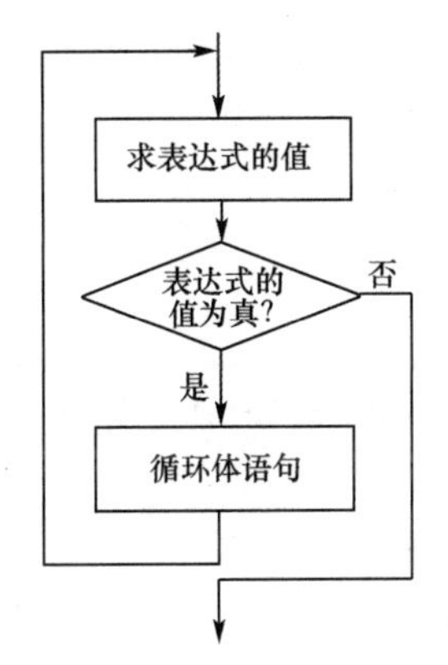

图 2-5 while 循环的执行流程图

例 2-9 计算 1+2+3+…+100 的值。

分析:计算累加和实际上是重复一个循环,在循环中将下一个数与累加和相加。

```
#include <iostream>
using namespace std;
const int n=100;            //定义常变量 n,便于修改程序
int main(){
    int i=1,sum=0;          //循环初始条件
    while(i<=n)
    {
      sum+=i;
      i++;                  //修改循环变量的值
    }
    cout<<"1~"<<n<<"的和等于"<<sum<<endl;
    return 0;
}
```

C++的表达式使用灵活，有时还会看到如下的循环形式：

```
while (i<=n) sum+=i++;
```

或者：

```
while (sum+=i++,i<=n);此处表达式为逗号表达式，表达式值为 i<=n 的值。循环体为空语句，分号不可少。
```

例 2-10 编写程序，实现一天营业额的统计。

分析：程序采用循环实现。每次循环输入一笔交易额并累计。由于一天交易次数是不确定的，为此最后附加输入一笔零或负数交易额，作为输入结束的标志。程序如下：

```
#include <iostream>
using namespace std;
int main(){
    double sales,sum=0;
    cin>>sales;            //输入第一笔交易金额
    while(sales>0)
    {
      sum+=sales;          //累计营业额
      cin>>sales;          //输入下一笔交易金额
    }
    cout<<"一天的营业额为:"<<sum<<endl;
    return 0;
}
```

2.3.2 do-while 语句

do-while 循环语句属于直到型循环结构，语法格式为：

```
do 循环体语句 while(表达式);
```

该语句的执行流程如图 2-6 所示。do-while 循环与 while 循环十分相似，它们的主要区别是：while 循环先判断循环条件再执行循环体，循环体可能一次也不执行。do-while 循环先执行循环体，再判断循环条件，循环体至少执行一次。

采用 do-while 语句实现例 2-9：

```
i=1;sum=0;
do{
    sum+=i;
    i++;
}while(i<=n);
```

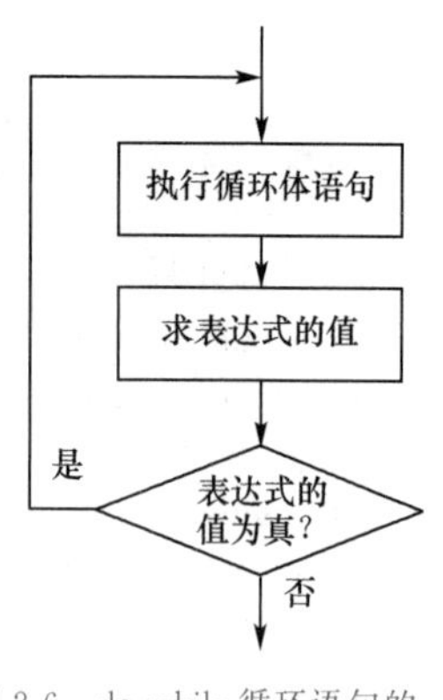

图 2-6 do-while 循环语句的执行流程图

例 2-11 输入一个整数，求出其逆序数后输出。如输入 123，其逆序数为 321。

分析：整数%10，可以得到整数的最低位；整数/10，可以去掉最低位。因此可以通过循环重复执行“%”运算和“/”运算，从低位到高位依次取出整数的每位数字，组成逆序数，直至整数为 0。

```
#include <iostream>
using namespace std;
int main(){
    int n, right_digit, newnum = 0;
    cout << "输入整数 ";
    cin >> n;
    do{
        right_digit = n % 10;     //取 n 的最后一位数字
        newnum = newnum * 10 + right_digit;     //组成逆序数
        n /= 10;     //去掉 n 的最后一位数字
    } while (n ! = 0);
    cout<<"该数的逆序数是:"<< newnum <<endl;
    return 0;
}
```

2.3.3 for 语句

for 循环语句的语法格式为：

```
for(表达式 1;表达式 2;表达式 3) 循环体语句
```

该语句的执行流程如图 2-7 所示。

关于 for 语句，说明以下几点：

(1)从执行流程看，for 语句属于先判断型循环，因此与 while 语句是完全等价的。相当于：

```
表达式 1;
while(表达式 2)
{
  循环体语句
  表达式 3;
}
```

(2)for 语句中的 3 个表达式可以是任意表达式。从逻辑关系上看，可以这样理解 3 个表达式的含义：表达式 1 给出循环初始条件，表达式 2 为循环执行的判断条件，表达式 3 用于修改循环变量。如例 2-9 中的循环部分用 for 语句可写为：

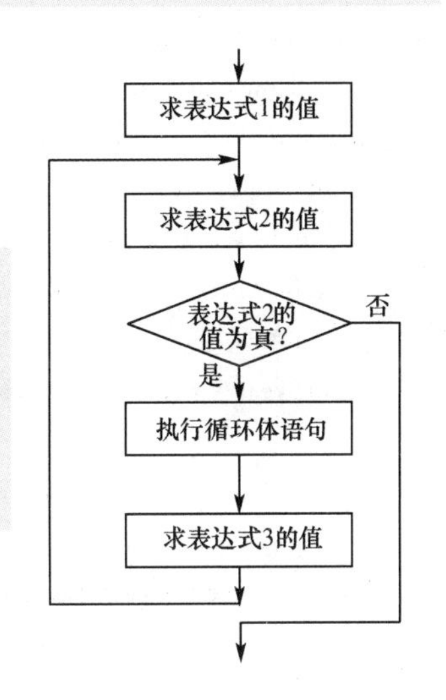

图 2-7　for 循环语句的执行流程图

```
for(i=1,sum=0;i<=100;i++) sum+=i;
```

甚至可以写成：

```
for(i=1,sum=0;i<=100;sum+=i,i++);
```

(3)for 语句中的 3 个表达式可部分或全部省略，但两个分号不能省略。

for 语句在使用时形式十分灵活。如果循环初始条件在 for 语句之前给出，或循环变量在循环体中修改，则表达式 1 或表达式 3 就可省略。这样例 2-9 还可写为：

```
i=1;sum=0;
for(;i<=100;)
{
  sum+=i;
  i++;
}
```

如果表达式 2 也省略,如 for(; ;){…}。

这种情况下,系统约定表达式 2 的值为 1,即等同于 for(;1;){…}。

这种形式的循环必须在循环体内通过其他方法终止循环,否则将导致死循环。具体方法将在 2.4 节中介绍。

与 while 和 do-while 语句相比,for 语句的使用更为灵活,既可用于循环次数已确定的情况,也可用于循环次数不确定而只给出循环结束条件的情况。

例 2-12 计算 10000 元钱在 5%的年利率下存储 5 年后的本息。假设每一年后的利息都转为本金继续存储。

分析:可以利用公式 $a=p(1+r)^n$ 求出 5 年后的总金额。式中,p 是最初的本金、r 是年利率、n 是年数、a 则是 n 年后的本息合计。使用循环语句计算 $(1+r)^n$。程序如下:

```
#include <iostream>
#include <iomanip>
using namespace std;
int main(){
   int year;
   double rate=0.05;              //年利率
   double principal=10000.0;      //本金
   double amount=1;               //总利率
   for(year=1;year<=5;year++)
   {
      amount *=(1+rate);
      cout<<setw(2)<<year<<"\t"
      <<setiosflags(ios::fixed|ios::showpoint)//定点数形式输出实数
      <<setw(10)<<setprecision(2)<<principal * amount<<endl;
   }
   return 0;
}
```

程序运行结果为:

```
1   10500.00
2   11025.00
3   11576.25
4   12155.06
5   12762.82
```

程序中 setiosflags、setprecision 和 setw 等都是用于设置输出格式的。setprecision(2)设置实数输出精度为小数点后两位。

2.3.4 循环的嵌套

分支结构可以嵌套使用，循环结构也可以嵌套使用，形成嵌套循环。分支结构和循环结构还可以相互嵌套，形成一个复杂的程序结构，解决较为复杂的问题。C++规定，循环的嵌套只能呈包含结构，即外循环包含内循环，不能呈交叉结构。因此图 2-8 中(a)和(b)为合法的循环结构，通常把外层循环简称为外循环，里层循环简称为内循环。(c)是错误的循环结构。

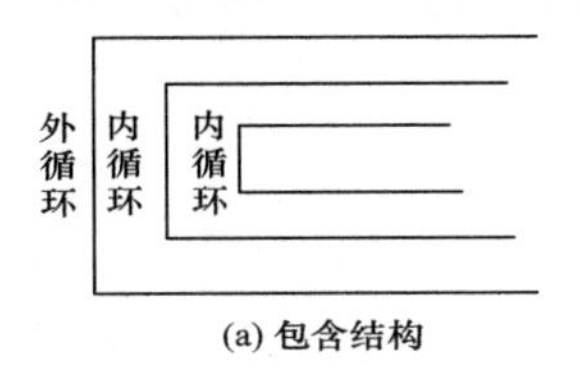

(a) 包含结构

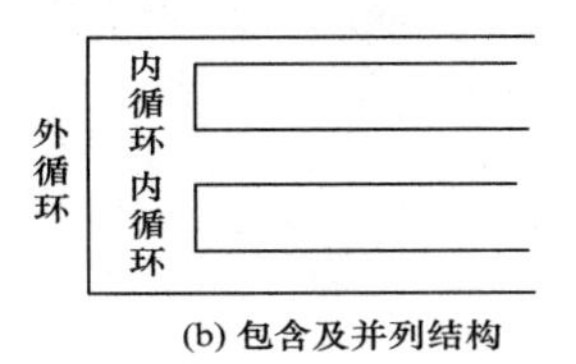

(b) 包含及并列结构

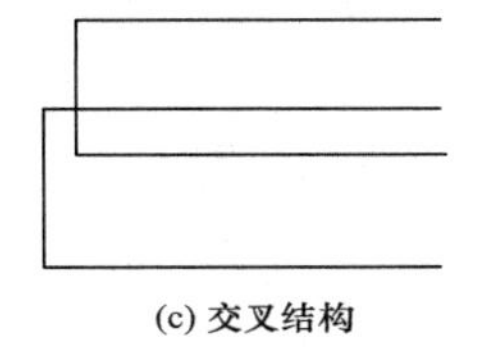
(c) 交叉结构

图 2-8 嵌套的循环结构

例 2-13 打印乘法口诀表。打印格式为：

```
*  1        2         3........................9
1  1*1=1
2  2*1=2  2*2=4
3  3*1=3  3*2=6    3*3=9
...
9  9*1=1  9*2=18  9*3=27................ 9*9=81
#include <iostream>
#include <iomanip>
using namespace std;
int main(){
   int i,j;
   cout<<"*\t";
   for(i=1;i<10;i++)   cout<<i<<'\t';    //输出口诀表的表头
   for(i=1;i<10;i++)
   {
      cout<<i<<'\t';
      for(j=1;j<=i;j++)   cout<<i<<"*"<<j<<"="<<setw(2)<<i*j<<'\t';
      cout<<endl;
   }
   return 0;
}
```

例 2-13 是图 2-8(a)形式的循环结构。

例 2-14 编程打印如下图案：

```
      #
    ###
  #####
#######
```

分析:图案一共四行,每行输出 4−i 个空格和 2 * i−1 个 #,(i=1~4)。程序如下:

```
#include <iostream>
using namespace std;
int main(){
    int i,j;
    for(i=1;i<=4;i++)
    {
      for(j=1;j<=4-i;j++) cout<<' ';// 输出若 4-i 个空格
      for(j=1;j<=2*i-1;j++)cout<<'#';//输出 2*i-1 个#
      cout<<endl;
    }
    return 0;
}
```

例 2-14 是图 2-8(b)形式的循环结构。

2.4 转向语句

C++提供了若干转向语句,用以改变程序执行顺序。

1.break 语句

break 语句只能用在 switch 语句和循环语句中。break 语句在循环语句中用来立即终止循环。

需要注意的是,在嵌套循环中,break 语句终止的是其所在的那一层循环,如外层还有循环仍要继续执行。

例 2-15 找出[begin,end]范围内的所有素数。

分析:从 begin 到 end 循环,逐个判定其间每个奇数 m 是否是素数。常用的方法是判定 m 不能被 2,3,… $[\sqrt{m}]$ 整除。因此需要用 2,3,… $[\sqrt{m}]$ 逐个去除 m。如果 m 被其中某个数整除了,说明它不是素数,没有必要再继续除下去,转向判定下一个整数。若都不能被整除,则 m 是素数。

```
#include<iostream>
#include<cmath>
using namespace std;
int main(){
    int begin,end,i,k,m;
    cout<<"输入 begin 和 end(begin<end) ";
    cin>>begin>>end;
    if(begin%2==0)
        begin++;
    for(m=begin;m<=end;m+=2)
```

```
{
    k=(int)sqrt(m);
    for(i=3;i<=k;i+=2)
    {
        if(m%i==0)break;  //m%i 的值为 0,m 不是素数,提前结束 i 循环
    }
    if(i>k)
      cout<<m<<"是素数"<<endl;
  }
  return 0;
}
```

本例中 break 仅结束 i 循环,之后执行 i 循环的后续语句,即继续执行 m 循环。

2.3 节曾提到 for 循环的 3 个表达式均可以省略,即 for(;;)形式也是合法的。此时系统约定表达式 2 的值始终为 1。因此在循环体中必须要有终结循环的语句 break。以下采用 for(;;)形式计算 1～100 之和。

```
int i,sum;
i=1;
sum=0;
for( ; ; )
{
  sum+=i++;
  if(i>100)
    break;
}
```

2.continue 语句

continue 语句只能用在循环语句中,用来终止本次循环,即跳过本层循环体中尚未执行的语句,继续下次循环。下面程序段用来求[10,20]间不能同时被 2 和 5 整除的数:

```
for(i=10;i<=20;i++){
   if(i%2==0 && i%5==0)
       continue;
   cout<<i<<'\t';
}
```

该程序段的执行结果为:

```
11   12   13   14   15   16   17   18   19
```

continue 语句与 break 语句的区别在于,continue 语句结束的只是本次循环,而 break 语句结束的是本层循环。

3.goto 语句

goto 语句格式为:

```
goto 语句标号;
```

goto 语句的功能是将控制无条件转移到同一函数内的被标记的语句处执行。语句标号是用来标记语句的标识符,放在语句最前面,并用冒号与语句分开。

结构化程序设计方法主张限制使用 goto 语句。因为 goto 语句不符合结构化程序设计的准则，无条件转移使程序结构无规律，可读性较差。但在某些特定场合下，goto 语句可能会表现出一定价值。比如在多层循环嵌套中，要从深层循环跳出所有的循环，若用 break 语句，需要使用多次，这时 goto 语句可以发挥作用。

4.return 语句

return 语句用在函数中，详细内容将在第 3 章中介绍。

2.5 常用算法的应用实例

常用算法可归纳为直接法、枚举法、递推法、递归法、回溯法等。直接法是根据问题给出的条件直接求解，前面很多例子都是采用的这种算法，本节就不再赘述。本节主要介绍枚举法和递推法的思想，其他算法将在后面章节逐步介绍。

1.枚举法

枚举法也称为穷举法，基本思想是在有限范围内列举所有可能的结果，找出其中符合要求的解。枚举法适合求解的问题是：可能的答案是有限个且答案是可知的，但又难以用解析法描述。枚举算法通常用循环结构来完成。

例 2-16 中国古代有一道著名的百鸡问题：鸡翁一，值钱五，鸡母一，值钱三，鸡雏三，值钱一。百钱买百鸡，问鸡翁、母、雏各几何？

分析：设鸡翁、母、雏分别为 i、j、k 只，根据题意可得：

$$i+j+k=100; \quad 5i+3j+\frac{1}{3}k=100$$

两个方程无法解出 3 个变量，这是个不定方程组。只能将各种可能的取值代入，其中能同时满足两个方程的 i,j,k 就是所要求的解。分析可知，百钱最多可买鸡翁 20，鸡母 33，鸡雏 300，每取一组值都用两个方程检验，满足条件的就输出，枚举过程为：

```
for(i=0;i<=20;i++)//枚举鸡翁
    for (j=0;j<=33;j++)//枚举鸡母
        for(k=0;k<=300;k++)//枚举鸡雏
            if((k%3==0) && (i+j+k==100) && (5*i+3*j+k/3==100))
                cout<<i<<j<<k;
```

这个算法使用三重循环，循环体将执行 21 * 34 * 301 次。

现将算法改进一下，如能减少一重循环，就能大大缩短运行时间。实际上，当 i、j 确定时，k 就可由题目要求确定为 100－i－j。优化后的程序如下：

```
#include <iostream>
#include <iomanip>
using namespace std;
int main(){
  int i,j,k;
  cout<<"  鸡翁     鸡母      鸡雏"<<endl;
```

```
    for(i=0;i<=20;i++)
        for(j=0;j<=33;j++)
        {
            k=100-i-j;
            if((k%3==0) && (5*i+3*j+k/3==100))      //注意(k%3==0)的作用
            cout<<setw(6)<<i<<setw(10)<<j<<setw(10)<<k<<endl;
        }
    return 0;
}
```

2.递推法

递推法是通过问题的一个或多个已知解，用同样的方法逐步推算出最终解。递推法常用来求解数列问题、近似计算问题等。

例 2-17 求 Fibonacci 数列。这是古罗马数学家伦纳德·斐波那契提出的一个有趣的问题：假定每对兔子每月生出一对小兔子，新生的一对小兔子第 3 个月开始又可以生小兔子。假定所有兔子都不会死，那么一年后会有多少对兔子？具体说就是，第 1 个月只有一对小兔子，第 2 个月仍然只有一对小兔子。第 3 个月小兔子开始生育，因此当月有两对小兔子。此后每个月的兔子数都是上个月兔子数和当月新生兔子数之和。由此可抽象出一个数列：0，1，1，2，3，5，8…这个数列称为 Fibonacci 数列，可用函数描述如下：

$$\mathrm{Fib}(n)=\begin{cases}0 & n=0\\ 1 & n=1\\ \mathrm{Fib}(n-1)+\mathrm{Fib}(n-2) & n>1\end{cases}$$

设计程序输出 Fibonacci 数列的前 20 项，要求每行输出 5 个数据。

```
#include<iostream>
#include<iomanip>
using namespace std;
const int n=20;
int main(){
    int i,fib0=0,fib1=1,fib2;
    cout<<setw(15)<<fib0<<setw(15)<<fib1;
    for(i=3;i<=n;i++)
    {
        fib2=fib0+fib1;
        cout<<setw(15)<<fib2;
        if(i%5==0)  cout<<endl;      //控制每行 5 个数据
        fib0=fib1;  fib1=fib2;
    }
    return 0;
}
```

例 2-18 已知 $\sin(x)=\frac{x}{1!}-\frac{x^3}{3!}+\frac{x^5}{5!}-\frac{x^7}{7!}+\cdots=\sum_{n=1}^{\infty}(-1)^{n-1}\frac{x^{2n-1}}{(2n-1)!}$，计算 $\sin(x)$ 的值（x 为弧度值）。要求计算精度为 10^{-6}。

分析：该近似计算是一个累加过程，累加次数不能确定。根据题意，若第 n 项的值满足精度要求，则累加结束，否则继续递推求下一项并累加。由公式可以看出相邻两项之间的关系是：如果用 t 表示第 n 项，则第 n+1 项就是 -t * x * x/(2 * n * (2 * n+1))。

程序如下：

```
#include <iostream>
#include <cmath>
using namespace std;
int main(){
    double x,y,t,ep=1e-6;                    //y为函数值,t为累加项
    int n=1;
    cout<<"x= ";
    cin>>x;
    y=0;t=x;                                 // 设置y的初值是0,累加项初值是第1项x
    do
    {
        y=y+t;                               //将当前累加项加入函数值中
        t=-t*x*x/(2*n*(2*n+1));              //推算下一项
        n++;
    }while(fabs(t)>ep);
    cout<<"sin("<<x<<")="<<y<<endl;
    return 0;
}
```

本例也可以用变量 sign 表示累加项的正负号，变量 t 始终是正值。这样循环条件中可以不必使用函数 fabs 求绝对值，部分程序如下：

```
int sign=1;                                  //第1项是正数
y=0;t=x;
do
{
    y=y+sign*t;                              //将当前累加项加入函数值中,注意sign的作用
    t=t*x*x/(2*n*(2*n+1));                   //推算下一项的绝对值
    sign=-sign;                              //设置下一项的符号
    n++;
}while(t>ep);
```

2.6 枚举类型

如果一个变量只取几种可能的值，就可以把它定义为枚举类型。“枚举”即把所有可能的取值一一列举出来。例如，一周只有七天，性别只有两种。虽然可以用整型或字符来表示这些量，但是这种处理方法不直观，可读性不强，这类数据就可以使用枚举类型的数据来处理。

1.枚举类型的定义

枚举类型的定义格式为：

```
enum 类型名｛枚举常量表｝;
```

其中，关键字 enum 指明其后的标识符是枚举类型的名字，枚举常量表中列出了该类型变量所有的取值。各枚举常量之间以“，”间隔。例如：

```
enum weekday{Sun,Mon,Tue,Wed,Thu,Fri,Sat};
enum gender{Male,Female};
```

2.枚举类型变量的定义

定义了枚举类型，就可以定义枚举类型的变量。枚举类型变量有三种定义形式：

（1）先定义类型再定义变量，如：

```
enum weekday{Sun,Mon,Tue,Wed,Thu,Fri,Sat};
weekday   wd1= Mon,wd2[7];
```

（2）定义枚举类型的同时定义变量，如：

```
enum gender{Male,Female}per1,per2=Male;//定义 per2 时并初始化
```

（3）匿名枚举类型：enum｛枚举常量列表｝枚举变量列表；

```
enum {Sun,Mon,Tue,Wed,Thu,Fri,Sat}wd1,wd2;
```

对于枚举类型，需要说明以下几点：

（1）枚举常量（或称为枚举成员）是以标识符形式表示的常量，不是变量，不能对其赋值。例如，对于上面定义的 weekday 类型，Sun，Mon，Tue，Wed，Thu，Fri，Sat 都是常量，因此，赋值语句“Sun =0;”是错误的。

（2）枚举常量命名规则与命名标识符相同，取有意义的枚举常量名可以提高程序的可读性。不能用文字常量作为枚举常量。例如，下面的定义是非法的：

```
enum vowel {'A', 'E', 'I', 'O', 'U'};// 非法
```

（3）枚举常量实际上是按整型常数处理的。默认方式下，按定义时的排列顺序取值 0，1，2，…。也可以在类型定义时为部分或全部枚举常量指定整数值，在第 1 个指定值之前的枚举常量仍按默认方式取值，而指定值之后的枚举常量则按依次加 1 的原则取值。各枚举常量的值可以重复，但各枚举常量标识符必须不同。例如：

```
enum weekday {Sun=0,Mon=1,Tue,Wed,Thu,Fri,Sat=0};
```

其中，枚举常量 Sun、Mon、Tue、Wed、Thu、Fri、Sat 的值分别为 0、1、2、3、4、5、0。

（4）枚举变量的取值范围就是整型数的一个子集。枚举变量占用内存的大小与整型数相同。

3.枚举类型变量的运算

枚举类型可以参与的运算有限，一般只能进行赋值和关系运算。关系运算本质是按其指定的整数值比较，但必须是同类型枚举常量或变量比较。例如：

```
if(Mon<= Thu)…           //枚举常量比较,结果为真
if(Mon== Man) …          //非法,不同类型的枚举常量不能比较
```

枚举常量和变量可以直接赋值给同类型的枚举变量，也可以直接赋值给整型变量。但整数值不能直接赋给枚举变量。如需要赋值，应进行强制类型转换。例如：

```
weekday day;
day=5;                   //非法,不能直接将常量赋给枚举变量
day=(weekday)5;          //强制类型转换,合法
```

```
int i= day  ;//合法,i的值为5
```

枚举变量不能直接输入,但可以直接输出,输出的是枚举变量的整数值。

```
scanf("%d", &day);          //非法
printf("%d", day);          //合法,输出的是3
```

4.枚举类型的应用

定义枚举类型的目的是增加程序的可读性。另外就是限制变量的取值范围。枚举类型最常见也是最有意义的用处之一就是用来描述状态量。

例 2-19 设计菜单控制程序。

```
#include<iostream>
using namespace std;
enum Choice{ADD=1,EDIT,DELETE,QUERY,SORT,END};//枚举常量表示菜单项
int main()
{
    Choice choice;
    int i;
    do{
        cout<<"1.ADD 2.EDIT 3.DELETE"<<endl;
        cout<<"4.QUERY 5.SORT 6.END"<<endl;
        cout<<"输入选项(1~6)";
        cin>>i;
        switch(choice=(Choice)i)
        {
            case ADD: cout<<"ADD 处理"<<endl;break;
            case EDIT: cout<<"EDIT 处理"<<endl;break;
            case DELETE:cout<<"DELETE 处理"<<endl;break;
            case QUERY: cout<<"QUERY 处理"<<endl;break;
            case SORT: cout<<"SORT 处理"<<endl;break;
            case END: cout<<"END 处理"<<endl;break;
            default: cout<<"输入选项错误,请重新输入"<<endl;
        }
    }while(choice! =END);
    return 0;
}
```

本例中定义枚举类型 Choice,6 个枚举常量代表 6 个菜单选项。switch 语句的 6 个 case 分支分别处理 6 个菜单选项。case 后面原本可用整型常量 1—6,现采用枚举常量,见名知义,提高了程序的可读性。

本章小结

顺序结构、分支结构和循环结构是程序的三种基本结构。

分支结构的条件语句有 if 语句和 switch 语句。if 语句有两种形式:

if 语句有两种形式:一个分支的 if 语句和两个分支的 if-else 语句。嵌套 if 语句采用就

近匹配的原则。if…else if 语句适用于判断比较复杂的分支结构。

switch 语句是根据表达式不同值做选择执行。它适用于条件判断比较简单的多分支选择。case 仅仅是起标号作用，没有跳转功能。在执行分支语句后离开 switch 结构，需要用 break 语句。

循环结构有 while 语句、do-while 语句和 for 语句。while 语句和 do-while 语句主要用于条件循环。for 语句是C++中很灵活的循环语句，既可用于控制次数循环，也可用于条件循环。三种循环语句也可以互换使用。要注意 while 循环语句与 do-while 的差别：do-while 循环语句至少要执行一次循环体。对于循环可能一次也不执行的情况就不能用 do-while 循环语句。

程序的三种控制结构可以相互嵌套，完成复杂问题的程序设计。

break 和 continue 语句控制程序执行流程。break 语句可在 switch 语句或循环语句中使用，而 continue 语句只能在循环语句中使用。

练习题

1.输入平面上某点横坐标 x 和纵坐标 y，若该点在图 2-9 所示的方块区域内，则输出 1；否则输出 0。

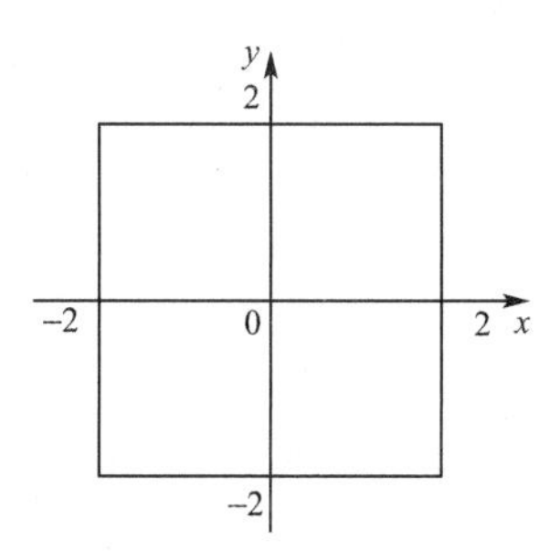

图 2-9 题 1 图

2.假定邮寄包裹的计费标准见表 2-1，输入包裹质量以及邮寄距离，计算出邮资。

表 2-1 邮寄包裹的计费标准

质量(克)	邮资(元/件)
15	5
30	9
45	12
60	14(每满 1000 公里加收 1 元)
60 以上	15(每满 1000 公里加收 1 元)

注意：质量在档次之间的按高档算。

3.某地发生了一件谋杀案，警察确定杀人凶手必为 4 个犯罪嫌疑人中的一个。以下为 4 个犯罪嫌疑人的供词。A 说：不是我；B 说：是 C；C 说：是 D；D 说：C 在胡说。已知 3 个人说了真话，1 个人说的是假话。现在请根据这些信息，写一个程序来确定谁是凶手。

4.求一个大于指定数 n 的最小素数，n 由键盘输入。

5.将 100 元换成 20 元、10 元和 5 元的组合，共有多少种组合方法？

6.编程求 1000 以内的所有完数。完数指的是一个数恰好等于它的所有因子之和。例如,6=1+2+3, 6 就是一个完数。

7.求 4 个不同的整数,其平方和等于 200。

8.从键盘输入一个整数,判断该数是否为回文数。所谓的回文数就是从左到右读与从右向左读都是一样的数。例如 7887、23432 是回文数。

9.编写一个程序,按下列公式求 π,精确到最后一项绝对值小于 10^{-6}。

$$\frac{\pi}{4}=1-\frac{1}{3}+\frac{1}{5}-\frac{1}{7}+\cdots=\sum_{i=1}^{n}(-1)^{i+1}\frac{1}{2i-1}$$

10.用迭代法编程求 $x=\sqrt{a}$ 的近似值。求平方根的迭代公式为:$x_{n+1}=\frac{1}{2}\left(x_n+\frac{a}{x_n}\right)$。

11.一球从 100 米高度落下,每次落地后反跳回原来高度的一半,再落下。编程求它在第 10 次落地时,共经过多少米?第 10 次反弹多高?

12.猴子吃桃问题:猴子摘下若干个桃子,第 1 天吃了所有桃子中的一半多一个,以后每天吃前一天剩下的一半多一个,到第 10 天发现只剩下一个桃子,问猴子共摘了几个桃子。

第3章 函 数

素质目标

在求解一个复杂问题的时候,通常采用逐步分解、分而治之的方法,也就是把一个大问题分解为几个比较容易求解的小问题,然后分别求解。程序员在设计一个复杂的应用程序时,往往也是把整个程序划分为若干个功能较为单一的程序模块,然后分别予以实现,函数是C++程序的基本模块。

本章主要介绍函数的定义和调用、函数参数的传递,以及变量的作用域生存期等内容。同时介绍递归函数、函数重载、内联函数、函数的默认参数以及编译预处理和多文件组织等。

学习目标

1.掌握函数的声明、定义和函数的调用,理解函数调用机制,函数参数传递过程和返回值;
2.掌握递归函数的定义及使用;
3.掌握内联函数的定义及使用;
4.理解函数重载的概念,掌握重载函数的定义及使用;
5.掌握带默认形参值的函数的定义和使用;
6.理解标识符的作用域、可见性和生存期,掌握全局变量、局部变量和静态变量的特性和用法;
7.理解C++程序的多文件结构,理解并掌握常用编译预处理命令。

3.1 函数的定义与调用

3.1.1 函数概述

当需要程序处理的问题越来越庞大、复杂,人们需要采取有效手段,控制问题的复杂度。

功能分解和组合就是常用的手段。功能分解是指在程序设计时，首先把需要完成的大功能分解成若干个子功能，每个子功能又可根据复杂度再分解，直至最终分解出的子功能相对简单、易于实现，这就是自顶向下、逐步求精的设计过程。功能组合是指把经过分解得到的子功能逐步组合成大功能，从而形成自底向上的设计过程。功能分解和组合的程序设计基于一种抽象机制——过程抽象或称为功能抽象。

函数就是一种过程抽象。程序进行设计时将一些功能相对独立或经常使用的操作抽象出来，定义为函数。各函数操作步骤有限，流程容易控制，程序容易编制和调试。这些函数可以被重复使用，使用者只需知道该函数的功能是什么，而无须知道该函数的实现细节，使得复杂程序更易于设计、维护和理解。此外，函数也为语言功能的扩充提供支持，把一些常用的功能预定义成函数，存放在函数库中，需要使用时，只需调用库中这些函数即可。这样的函数称为库函数。

任何一个C++程序都是由若干个函数组成的，其中有且仅有一个函数称为主函数，此外还有用户自定义函数和库函数(标准函数)。库函数按功能分类，集中说明在不同的头文件中，用户只需在自己的程序中包含某个头文件，就可直接使用该头文件中说明的函数，如常用的数学计算函数、字符串处理函数等。

一个函数既可以调用其他函数，也可以被其他函数调用，调用其他函数的函数称为主调函数，被其他函数调用的函数称为被调函数。但主函数只能调用其他函数，主函数是程序执行的入口，也是程序执行结束的出口。在C++的控制台编程环境下，主函数名规定为 main 函数，而 Windows 编程环境下，主函数名为 WinMain。所有函数都可以调用库函数。如图 3-1 所示为函数调用的层次关系。

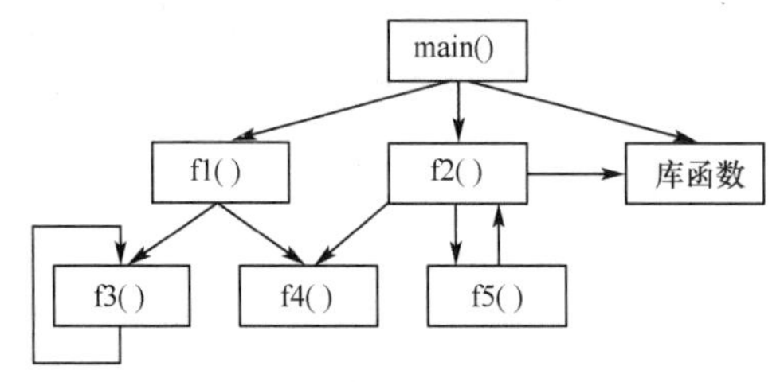

图 3-1　函数调用的层次关系

例 3-1　在歌手大奖赛中，有 10 个评委为参赛的选手打分，分数为 1～100 分。选手最后得分为：去掉一个最高分和一个最低分后其余 8 个分数的平均值。请编写程序，输入每个评委的打分，输出参赛歌手的最终得分。

分析：该程序需要将 10 个分数求和，用循环语句实现，循环 10 次，每次输入一个评委的打分，然后将分数累加。求最高分的方法是，设变量 maxvalue 表示最高分，初值为 0，每次输入的评委打分都和 maxvalue 比较，如果超过它，则修改 maxvalue 的值，maxvalue 就是所有已输入分数中的最大值。求最低分的方法和求最高分的方法类似。程序如下：

```
#include<iostream>
using namespace std;
int max(int x,int y);        //函数声明，说明后续程序将要使用 max 函数
int min(int x,int y);        //函数声明，说明后续程序将要使用 min 函数
int main(){
```

```
    const int N=10;
    int score, sum=0;
    int maxvalue=0;          // maxvalue 保存 N 个数的最大值
    int minvalue=100;        //minvlaue 保存 N 个数的最小值
    for(int i=1;i<=N;i++)
    {
      cout<<"输入第"<<i<<"个评委打分"<<endl;
      cin>>score;
      while(score<1||score>100) cin>>score;    //分数不在指定范围,重新输入
      maxvalue=max(score,maxvalue);  //调用 max 函数
      minvalue=min(score,minvalue);  //调用 min 函数
      sum+=score ;
    }
    cout<<"选手最后得分"<<(sum-maxvalue-minvalue)/(N-2)<<endl;
    return 0;
}
int max(int x,int y)           //max 函数的函数头
{   return x>y? x:y;          } // 函数体
int min(int x,int y)           //x,y 是 min 函数的形式参数
{   return x<y? x:y;   } //return 语句返回函数值
```

该程序使用 max 函数求两个数的最大值,使用 min 函数求两个数的最小值。

3.1.2 函数的定义

函数定义包括函数头和函数体两部分。函数头给出了函数功能和接口的全部要素,包括函数名、函数参数类型及个数、函数返回值类型;函数体则是功能的实现。C++规定,函数必须先定义后使用。

函数定义语法格式为:

```
数据类型  函数名(形式参数表|[void]){ 函数体}
```

说明:

(1)函数名采用合法标识符表示。

(2)数据类型指函数的返回值类型,又称为函数类型。可以是任意一种基本或自定义的数据类型。有些函数只是完成某个操作而不是求一个值,则应将返回值类型定义为 void,表示没有返回值。

(3)形式参数简称形参,只能是变量,不允许是常量或表达式。对于无参函数,参数括号中的 void 通常省略,但括号不能省略。有参函数与无参函数的区别仅在于形式参数表部分。有参函数的参数表中列出所有形式参数的类型和参数名称。形式参数表语法格式如下:

```
参数类型 1  形式参数 1, 参数类型 2  形式参数 2,…,参数类型 n  形式参数 n
```

参数类型可以是任一种基本类型或自定义类型。

(4)函数体由一系列语句组成。函数体可以为空,称为空函数。空函数一般不具有实际意义,但在某些特殊场合可留待扩充时使用。

例 3-1 中定义的两个函数，函数名分别为 max 和 min，都是有两个形式参数的函数，返回值类型都是整型。

定义函数时首先要进行功能抽象，即确定函数头，尤其是确定需要哪些形参，其次再考虑函数的功能实现。进行功能抽象时将函数看作“黑匣子”，只关心其“做什么”，即函数的处理对象是什么，函数处理结果是什么。处理对象列在形参表中，函数处理结果则体现为返回值。定义函数体时则考虑“怎么做”，函数功能实现过程中如果需要额外的变量，则这些变量应定义在函数体内。

main 函数也可以有参数表和返回值，其形参通常称为命令行参数，由操作系统在启动 main 函数时初始化，main 函数的返回值返回给操作系统。只是 main 函数的形参个数和类型有特殊的规定。

另外需要注意，C++中不允许函数的嵌套定义，即不允许在一个函数定义中包含另一个函数的定义。所有函数的定义必须是并列的。但函数可以嵌套调用，这在后面章节中介绍。

3.1.3 函数的调用

程序中通过函数调用使控制转向被调函数，执行被调函数。

无参函数调用的语法格式为：

```
函数名()
```

有参函数调用的语法格式为：

```
函数名(实际参数表)
```

其中，实际参数简称实参。函数调用时，将实参值传递给函数定义中的对应形参(位置对应)。实参可以是常量、变量、表达式，还可以是具有返回值的函数调用。

无返回值的函数调用时单独成为函数调用语句。而调用有返回值的函数时将产生一个数据值，因此有返回值函数调用语句通常出现在表达式中，其返回值参与运算，如赋值或输出等。

例 3-1 中，程序由主函数开始执行，当执行到 max(score，maxvalue)函数调用时，将实参 score 和 maxvalue 的值分别传递给形参 x，y，然后执行 max 函数。执行到 return 语句时，将返回值返回到主函数调用处，继续执行后续语句。此处后续语句是将返回值赋给了 maxvalue。max 函数调用过程可以用图 3-2 来说明。

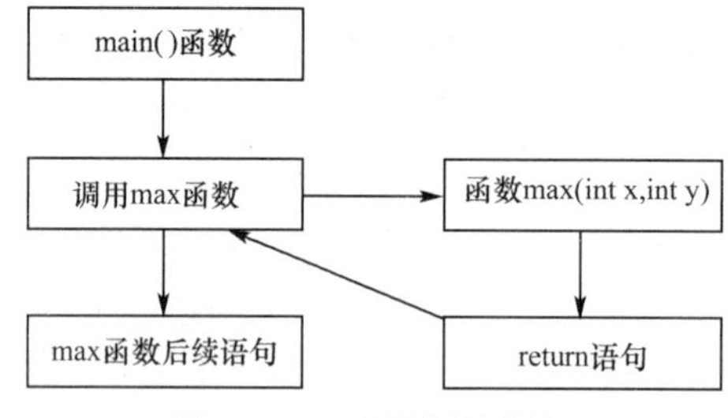

图 3-2 max 函数调用过程

3.1.4 函数声明

C++程序中，对函数的书写顺序没有特定要求，但必须满足先定义后调用的原则。对于库函数，在程序开头用“#include”指令将库函数所在的头文件包含进来即可。而对于自定义函数,如不能满足先定义后调用的原则,则必须在调用之前进行函数声明。这样无论自定义函数书写在什么位置,程序都能正确编译。函数声明也称为函数原型。函数声明一般形式如下:

```
数据类型 函数名([形参表]|void);
```

函数声明和所定义的函数必须在返回值类型、函数名及形参的类型、个数和顺序等方面完全一致,否则将出现编译错误。不同的是在函数声明的形参表中,形参名可以和函数定义中的形参名不同,甚至可以只列出每个形参的类型,而将形参名省略。如例 3-1 中的 max 函数可声明为:

```
int max(int, int);
```

如果例 3-1 中将 max 和 min 函数的定义书写在主函数之前,则在程序中不需要再进行函数声明。

函数的参数传递、返回值、函数调用机制

3.2 函数的参数传递、返回值

3.2.1 函数的参数传递及传值调用

调用函数时,首先要将函数调用时的参数即实参一一对应地传递给函数定义中的参数即形参变量。对应参数类型应该相匹配,即实参的类型可以转化为形参类型。而实参和形参对应的参数名则不要求相同。

按照函数定义时参数形式的不同,C++有两种调用方式:传值调用和引用调用(引用调用在第五章介绍)。所谓传值调用,是将实参的值传递给形参,这里又可细分为传递的是数据值和地址值两种情况,简称传值和传址。本节介绍传值—传递数据值,第 4 章介绍传址—传递地址值。但是不管传递实参的数据值,还是传递实参的地址值,这一过程总是单向的。如果实参和对应的形参都是变量,将实参变量的值按照位置对应关系传递给函数定义中的形参后,被调函数中形参变量值如果发生改变,不会影响到主调函数中对应的实参变量值。因此函数的传值调用方式起到一种隔离作用,理解这一点很重要。

例 3-2 求两个数的最大公约数。

```
#include<iostream>
using namespace std;
int gcd(int a,int b){
    int r;
    while(b){
        r=a%b;
        a=b; b=r;
    }
    return a;
}
```

```
    int main(){
        int a=6;
        double b=18;
        char c='3';
        cout<<a<<"和"<<b<<"的最大公约数为"<<gcd(a,b)<<endl;      //A
        cout<<int(c)<<"和"<<a<<"的最大公约数为"<<gcd(c,a)<<endl;      //B
        return 0;
    }
```

程序运行结果：

6 和 18 的最大公约数为 6

51 和 6 的最大公约数为 3

从运行结果可以看出，当实参和形参的类型不匹配时，编译器将实参的值转换为形参的类型后再传给形参。例如，A 行将实参 b 的值进行截尾取整后传给形参 b，B 行取变量 c 的 ASCII 码值 51 传给形参 a。如果实参和形参之间不能进行类型转换，或参数个数不一致，则编译时会出现错误提示。

例 3-3 设计两数交换的函数，并用主函数进行测试，观察交换情况。

```
#include<iostream>
using namespace std;
void swap(int a,int b);
int main(){
    int a,b;
    cout<<"输入两整数:"<<endl;
    cin>>a>>b;
    cout<<"调用前:实参 a="<<a<<','<<"b="<<b<<endl;
    swap(a,b);
    cout<<"调用后:实参 a="<<a<<','<<"b="<<b<<endl;
    return 0;
}
void swap(int a,int b){
    cout<<"在 swap 函数中…"<<endl;
    cout<<"交换前:形参 a="<<a<<','<<"b="<<b<<endl;
    int t;
    t=a; a=b; b=t;
    cout<<"交换后:形参 a="<<a<<','<<"b="<<b<<endl;
}
```

指针作为函数参数

程序运行结果：

输入两整数：

3 5

调用前：实参 a=3，b=5

在 swap 函数中…

交换前：形参 a=3，b=5

交换后：形参 a=5，b=3

调用后：实参 a=3，b=5

本例的意图是想通过调用 swap 函数，交换主函数中 a、b 变量的值。但从运行结果看，并没有达到此目的。这是因为函数调用时实参传值给形参，是一个单向传递过程。在 swap 函数中形参 a、b 值的改变并不会影响 main 函数中对应实参 a、b 的值，因此 main 中的变量 a、b 的值没有发生任何改变。图 3-3 说明了程序运行时两个函数有关变量的变化情况。

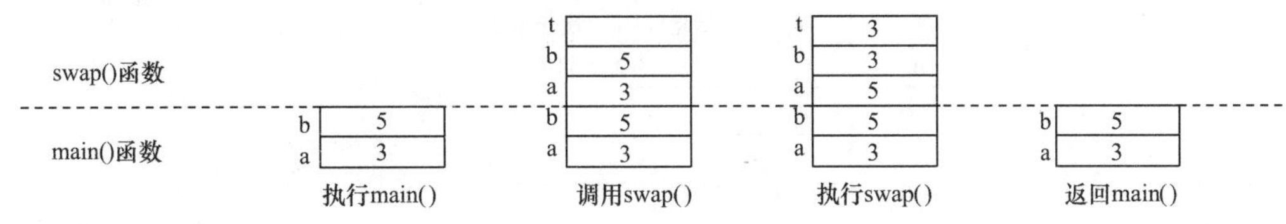

图 3-3 例 3-3 程序运行时两个函数有关变量的变化情况

3.2.2 函数返回值

对于有返回值的函数，在函数的返回处必须用 return 语句将返回值返回给主调函数。return 语句的一般语法格式为：

```
return 表达式;
```

其中，表达式的值即函数返回的值。执行该语句时，首先计算表达式的值，然后将其类型转换为函数类型返回，同时结束被调函数的执行，返回主调函数的调用处继续执行。例如：

```
int max(float x, float y){
    return x>y ? x:y;
}
```

执行 return 语句时，先求出实数 x、y 中的较大数，并转换为整型数返回。

对于返回值类型为 void 的函数，函数体中可以没有 return 语句，也可使用没有表达式的 return 语句，即在程序需要返回处写上 return ;。

函数一旦执行到 return 语句就会立即终止函数执行，返回主调函数。

3.2.3 函数调用机制

每当函数调用时，系统都会做以下工作：

(1)建立栈空间。

(2)保护现场，将当前主调函数的执行状态和返回地址保存在栈中。

(3)为被调函数中的局部变量(包括形参)分配栈空间，并将实参值传递给栈空间的对应形参。

(4)执行被调函数至该函数结束处。

(5)释放被调函数的所有局部变量栈空间。

(6)恢复现场。取出主调函数的执行状态及返回地址，释放栈空间。

(7)返回主调函数继续执行。

图 3-4 是例 3-2 函数调用过程中栈区数据变化情况。首先为 main 函数分配栈空间，存入局部变量的值，执行主函数。执行到调用 gcd 函数时，为 gcd 函数分配栈空间，并将实参 a、b 的值，即 6 和 18 存放到栈空间形参 a、b 的对应位置，完成参数传递。局部变量 r 未初始

化，所以初始是随机值。然后程序执行 gcd 函数内语句，返回前释放 gcd 的栈空间。返回主函数继续执行。当再次调用 gcd 函数时，重复上述过程。主函数运行结束，释放 main 函数的栈空间，控制转移给操作系统。

		栈顶
r	开始随机数，循环结束后为0	2次调用gcd(),入栈退栈2次
b	第一次开始是18，第二次开始是6	
a	第一次开始是6，第二次开始是51	
gcd()	main()运行状态及返回地址	
c	'3'	1次调用main(),入栈退栈1次
b	18	
a	6	
main()	OS运行状态及返回地址	

图 3-4　函数调用过程中栈内数据存放情况

从上述函数调用的执行过程可以看出栈的“先进后出”特点。还可看出，在上述函数调用过程中，函数中定义的局部变量，包括函数的形参都存放在栈区。函数执行完毕后占用的栈区空间即被释放，其他函数不可能再使用这些栈区的数据。这种机制使不同函数中的局部变量即使同名也各自独立，互不影响，不会发生冲突。在下一节函数的嵌套和递归调用中，这一机制的优点将更明显。

3.3 函数的嵌套和递归调用

3.3.1 嵌套调用

C++允许被调用函数再调用其他函数，称为函数的嵌套调用。

例 3-4 输入一个数，判断其是否是回文数。

回文数是指其各位数字左右对称，如 11、123321 等。在主函数 main 中调用了 Ispalindrome 函数，而在 Ispalindrome 中又调用了 Reverse 函数，形成了函数的嵌套调用。图 3-5 说明了本例函数嵌套调用过程。

```
#include <iostream>
using namespace std;
long Reverse(long n){          //将 n 逆序
    long m=0;
    while(n>0)  {
        m=m*10+n%10;
      n/=10;
    }
    return m;
}
int Ispalindrome(long i){      //判断 i 是否是回文
```

```
    return i==Reverse(i);
}
int main(){
    long x;
    cout<<"输入一个整数：";
    cin>>x;
    if(Ispalindrome(x))
        cout<<x<<"是回文数"<<endl;
    else
        cout<<x<<"不是回文数"<<endl;
    return 0;
}
```

程序运行结果：

输入一个整数:123

123 不是回文数

输入一个整数:121

121 是回文数

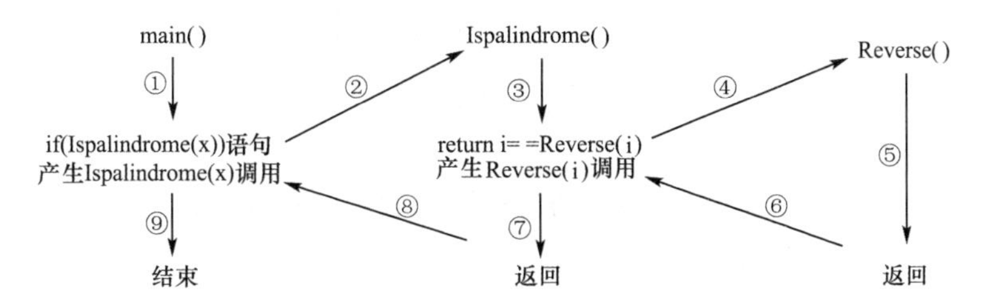

图 3-5　例 3-4 函数嵌套调用过程

3.3.2 递归调用

递归是用于推理和问题求解的一种方法。如果通过一个对象自身的结构来描述或部分描述本对象，就称为递归。许多对象特别是数学研究对象具有递归结构，例如阶乘的定义：

当 n=0 或 n=1 时，n! =1；当 n>1 时，n! =n*(n-1)!

用阶乘定义阶乘，即“自己定义自己”，这种定义方法称为递归定义。递归定义使人们能够用有限的语句描述一个无限的问题。在C++中允许一个函数定义中出现对自身函数的调用，称为递归调用。这样的函数称为递归函数。C++语言的这种功能解决了递归结构的问题，使程序语言对问题的描述与自然语言对问题的描述完全一致，因而使程序易于设计、维护和理解。

例 3-5　采用递归算法计算 4!。

递归算法的实质是将原有问题分解为新的问题，而新问题的解决方法仍然采用原有问题的解法。按照这一思想分解下去，每次出现的新问题都是原有问题的子集，而最终分解的问题有确定的解。这便是有限递归的算法(无限递归永远得不到解，没有实际意义)。

根据这一思想，递归的过程分为两个阶段：

(1)递推。将原有问题不断分解为新的子问题,逐渐从未知向已知推进。最终达到已知的解。例如求 4!,可以这样递推:

4! =4 * 3! →3! =3 * 2! →2! =2 * 1! →1! =1 * 0! →0! =1(已知)

(2)回归。从已知的解出发,按照递推的逆顺序,逐一求值回归。最后回到递推的开始处,即回归结束,完成整个递归过程。4! 的回归如下:

24=4! =4 * 6←3! =3 * 2←2! =2 * 1←1! =1 * 1←0! =1(已知)

根据上述递归思想,写出计算阶乘的递归函数:

```
int fac(int n){
    if(n==0) return 1;
    else return n * fac(n-1);
}
```

图 3-6 清楚地表示了 4! 求值过程中函数递归调用的执行流程。

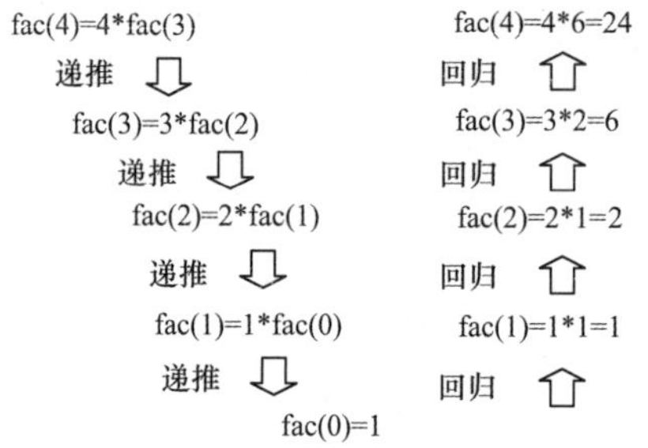

fac(4)=4*fac(3)　　fac(4)=4*6=24
递推 ⇩　　回归 ⇧
fac(3)=3*fac(2)　　fac(3)=3*2=6
递推 ⇩　　回归 ⇧
fac(2)=2*fac(1)　　fac(2)=2*1=2
递推 ⇩　　回归 ⇧
fac(1)=1*fac(0)　　fac(1)=1*1=1
递推 ⇩　　回归 ⇧
fac(0)=1

图 3-6 递归调用 fac(4)的递推和回归过程

fac 函数的结构具有一定的通用性,所有递归函数的结构都是相同的:

(1)要有递归终止条件,fac 递归终止的条件是 n==0。

(2)如果不满足递归终止条件,则继续递归调用。在 fac 函数中是:n * fac(n-1)。

递归不能无限调用,因为计算机的栈空间总是有限的。编写递归函数时,一定注意要有递归调用终止的条件,且每调用一次就向递归终止条件逼近一步。例如 fac(n-1)对于 fac(n)来说是逼近递归终止条件,确保递归调用能够正常结束。

例 3-6 汉诺塔问题。传说古印度的主神梵天做了这么一个游戏:他在黄铜板上竖了 3 根针,其中一根针上从上到下按从小到大的顺序摆放了 64 个盘子。梵天要求僧侣们把所有盘子从一根针上借助于第二根针移到第三根针上,规定一次只能移一个盘子,且不许将大盘压在小盘上。图 3-7 所示为汉诺塔问题的示意图。

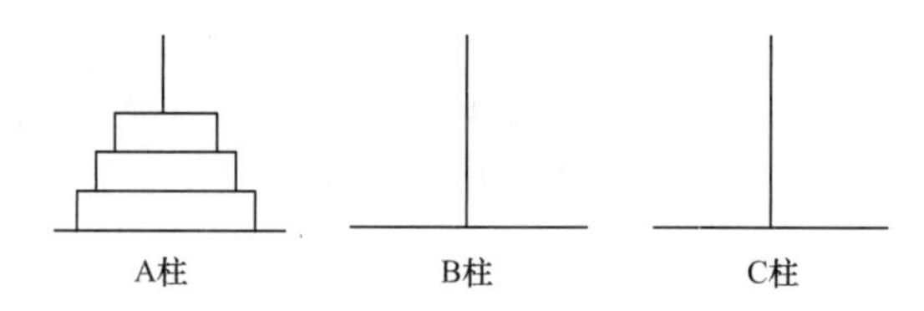

图 3-7 汉诺塔问题的示意图

解题分析:

(1)A 柱只有一个盘子的情况。A 柱→C 柱。

(2)A 柱有两个盘子的情况。小盘 A 柱→B 柱,大盘 A 柱→C 柱,小盘 B 柱→C 柱。

(3)A 柱有 n 个盘子的情况。将此问题看成上面 n-1 个盘子和最下面第 n 个盘子的情况。n－1 个盘子 A 柱→B 柱，第 n 个盘子 A 柱→C 柱，n－1 个盘子 B 柱→C 柱。问题转化为 2 次移动 n－1 个盘子的问题。同样，将 n－1 个盘子看成上面 n－2 个盘子和下面第 n－1 个盘子的情况，进一步转化为移动 n－2 个盘子的问题……依此类推，最终成为移动一个盘子的问题。

这是一个典型的递归问题，递归结束于只移动一个盘子。算法可以描述为：

(1)n－1 个盘子借助于 C 柱，A 柱→B 柱。

(2)第 n 个盘子 A 柱→C 柱。

(3)将第(1)步产生的 n－1 个盘子借助于 A 柱，B 柱→C 柱。

其中步骤(1)和步骤(3)可以继续递归下去，直至移动一个盘子为止。由此，可以定义两个函数：一个是递归函数，命名为 hanoi(int n，char A，char B，char C)，实现将 n 个盘子从源柱 A 借助于中间柱 B 移到目标柱 C 上；另一个命名为 move(char A，char C)，用来输出移动一个盘子的提示信息。程序如下。图 3-8 所示为 3 个盘子时函数的调用过程。

```
#include <iostream>
using namespace std;
void move(char,char);
void hanoi(int,char,char,char);
int main(){
    int n;
    cout<<"输入盘子数:"<<endl;
    cin>>n;
    hanoi(n,'A','B','C');
    cout<<endl;
    return 0;
}
void hanoi(int n,char A,char B,char C){
    if(n==1)   move(A,C);
    else{
      hanoi(n-1,A,C,B);  //将 n-1 个盘子借助 C 柱，从 A 柱移到 B 柱
      move (A,C);        //将最后一个盘子从 A 柱移到 C 柱
      hanoi(n-1,B,A,C);  //将 n-1 个盘子借助 A 柱，从 B 柱移到 C 柱
    }
}
void move(char A,char C){
    cout<<A<<"->"<<C<<'\t';
}
```

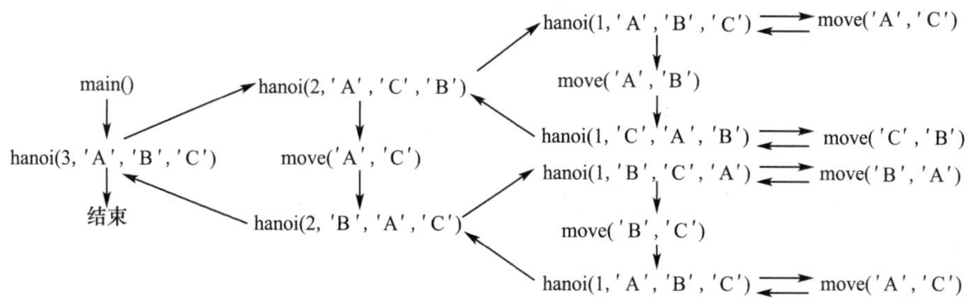

图 3-8 为 3 个盘子时函数的调用过程

程序运行结果为：

输入盘子数：

3

A－＞C　A－＞B　C－＞B　A－＞C　B－＞A　B－＞C　A－＞C

因为函数调用过程中系统要在栈中为局部变量分配空间。当递归处于递推过程中时，由于逐层调用，因此栈空间一直处于增长状态。在回归过程时，栈空间逐层释放。因此与大多数其他算法相比，递归算法的缺点是内存消耗巨大，而且连续调用、返回操作占用较多CPU时间。递归函数比功能相同的非递归函数运行时间长。

递归算法将循环处理的问题转化为递归处理，算法描述简洁易读，执行过程中通过递推和回归实现用循环完成的功能。

很多问题既可以用递归算法实现，也可以用非递归算法实现，是否选择递归算法取决于所解决的问题及应用的场合。

3.4 带默认形参值的函数、内联函数、函数重载

3.4.1 带默认形参值的函数

带默认形参值的函数是指在定义或声明函数时为形参指定默认值。这样在调用该函数时，对于有默认值的参数，可以给出实参值，也可以不给出实参值。如果给出实参，将实参值传递给形参。如果不给出实参，则函数形参就使用该默认值。以下程序的延时函数 delay，参数 loops 使用了默认值。

例 3-7 为函数形参指定默认值。

```
#include<iostream>
using namespace std;
void delay(int loops=1000){   //延时函数，默认延时 1000 个时间单位
     for(;loops>0;loops--);
}
int main(){
    delay(100);
    cout<<"延时 100 个时间单位"<<endl;
    delay();                      //等同于 delay(1000);
    cout<<"延时 1000 个时间单位"<<endl;
    return 0
}
```

默认值并不一定要求是常量表达式。它可以是任意表达式，甚至可以通过其他函数调用给出。如果默认值是任意表达式，则每次调用函数时，该表达式将被重新求值。但表达式必须有意义，如：

```
int fun1(int a=rand());
```

实参被省略时，形参的值由随机数函数产生。

在定义带默认形参值的函数时，必须注意两点：

(1)函数可以有多个形参带默认值，但所有具有默认值的形参必须在参数表中从右向左连续出现，中间不能间断。

```
int multi(int a, int b=20, int c=10);        //正确
int multi(int a=20, int b, int c=10);        //错误
```

(2)在同一个作用域中，形参的默认值只能指定一次。因此不能在函数声明和定义中都指定默认值。例如：

```
int multi(int, int=20, int=40);        //函数声明中给出默认值
int multi(int a, int b, int c){…}      //函数定义中不再给出默认值
```

3.4.2 内联函数

函数可以减少程序的目标代码，实现程序代码的共享。但从前面函数调用机制可以知道，函数调用会产生额外的时空开销。对于一些函数体代码很短，但又被频繁调用的函数，就不能忽视这种开销。以下程序段是读入一行字符串，逐个判断是否为数字字符。其中函数 IsNumber(char ch)的作用是判断参数 ch 是否是数字字符。

```
int IsNumber(char ch) {return ch>='0'&&ch<='9'? 1:0;}
int main(){
    char ch;
    while(cin.get(ch),ch! ='\n'){ //表达式为逗号表达式
        if(IsNumber(ch)) cout<<"是数字字符"<<endl;
        else cout<<"不是数字字符"<<endl;
    }
    return 0;
}
```

定义 IsNumber 函数的优点：一是提高程序可读性，二是使这段代码可以重复使用。但缺点也是显而易见的：频繁调用会降低程序的执行效率。为了协调效率和可读性之间的矛盾，C++提供了另一种方法，即内联函数。该方法是在定义函数时使用关键字 inline 加以修饰。语法形式如下：

```
inline 函数类型 函数名(形参表){语句}
```

如将上例的 IsNumber 函数定义为内联函数，则定义时写为：

```
inline int IsNumber(char ch){ return ch>='0'&&ch<='9'? 1:0;}
```

在程序编译时，编译器用内联函数的函数体替换程序中内联函数的调用语句。但是程序执行结果完全相同。由于在编译时将函数体中的代码代入程序中，因此会略微增加目标程序长度，进而增加空间开销，但可以节省函数调用的时间。由此可知，内联函数的本质是以空间换取时间。

使用内联函数时应注意以下几个问题：

(1)在一个文件中定义的内联函数不能在另一个文件中使用。它们通常放在头文件中共享。

(2)内联函数应该简短，只有几个语句。如果语句较多，则不适合定义为内联函数。

(3)内联函数中不能有循环语句、选择语句,否则,函数定义时即使有 inline 关键字,编译器也会把该函数作为非内联函数处理。

3.4.3 函数重载

在C++中允许在同一作用域内,对功能相似、参数不同的若干个函数赋予相同的函数名,这就是函数重载。这里参数不同的含义是:参数个数不同,或者函数对应参数的类型不同,或者个数、类型均不相同。编译器在编译函数调用语句时,会根据实参和形参的类型、个数进行最佳匹配,确定具体调用哪一个函数,这一过程称为绑定。

例如下列 3 个 add 函数就形成了重载,称为重载函数。

```
int add(int, int);                          //两个整数相加
double add(double, double);                 //两个实数相加
double add(double, double, double);         //三个实数相加
```

重载函数的好处是方便记忆、使用,提高程序的可读性。

重载函数的定义有如下规定:

(1)重载函数或者形参类型不同,或者个数不同,或者两者都不同。

(2)仅函数类型不同是不能作为重载函数的,编译器不以函数类型来区分函数。例如:

```
int add(int,int);
double add(int,int);
```

编译器认为上述函数是相同函数重复定义。因为程序编译时,编译器是根据实参类型和实参个数,而不是根据函数类型寻找最佳匹配的重载函数。

(3)不要将功能截然不同的函数定义为重载函数,以免出现混淆,不便于程序阅读。例如:

```
int add(int a,int b){return a+b;}
double add(double a, double b){return a * b;}
```

(4)重载函数的形参有默认值时,要防止出现二义性。例如:

```
int add(int a,int b,int c=1){return a+b+c;}
int add(int a,int b){return a+b;}
```

当出现 add(x,y)这样的调用时,编译器无法确定被调函数,产生编译错误。

C++编译器按照以下步骤匹配重载函数:

(1)如果有参数能严格匹配的函数,就调用该函数。

(2)按数据类型转换规则将实参隐式转换后,寻找匹配。如果匹配成功,调用该函数。

(3)通过用户定义的转换寻找匹配的函数。

例 3-8 重载函数的应用。

```
#include <iostream>
using namespace std;
int multi(int,int);
double multi(double,double);
int main(){
    int a=3,b=9,c;
    double x=1.6,y=0,z;
    c=multi(a,b);
```

函数的重载

```
    z=multi(x,y);
    cout<<a<<" * "<<b<<"="<<c<<endl;
    cout<<x<<" * "<<y<<"="<<z<<endl;
    return 0;
}
int multi(int a,int b){
    return a * b;
}
double multi(double a,double b){
    return a * b;
}
```

程序运行结果：

3 * 9=27

1.6 * 0=0

3.5 全局变量和局部变量

3.5.1 全局变量

定义在函数之外的变量称为全局变量。全局变量不属于哪一个函数，定义之后的任何位置都可以访问。如果在定义时不给出初始值，则自动初始化为 0。全局变量可定义在程序的任何位置，在该全局变量定义之后的任何位置都可以访问。

例 3-9 多个函数使用全局变量的例子。

```
#include<iostream>
using namespace std;
int i;              //i 为全局变量
void   changei(){
  for(int j=1;j<=10;j++) i+=j;
}
int main(){
    cout<<"调用 changei 前 i= "<<i<<endl;
    changei();
    cout<<"调用 changei 后 i= "<<i<<endl;
    return 0;
}
```

程序运行结果：

调用 changei 前 i= 0

调用 changei 后 i= 55

3.5.2 局部变量

定义在函数体内、某个块内的变量为局部变量。形式参数也属于局部变量。局部变量只能在函数体内或块内访问，在未被赋值或初始化的情况下，其值为随机数。

例 3-10 使用局部变量的例子。

```
#include<iostream>
using namespace std;
void  changei(){
    int i;      //局部于 changei 的变量，未初始化，为一随机数
    for(int j=1;j<=10;j++) i+=j;
    cout<<"调用 changei 中 i="<<i<<endl;

}
int main(){
    int i=0;      //局部于 main 的变量
    cout<<"调用 changei 前 i="<<i<<endl;
    changei();
    cout<<"调用 changei 后 i="<<i<<endl;
    return 0;
}
```

程序运行结果：

调用 changei 前 i= 0

调用 changei 中 i= −858993405

调用 changei 后 i= 0

本例说明，不同函数或块中可以使用同名的局部变量，这些同名变量不会相互冲突。

3.6 标识符的作用域

标识符的作用域是指标识符的有效范围，标识符的可见性是指标识符是否可以被访问，标识符只在其作用域内可见。标识符的作用域主要包括局部作用域、文件作用域(即全局域)、函数原型作用域、类作用域、名字空间。本节介绍局部作用域、函数原型作用域和文件域。

1.局部作用域

由“{}”括起来的程序段称之为块。在块中定义的标识符其作用域仅限于该块，称为局部作用域。如在函数、复合语句内定义的局部变量、函数定义时的形参，都具有局部作用域，只在块内有效。

例 3-11 输入两个数，求两数之差。

```
#include<iostream>
using namespace std;
int main(){
    int a,b;            //函数内定义局部变量,具有块作用域
    cout<<"输入两整数:"<<endl;
    cin>>a>>b;
    cout<<"a="<<a<<'\t'<<"b="<<b<<endl;
    if(b>a){
        int t;          //块中定义局部变量,具有块作用域
        t=a; a=b; b=t;
    }
    cout<<a<<"-"<<b <<"="<<a-b <<endl;
    return 0;
}
```

局部变量具有局部作用域,因此程序在不同块中可以定义同名变量。这些同名变量在各自作用域中可见,在其他地方不可见。这样为模块化程序设计提供了方便。例 3-3 main 函数中的 a、b 和 swap 函数的形参 a、b 尽管同名,但因作用域不同,两者没有任何联系。在 swap 函数的执行过程中,只能访问 swap 函数栈区内的形参 a、b,交换它们的值。函数返回时形参空间即被释放。由于交换过程并未涉及 main 中的变量 a、b,因此 main 函数中的 a、b 变量值未能实现交换。

2.函数原型作用域

在进行函数声明时,其形参作用域只在函数声明的形参表中,因此通常在函数声明时,可以只声明形参的类型,不声明形参名。若声明形参名也不必与函数定义中的形参名相同。

3.文件域

文件域也称为全局域。定义在所有函数之外的标识符具有文件域,作用域为从标识符定义处到文件结束处。文件中定义的全局变量具有文件域。由于在C++中不允许嵌套定义函数,因此不存在局部函数,所有函数都具有文件域。

如果某个文件中说明了具有文件域的标识符,且该文件又被另一个文件包含,则该标识符的作用域将延伸到新的文件中。如 cin 和 cout 是在头文件 iostream 中说明的标识符,它们的作用域也延伸到所有包含 iostream 的文件中。

需要说明的是,常变量和用户自定义类型,通常都放在函数外定义,使其具有文件域,如果放在函数内定义,是局部作用域,就限制了常变量或自定义类型的使用。

3.7 名字空间域

名字空间域是随标准C++引入的。一个软件往往是由多个模块组合而成,其中包括由多个不同的程序员开发的组件及C++类库提供的组件,这样不同模块对标识符命名就有可能发生冲突,引起程序出错。这就是通常称之为的全局名字空间污染。名字空间域的概念

正是为了防止程序中的全局实体名与C++各种类库中声明的全局实体名冲突而提出来的。

一个名字空间域将不同的标识符集合在一个命名作用域内。这样在不同的名字空间就可以使用相同的标识符表示不同的对象，不会产生命名冲突。它相当于一个更加灵活的文件域(全局域)。声明一个名字空间域的语法为：

```
namespace 名字空间名{
    常量声明
    变量声明
    函数声明
    类声明
}
```

例如：

```
namespace ns1{
    float a,b,c;
    fun1(){…}
    …
}
```

其中，“{}”括起来的部分称为声明块。声明块中可以包括类和对象、变量(带有初始化)、函数(带有定义)等。

在该域外使用域内的成员时，需加上名字空间名作为前缀，后面加上域操作符“::”加以限定，如 ns1::a、ns1::fun1()等。

最外层的名字空间域称为全局名字空间域，即文件域。与局部域分层次一样，名字空间域也可分层嵌套，也同样有分层屏蔽作用。例如：

```
namespace ns2{
    namespace ns2_1{   //名字空间嵌套
    class matrix{}     //名字空间类成员 matrix
    … }
}
```

这样访问域中成员时，必须写上一连串的限定修饰名。如访问 matrix 时，每次都写 ns2::ns2_1::matrix。

为了简洁起见，可以使用 using 关键字进行声明。using 声明以关键字 using 开头，后面是被限定修饰的名字空间成员名：

```
using ns2::ns2_1::matrix;这样就声明了名字空间类成员 matrix。
```

以后在程序中使用 matrix 时就可以直接使用成员名 matrix，而不必使用限定修饰名。

最方便的是使用 using 关键字一次性指定名字空间。之后使用该名字空间域内的标识符可以直接引用，不必再加名字空间作为前缀。语法格式为：

```
using namespace 名字空间;
```

例如：

```
using namespace ns2;
```

using 关键字使 ns2 中的所有成员都成为可见的，所有成员都可不加限定修饰地被使用。当然这样使用后命名冲突问题又出现了。

对于C++的标准库而言，其对应的名字空间为 std，标准库的组件都在名字空间 std 中定义。在程序中只要写上 using namespace std;，就可以引用其中声明和定义的对象。例如 std 空间中预定义了标准流对象 cin、cout、cerr、clog，使用这些流对象可以完成基本人机交互功能。因此在本书各章的例题中，可以看到程序的开头，都有 using namespace std;语句。

3.8 存储类型

说明标识符时除了必须说明数据类型外，有时也需要说明存储类型。对于变量来说，存储类型决定了变量的存储区域，即编译器在不同区域为不同存储类型的变量分配空间。由于存储区域不同，变量的生存期也不同。生存期指的是变量从获得空间到空间被释放之间的时间。变量只有在生存期中，并且在其作用域中才能被访问。

C++中与存储类型相关的关键字有 auto、register、static 和 extern。

1.auto

块内定义的局部变量，如无任何存储类型说明，其生存期开始于块的执行，终止于块的结束，其原因是局部变量存放在栈中，块开始执行时系统为变量分配栈空间，块执行结束时系统释放相应的栈空间，因此局部变量的生存期和作用域是一致的。在C++98/C++03 标准中，局部变量定义时可以在数据类型前加 auto 声明存储类型，称为自动类型，auto 可以省略。因为 auto 使用极少且显多余，所以在C++11 标准中，改变了 auto 的语义，变成自动类型推断，用于从初始化表达式中推断出变量的数据类型。例如：

```
auto c = 'A';//  自动推断 c 为 char 类型变量
```

2.register

register 称为寄存器类型，声明的变量称为寄存器变量，例如：

```
register int i;
```

寄存器变量也是局部变量，在块内定义。register 说明仅能建议（而非强制）系统使用寄存器，以提高程序运行速度。但寄存器数量有限，编译器往往还是把这种变量放在内存中。一般不提倡使用寄存器变量。C++11 标准中，register 关键字的用法已被废弃。

3.static

用 static 说明的变量称为静态变量。静态变量和全局变量一样都存储在静态存储区。如果程序未显式地给出初始化值，那么系统将其初始化为 0，且初始化只进行一次；静态变量的空间分配和初始化在编译阶段完成，占用的空间要到整个程序执行结束时才释放，具有静态生存期。

根据定义位置不同，静态变量还可分为静态局部变量和静态全局变量。在函数或块内定义，称为静态局部变量；在函数外定义，称为静态全局变量。静态局部变量作用域是定义它的函数或块，但程序运行结束才释放空间，其间静态局部变量的值一直存在，不受函数调用和返回的影响。以后该函数再被调用，静态局部变量仍然保持上一次函数调用结束时的值。所以在函数退出时，希望保留某个局部变量的值，使下一次调用该函数时，该值还可继续使用，这样就可以把该局部变量定义为静态的。

例 3-12 全局变量、静态局部变量和自动局部变量的区别。

```
#include<iostream>
using namespace std;
void func();
int c=1;
int main(){
    int a=0,b=-10;
    cout<<"a="<<a<<", b="<<b<<",c="<<c<<endl;
    func();
    cout<<"a="<<a<<", b="<<b<<",c="<<c<<endl;
    func();
    return 0;
}
void func(){
    int static a=2;//静态局部变量定义
    int b=5;
    a+=2,b+=5;
    c+=12;
    cout<<"a="<<a<<", b="<<b<<",c="<<c<<endl;
}
```

程序运行结果：

a=0, b=-10, c=1
a=4, b=10, c=13
a=0, b=-10, c=13
a=6, b=10, c=25

全局变量 c 存储在静态存储区，编译时为其分配空间，程序结束才释放。作用域是整个程序文件，在所有函数中均可见，而且各函数内没有同名的局部变量，所以两次调用 func 函数，每次 c 都加上 12，每一行输出都是全局变量 c 的值。

主函数定义了局部变量 a、b，存储在栈区，其作用域在主函数内，在 func 函数中是不可见的，输出结果中第 1、3 行的 a、b 是主函数中的变量，其值没有发生改变，func 函数的同名变量 a、b 对它们不会产生影响。

func 函数中的局部变量 b 和主函数中的 a、b 都存储在栈区，并且是程序调用函数时才分配空间，函数调用结束时释放空间。func 函数被调用了 2 次，b 也分配、释放了 2 次。每次初值都是 5，运算后结果都是 10。a 是静态局部变量，存放在静态存储区，作用域和 b 相同，仅在 func 函数内。a 只初始化一次，第一次 func 函数执行结束后，该变量不释放，因此其值为 4 一直存在。当再次调用 func 函数，a 不再初始化为 2，其值仍然是 4，因此加 2 以后 a 为 6。

4.extern

一个C++程序可以由多个源程序文件组成。多个源程序文件可以通过外部存储类型的变量和函数来实现数据和操作的共享。

在一个程序文件中定义的全局变量和函数默认为外部的，其作用域可以延伸到程序的其他文件中。但其他文件如果要使用这个文件中定义的全局变量和函数，则应该在使用前用 extern 进行外部声明，表示该全局变量或函数不是在本文件中定义的。外部声明通常放在文件的开头(外部函数声明总是省略 extern)。语法格式为：

```
extern  数据类型  变量名 1,[变量名 2,…变量名 n];
```

此外，在同一个文件中，如果在全局变量定义点之前的函数要访问该全局变量，那么也必须对其进行外部变量声明，以满足先定义后使用的原则，所以全局变量定义最好集中在文件的起始部分。

外部变量声明不同于全局变量定义，变量定义时编译器为其分配存储空间，而变量声明则表示该全局变量已在其他地方定义过，编译器不再为其分配存储空间，直接使用变量定义时所分配的空间。这就是定义与声明的区别。因此，所声明的变量名和类型必须与定义时完全相同。

假定程序中包含两个源程序文件 prog_1.cpp 和 prog_2.cpp，程序结构如下：

```
// prog_1.cpp 由 main 组成
#include <iostream>
using namespace std;
void fun2();          //外部函数声明,等价于 extern void fun2();
int n;                //全局变量定义
int main(){
    n=1;
    fun2();           // fun2()在文件 prog_2.cpp 中定义
    cout<<"n="<<n<<endl;
    return 0;
}
// prog_2.cpp,由 fun2()组成
extern int n;         //外部变量声明,n 在文件 prog_1.cpp 中定义
void fun2() {         //fun2()定义
    n=3;
}
```

外部的全局变量或函数加上 static 修饰就成为静态全局变量或静态函数。静态全局变量和函数的作用域限制在本文件中，其他文件即使进行外部声明也无法使用该全局变量或函数。

3.9 头文件与多文件结构

在C++中，一个较大的程序由若干个源程序文件组成，对每个源程序文件可以单独进行编辑、编译。这些源程序文件由一个工程文件进行管理，最后连接成一个完整的程序。

3.9.1 头文件

编译器在对源程序进行编译之前，首先要由预处理程序对程序文本进行预处理。预处

理程序提供了一组编译预处理指令和预处理操作符。预处理指令实际上不是C++语言的一部分,它只是用来扩充C++程序设计的环境。预处理指令可以根据需要出现在程序中的任何位置。在前面的程序中使用的"#include<iostream>"就是一条文件包含预处理指令,其作用是将指定文件嵌入该指令处。这里 iostream 是在标准名字空间域 std 中定义的头文件。

C++系统提供了一个很大的常用函数库。用户可以直接使用库函数,而不必自己定义。这给用户编程带来了很大方便。系统依据函数功能将这些库函数或它们的声明分类存放在不同的头文件中,如 iostream 中说明了与输入/输出相关的对象和成员函数,cmath 中说明了大量的数学函数,cstring 中说明了与字符串操作相关的函数等。所有系统定义的头文件都存放在系统目录的 include 子目录下。有关函数库的详细内容可查阅相关手册。用户只要将相关头文件包含进自己的文件,就可以直接使用头文件中说明的函数了。

除了系统定义的头文件外,用户还可以自定义头文件。用户可以将一些具有外部存储类型的标识符的声明放在头文件中,具体地说,头文件中可以包括用户构造的数据类型、外部变量、函数声明、常量和内联函数等。但放在头文件中的标识符应具有一定的通用性,非全局变量和非内联函数定义不宜放在头文件中。

3.9.2 多文件结构

当一个较大的程序被分解为若干个规模较小的程序文件时,就形成了程序的多文件结构。多文件结构由工程文件进行管理。

工程文件是由编译器建立的,用户可以根据设计需要,在工程中建立自己的.h 头文件、.cpp 源程序文件和其他类型的文件。一般在头文件中包含用户自定义的数据类型和外部函数声明,而函数的实现则定义在不同的源程序文件中。每个源程序文件单独编辑和编译。如果源程序文件中有编译预处理指令,则首先经过编译预处理,再经过编译生成目标文件,所有的目标文件经连接最终生成完整的可执行文件。关于编译预处理将在下一节中介绍。图 3-9 是一个多文件系统的开发过程。

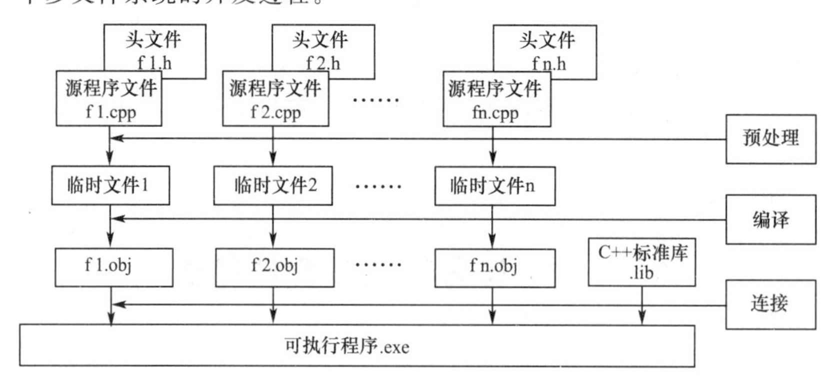

图 3-9 多文件系统的开发过程

多文件结构的优点是:首先,可以避免重复性的编译,如果修改了个别函数,那么只需重新编译这些函数所在的文件即可;其次,将程序进行合理的功能划分后,更方便设计、调试和维护。另外,通常把相关函数放在一个文件中,这样就形成了一系列按照功能分类的文件,便于其他程序文件引用。

3.10 编译预处理

编译预处理是指在编译源程序之前，由预处理器对源程序进行一些加工处理，生成中间文件，然后再进行编译。预处理器是包含在编译器中的预处理程序。编译预处理指令以“#”开头，每一条预处理指令单独占用一行，行后不加分号。并且通常放在源程序文件的开始部分。

C++提供的编译预处理指令主要有以下三种：宏定义、文件包含和条件编译。

3.10.1 宏定义指令

与宏定义相关的指令有宏定义指令 #define 和宏取消指令 #undef，其中宏定义指令又分为不带参数和带参数两种。

1.不带参数的宏定义

不带参数的宏定义用来产生与一个标识符对应的字符串，格式为：

```
#define 宏名  字符串
```

预处理后文件中只要是出现该宏名的地方均用其对应的字符串代替。替换过程称为宏替换或宏展开。例如，如果使用指令

```
#define PI  3.1415927
```

则程序中可以使用宏名 PI。编译预处理后产生一个中间文件，文件中所有的 PI 都被替换为 3.1415927

宏替换只是字符串和宏名之间的简单替换，预处理本身不做任何数据类别和合法性检查，也不分配内存单元。

2.带参数的宏定义

带参数的宏定义的形式与函数定义的形式相似，格式为：

```
#define 宏名(形参表) 表达式串
```

例如，进行如下定义：

```
#define S(a,b)  (a)*(b)/2
```

程序中使用 S(a,b)，预处理后产生一个中间文件，其中所有的 S(a,b)都被替换为(a)*(b)/2。

带参数的宏定义在形式上像定义函数，但它与函数有本质不同。宏展开过程是宏名和表达式串之间的简单替换，不做参数匹配检查，也不为参数分配内存。因此，宏定义时表达式串中的参数通常要用括号括起来，否则容易导致逻辑错误。例如，对于宏定义：

```
#define S(a,b)  a*b/2
```

程序中的 S(3+5,2+2)会被宏展开为 3+5*2+2/2，而不是(3+5)*(2+2)/2。很显然不符合编程者的本意。

#undef 指令用来取消 #define 指令所定义的符号，这样可以根据需要使宏定义的符号有效和失效。

为便于与其他标识符区分，宏名通常用大写字母表示。另外，为了尽量发挥编译器的作用，不提倡使用宏定义，而是建议用 const 常变量和内联函数。

3.10.2 文件包含指令

文件包含用＃include 指令，预处理后将指令中指明的源程序文件嵌入＃include 指令位置处。＃include 指令有两种格式：

```
#include<文件名>
```

和

```
#include"文件名"
```

第1种方式称为标准方式，预处理器将在 include 子目录下搜索指明的文件。这种方式适用于包含C++系统提供的头文件，因为这些头文件一般都存在C++系统目录的 include 子目录下。而对于第2种方式，编译器将首先在当前工程文件所在的目录下搜索，如果找不到，再按标准方式搜索，这种方式适用于包含用户建立的头文件。

如果同一个头文件在同一个源程序文件中被重复包含，就会出现标识符重复定义的错误。例如，头文件 circle.h 和 line.h 中都包含了 point.h。如果 main.cpp 中包含了 circle.h 和 line.h，那么编译时编译器将提示错误。原因是 point.h 被包含了两次，其中定义的标识符等在 main.cpp 中被重复定义。为避免重复定义，可以使用条件编译指令。

3.10.3 条件编译指令

通常情况下，源程序中的所有语句都将被编译。但有时希望源程序中的某些语句只在满足某种条件时才被编译，不满足条件则不被编译。这时就要使用条件编译指令。条件编译指令包括＃if、＃else、＃ifdef、＃ifndef、＃endif 等。

条件编译指令有两类：一类是根据宏名是否定义来确定是否编译某些程序段，另一类是根据表达式的值来确定被编译的程序段。

1.用宏名作为编译条件

格式为：

```
#ifdef 宏名
    程序段 1
[#else
    程序段 2]
#endif
```

其中，程序段可以是程序，也可以是编译预处理指令。可以通过在该指令前面安排宏定义来控制编译不同的程序段。

例如，在调试程序时经常要输出调试信息，而调试完成，程序正式交付应用后却不需要输出这些信息，这时可以把输出调试信息的语句用条件编译指令括起来。形式如下：

```
#ifdef DEBUG
    cout<<"a="<<a<<'\t'<<"x="<<x<<endl;
#endif
```

在程序调试期间，在该条件编译指令前增加宏定义：

```
#define DEBUG
```

调试完成后，删除 DEBUG 宏定义，将源程序重新编译一次即可。当条件编译的程序段较大时，用这种方法比直接从程序中删除相应的程序段要简单得多。

#ifndef 与 #ifdef 的作用一样，只是选择的条件相反。用条件包含指令还可以处理文件的重复包含的问题。例如，3.10.2 节中所描述的重复包含问题：

```
//circle.h
#include  "point.h"
    …
//line.h
#include  "point.h"
    …
//main.cpp
#include  "circle.h"
#include  "line.h"
    …
```

要使 point.h 中的标识符在 main.cpp 中不被重复定义，可以将 point.h 中的程序段加上条件编译命令：

```
//point.h
#ifndef POINT_H
#define POINT_H
    …          //原来的程序段
#endif
```

在这个头文件中，先判断宏 POINT_H 是否被定义过。如果没有被定义过，就定义宏 POINT_H，并且编译下面的程序段。如果宏 POINT_H 被定义过，说明此头文件已参加编译，不再重复编译，下面的程序段被忽略，从而避免重复包含引起的标识符重复定义问题。

2.用表达式的值作为编译条件

格式为：

```
#if 表达式
    程序段 1
[#else
    程序段 2]
#endif
```

根据表达式的值选择编译不同的程序段。表达式通常只包含一些常量的运算。

本章小结

函数是程序设计的重要工具。C++提供了大量的预定义函数，称为库函数或标准函数。用户自定义函数可以解决特定的问题。函数的参数是用于函数与外部通信的接口。函数定义时的参数称为形式参数，形式参数可以带默认值。函数调用时的参数称为实际参数。函数调用时，实参的值传递给对应的形参。return 语句可以返回一个表达式的值。

函数可以用语句或表达式调用。函数可以嵌套调用，也可以递归调用。main 函数是程序的启动函数，其他函数不能调用 main 函数。

内联函数能够减少函数调用开销。重载函数是多态性的表现，重载函数的函数名相同，功能相似，但参数表不同。

定义在函数外的变量为全局变量，定义在函数内的变量为局部变量。标识符作用域是在程序正文中能够引用这个标识符的那部分区域。标识符的存储特性确定了标识符在内存中的生存时间。

C++程序可以由多个程序文件构成。一个大的应用程序，通常由不同功能的文件组成，这有利于程序的设计维护和进一步扩充。

练习题

1.输入 m、n 和 p 的值，求 $s=\dfrac{1+2+\cdots+m+1^3+2^3+\cdots+n^3}{1^5+2^5+\cdots+p^5}$ 的值。

2.设计一个函数，判断一整数是否为素数，并完成在 800～900，验证哥德巴赫猜想：任何一个充分大的偶数都可以表示为两个素数之和。

3.编写递归函数求两个数的最大公约数，并在主函数中调用验证。

4.用递归函数实现勒让德多项式。并在主函数中求 $P_5(1.4)$。

$$P_n(x)=\begin{cases}1 & n=0\\ x & n=1\\ ((2n-1)xP_{n-1}(x)-(n-1)P_{n-2}(x))/n & n>1\end{cases}$$

5.编写函数 int digit(int m，int n)，求整数 m 从右往左数第 n 位数字，并将该数字作为函数值返回。例如：

```
digit(1234,2)=3   digit(1234,6)=0
```

6.使用重载函数编写程序，分别把两个数和三个数从大到小排列。

第 4 章

数组、指针及字符串

素质目标

在实际应用中，仅用基本数据类型难以描述现实世界中各种各样客观对象之间的关系。C++提供了数组类型，为组织大量类型相同且具有一定联系的数据提供了一种高效的表示形式。C++语言具有在运行时获得变量地址和操纵地址的能力，可用来操纵地址的变量类型就是指针。利用指针可以使程序运行更高效、灵活。在C++中，使用 char 类型的数组以及 string 类型的变量存放字符串。

本章介绍数组、指针、结构体类型及其应用。

学习目标

1.理解数组的概念，掌握数组的定义与应用；
2.理解指针的概念，掌握指针的各种使用；
3.理解指针与数组的关系，掌握通过指针访问数组；
4.掌握动态内存分配的方法；
5.理解字符串的存储，掌握用数组和指针处理字符串的方法；
6.掌握 string 的应用；
7.掌握结构体类型的定义与使用。

4.1 数 组

数组是同类型数据的有序集合。它由若干个元素组成，每个元素数据类型都相同，在内存中占用相同大小的存储单元。各元素具有明确的次序关系，且在内存中连续存放。

数组中的每一个元素都用数组名与若干个带方括号的下标表示。下标的个数表示数组

的维数，数组可以是一维的，也可以是多维的。数组的维数和每一维的元素个数必须在定义数组时确定，在程序运行时不能改变。

4.1.1 一维数组

例 4-1 输入 40 个学生的英语成绩，求出最高分、最低分和平均分。

```
#include <iostream>
using namespace std;
const int N=40;// 数组的长度通常用常变量来定义，便于程序进行修改
int main(){
    int score[N];//定义一维数组，数组名为 score，由 N 个整型元素组成
    int max,min,sum,average,i;
    cout<<"输入"<<N<<"个学生的英语成绩"<<endl;
    for(i=0;i<N;i++)
        cin>>score[i];//第 i 个学生的成绩存入 score[i]
    sum=max=min=score[0];
    for(i=1;i<N;i++){
        sum+=score[i];
        if(score[i]>max) max=score[i];
        else if(score[i]<min) min=score[i];
    }
    average=sum/N;
    cout<<"最高分为"<<max<<"\t 最低分为"<<min<<"\t 平均分为"<<average<<endl;
    return 0;
}
```

本例中求一维组数的最大值和最小值的算法，在数据统计中经常会遇到。

1.一维数组的定义和存储方式

数组在使用前也必须先定义。语法格式为：

```
[存储类型] 数据类型 数组名[常量表达式];
```

其中：

(1)数组元素的类型可以是 void 以外的任何类型。

(2)数组名是用户自定义的标识符。在C++中数组名表示数组首元素在内存中的地址，它是一个地址常量，因此数组名不能修改，不能作为左值出现。

(3)常量表达式的值必须是 unsigned int 类型的正整数或常变量，不能是变量。该值表示数组的大小，亦称数组的长度，表示数组元素的个数。

(4)[]是数组下标运算符，但是在数组定义时用来规定数组的长度。

例 4-1 中 score 是一个一维数组，每个元素都是 int 类型，数组长度为 40，它的存储方式是连续的，从低地址开始依次存放数组中各元素的值。存储结构如图 4-1 所示。

一维数组占用内存字节数可由下式计算：

```
sizeof(数组名)  或  sizeof(数组元素类型)*数组长度
```

2.一维数组的初始化

与普通变量定义时可以同时初始化一样，定义一个数组时也可进行初始化。例如：

图 4-1　数组 score 的存储结构

```
int f[10]={0,1,1,2,3,5,8,13,21,34};
```

以上 f 数组已对全部数组元素初始化。也可以省略数组的长度，即：

```
int f[]={0,1,1,2,3,5,8,13,21,34};
```

编译器会根据初始化值的个数自动确定数组的长度。

若初始化值的个数少于数组的长度，则未指定值的数组元素被初始化成 0。例如：

```
int f[10]={0,1,1,2,3,5,8,13};
```

则 f 数组的最后两个元素的值均为 0。

3.一维数组元素的引用

对数组元素的访问方法是通过下标运算符，按元素在数组中的位置进行访问，称为索引访问或下标访问，格式如下：

```
数组名[下标表达式]
```

其中：

(1)C++数组中的第 1 个元素的下标为 0，而不是 1，因此数组最后一个元素的下标为数组长度－1。下标表达式的值必须在“0～数组长度－1”之间。下标值不得超过这个范围，否则运行时将出现数组越界错误(编译时编译器无法发现下标值是否越界)。

(2)下标表达式可以是任意合法的表达式，只要表达式的值在“0～数组长度－1”之间即可。

(3)数组中的每一个元素都相当于一个同类型的变量，凡是允许使用变量的地方，都可以使用同类型的数组元素。

(4)定义数组时的“数组名[常量表达式]”和引用数组元素时的“数组名[下标表达式]”含义是截然不同的。

4.1.2 二维数组及多维数组

数组不仅有一维数组，还有二维、三维甚至多维数组。一维数组可用来表示向量，二维数组可用来表示行列式或矩阵，例如可以用一个二维数组来存储方程组的系数矩阵。而像玩具魔方这样的立方体结构就需要用三维数组来表示。

例 4-2 在 3 行 4 列的矩阵中，找出最大元素的位置。

```
#include<iostream>
#include<iomanip>
using namespace std;
const int M=3;
const int N=4;
int main(){
```

```
    int a[M][N],i,j,max_row,max_col;       max_row=max_col=0;
    cout<<"输入3行4列矩阵"<<endl;
    for(i=0;i<M;i++)
        for(j=0;j<N;j++)
            cin>>a[i][j];
    for(i=0;i<M;i++)
        for(j=0;j<N;j++)
            if(a[i][j]>a[max_row][max_col]){
                max_row=i;
                max_col=j;
            }
    cout <<"最大元素是矩阵第"<<max_row+1<<"行第"<<max_col+1
        <<"列:"<<a[max_row][max_col]<<endl;
    return 0;
}
```

1.二维及多维数组定义和存储方式

二维及多维数组定义的语法格式为：

```
[存储类型] 数据类型 数组名[常量表达式1][常量表达式2]…[常量表达式n];
```

常量表达式1为数组第一维的长度(最高维)，常量表达式2为数组第二维的长度…，常量表达式n为数组第n维的长度(最低维)。

例4-2中二维数组a存储一个3行4列的矩阵，数组第一维的长度表示矩阵行数，第二维长度表示矩阵列数。

因为计算机内存是一维编址的，所以二维数组和高维数组在内存中的存放仍然是一维的。二维数组的各个元素按行优先顺序存放，数组a各元素在内存中排列顺序为：

```
a[0][0]→a[0][1]→a[0][2]→a[0][3]→a[1][0]→a[1][1]→a[1][2]→a[1][3]→
a[2][0]→a[2][1]→a[2][2]→a[2][3]
```

由此看出，存放顺序是低维元素下标变化快，高维元素下标变化慢。这一规律对二维以上的多维数组同样适用。

2.二维数组的初始化

对于二维数组，其初始化有以下几种形式：

(1)嵌套一维数组的初始化：

```
int a[3][4]={{1,3,5,7},{2,4,6,8},{3,5,7,11}};
```

(2)按数组元素存储次序列出各元素的值，并只用一个“{ }”括起来，如：

```
int a[3][4]={1,3,5,7,2,4,6,8,3,5,7,11};
```

(3)可以对部分元素赋初值，没有明确初值的元素为0。如：

```
int a[3][4]={{1,3},{2,4},{3,5,7}};
```

(4)可由初始化数据个数确定数组的最高维长度。如：

```
int a[ ][4]={ 1,3,5,7,2,4,6,8,3,5,7,11};
```

也可以如下定义：

```
int a[ ][4]={{1,3},{2,4},{3,5,7}};
```

注意：定义多维数组时，只能省略数组最高维的长度。

多维数组的初始化和二维数组类似。

3.二维及多维数组元素的引用

二维及多维数组元素的引用与一维类似,其语法形式为:

```
数组名[下标表达式 1][下标表达式 2]…[下标表达式 n]
```

元素下标表达式的个数取决于数组的维数,N 维数组就有 N 个下标表达式。二维及多维数组元素下标的起止值、下标表达式值的要求与一维数组完全相同。

4.1.3 数组作为函数参数

数组元素和数组名都可以作为函数的参数实现函数间数组数据的传递和共享。

由于数组元素和普通变量没有区别,因此当数组元素作为函数的实参时,传递给形参的是数组元素的值。

使用数组名作为函数的参数,则实参和形参都应该是数组名,且类型应相同。由于数组名表示的是数组首元素的地址,所以函数形参得到的是实参数组首元素的地址,实参和形参地址值相同,因此被调函数中对形参数组的处理实际上就是对主调函数的实参数组的处理。这种方式和第三章所介绍的传值调用不同,主调函数向被调函数传递的是数据的地址,即传址。

在被调函数中,形参是一维数组时,一般不需要说明长度。因为C++只传递数组首地址,而对数组边界不进行检查。也就是说,数组名作为参数时,“[]”中可以是空的,即使写了数组长度,编译器也会忽略。这样的好处是对长度不等的同类型数组、函数可以通用。至于数组的长度,一般由函数的另一个参数来传递。

1.一维数组作为函数参数

例 4-3 用函数实现数组元素的逆序。

```
#include <iostream>
#include <cstdlib>
#include <ctime>
using namespace std;
void reverse(int [],int);
const int SIZE=10;
int main(){
    int arr[SIZE],i;
    srand(time(NULL));
    for (i=0;i<SIZE;i++) arr[i]=rand()%100;//每个元素为[0,99]范围内的随机数
    cout << SIZE<<"个随机数:"<<endl;
    for (i=0;i<SIZE;i++) cout<<arr[i]<<'\t';
    cout<<endl;
    reverse(arr,SIZE);
    cout << SIZE<<"个随机数逆序后:"<<endl;
    for (i=0;i<SIZE;i++)    cout<<arr[i]<<'\t';
    cout<<endl;
    return 0;
}
void reverse(int array[],int n){
```

```
    int temp;
    for(int i=0;i<n/2;i++){
        temp=array[i];
        array[i]=array[n-i-1];
        array[n-i-1]=temp;
    }
}
```

数组逆序的算法是数组将第 1 个元素和第 n 个元素互换(下标分别为 0 和 n－1);第 2 个元素和第 n－1 个元素互换(下标分别为 1 和 n－2,…,重复 n/2 次),将数组前半部分和后半部分元素交换。在 reverse 函数中,参数 n 就表示数组 array 的长度。

由 3.2.1 节可以知道,函数传值调用时是把实参的值复制到形参,形参值的改变不会影响实参值。而将数组名作为函数参数传递时,是将实参数组在内存中的首地址传给了形参,被调函数可以通过该地址访问实参数组中的各个元素,改变形参数组元素的值也就是改变实参数组元素的值。在本例中主函数调用语句 reverse(arr,SIZE)中的实参 arr 和 reverse 函数中的形参 array 是同一个地址。因此 reverse 函数对数组 array 的逆序就是对主函数中 arr 数组的逆序(图 4-2)。

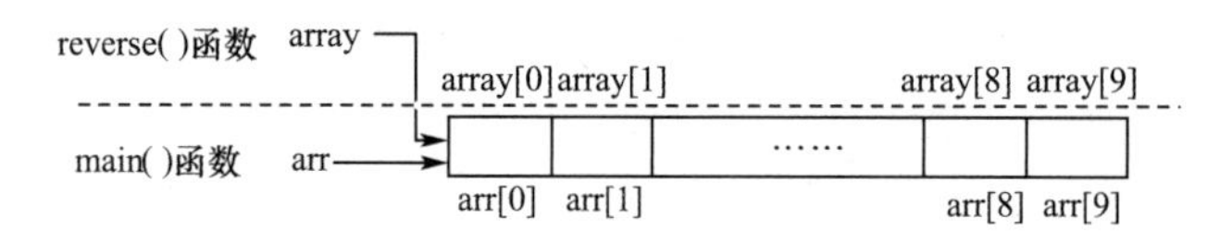

图 4-2　实参 arr 与形参 array 的关系

2.多维数组作为函数参数

多维数组也可以作为函数参数。多维数组作为参数,最高维长度可以不写,但其他各维必须明确标出。因为编译器只要根据后面每一维(从第 2 维开始)的大小就可计算数组占用空间中每一个元素的存储地址。对于多维数组,编译器不检查边界,其实只是不检查最高维(第 1 维)的边界。

例 4-4 编写按以下形式输出杨辉三角的函数,并输出杨辉三角的前 10 行。

```
1
1  1
1  2  1
1  3  3  1
1  4  6  4  1
```

分析:可以用二维数组存储杨辉三角,其特点是每一行的第一个元素和最后一个元素是 1,中间各元素值是上一行同一列和前一列元素之和。程序如下:

```
#include<iostream>
#include<iomanip>
using namespace std;
const int N=10;
void yanghui(int a[][N],int);
int main(){
    int a[N][N];
```

```
    yanghui(a,10);return 0;
}
void yanghui(int a[][N],int n){
    int i,j;
    for(i=0;i<n;i++){
      a[i][0]=a[i][i]=1;
      for(j=1;j<i;j++) a[i][j]=a[i-1][j-1]+a[i-1][j];
    }
    for(i=0;i<n;i++){
        for(j=0;j<=i;j++)   cout<<setw(4)<<a[i][j];
        cout<<endl;
    }
}
```

4.1.4 数组的应用

数据排序是最常见的应用，比如对学生考试成绩进行排序，对候选人得票数排序等。排序的方法有很多种，常用的有冒泡法、选择法、插入法等。下面介绍冒泡排序在一维数组上的实现。

例 4-5 对一维数组使用冒泡法升序排序。

设一组无序元素 a[0]、a[1]、…、a[n−1]，进行其排序算法是：第 i 轮（0⩽i⩽n−2）排序是对 a[0]到 a[n−1−i]之间的元素，相邻元素比较，如逆序，则交换位置。这样，第 i 轮排序的结果，就将剩余的 n−i 个元素中最大元素沉到 a[n−i−1]位置上。如图 4-3 所示为 5 个元素从小到大的冒泡排序过程。n 个元素的冒泡排序，最多需要进行 n−1 轮。

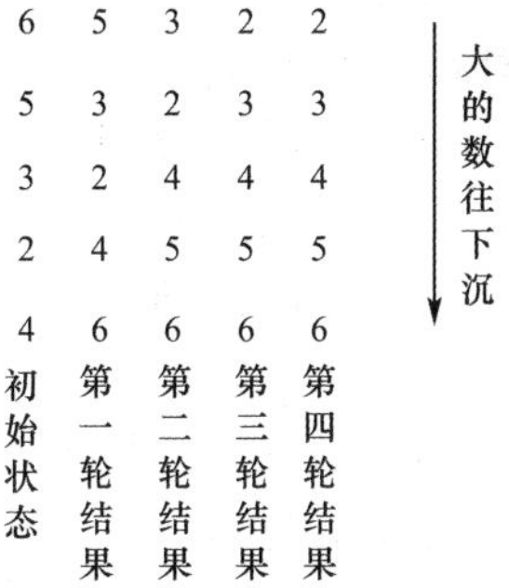

初始状态	第一轮结果	第二轮结果	第三轮结果	第四轮结果
6	5	3	2	2
5	3	2	3	3
3	2	4	4	4
2	4	5	5	5
4	6	6	6	6

大的数往下沉 ↓

图 4-3 冒泡排序过程

冒泡法排序程序如下：

```
#include <iostream>
#include <iomanip>
using namespace std;
const int N=5;
void bubbleSort(int [],int);
int main(){
   int a[N],i;
```

```
    cout<<"输入"<<N<<"个数"<<endl;
    for(i=0;i<N;i++)
        cin>>a[i];
    bubbleSort(a,N);
    for(i=0;i<N;i++)
        cout<<a[i]<<'\t';
    return 0;
}
void bubbleSort(int a[],int n){
    int i,j,t;
    for (i=0; i<n-1; i++)          //排 n-1 轮
        for (j=0; j<n-1-i; j++)    //每一轮是从 a[0]到 a[n-2-i]相邻两数进行比较
            if (a[j]>a[j+1]){
                t=a[j];
                a[j]=a[j+1];
                a[j+1]=t;
            }
}
```

从图 4-3 中可以观察到，图中 5 个数据在第三轮排序结束时，数组元素已经有序，没有必要继续余下轮的排序了。因此冒泡排序算法可以进行优化。请读者思考优化方法。

例 4-6 Josephus 问题。

Josephus 问题是：N 只猴子围成一圈，从中选出猴王。从第一只猴子开始按顺时针方向从 1 到 m 进行报数，报到 m 的猴子离开。下一只猴子继续从 1 到 m 报数，报到 m 的猴子再离开。圈子不断缩小，最后剩下的一只猴子就是猴王。求 N 只猴子的出圈顺序以及猴王原来在圈中的位置。其中 m 由键盘输入。

这个问题可以用一维数组 bool Josephus[N]实现。数组的元素表示一只猴子，下标表示猴子的编号。当元素值为 true 时，表示对应的猴子在圈中，反之，表示对应的猴子已经出圈。可以把数组看成是一个首尾连接的环，表示猴子围坐成一圈。如图 4-4 所示。

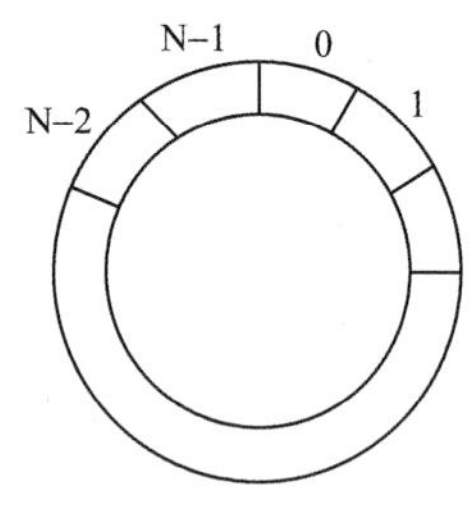

图 4-4 循环数组示意图

报数采用如下算法实现：从编号为 0 的猴子开始报数，用变量 index 表示要报数猴子的下标，其初始值为 N－1。下一只要报数猴子的下标为(index+1)%N。这样 Josephus[N－1]的下一个元素就是 Josephus[0]，实现了首尾连接。用变量 count 对报数计数，count 初始值为 0，计到 m 时，对应的猴子出圈。变量 num 表示圈中剩余的猴子数，其初始值为 N。程序如下：

```
#include <iostream>
using namespace std;
const int N=10;
int main(){
    bool Josephus[N];;
```

```
    int m,index,count,num;
    for(index=0;index<N;index++) Josephus[index]=true
    cout<<"猴子间隔(>1) ";
    cin>>m;
    num=N;
    index=N-1;
    while(num>1){          //圈中猴子数大于 1
        count=0;
        while(count<m){ //报数小于 m
            index=(index+1)%N;  //index 为报数猴子的编号
            if(Josephus[index])count++;//第 index 只猴子在圈中, count+1
        }
        Josephus[index]=false;
        cout<<index<<'\t';
        num--;
    }
    cout<<endl;
    for(index=0;index<N;index++)
        if(Josephus[index]) break;
    cout<<"猴王是 "<<index<<endl;
    return 0;
}
```

当猴子数为 10,m 为 3 时,程序运行结果为:

猴子间隔(>1)　3

2　5　8　1　6　0　7　4　9

猴王是 3

4.2 指　针

指针是C++从 C 中继承过来的重要数据类型,它提供了更为灵活的地址操作方式。掌握指针的应用,可以使程序设计更简洁、高效。

4.2.1 指针的概念

指针是一种数据类型,指针类型的变量称为指针变量。

要理解指针的概念,首先需要理解数据在计算机中是如何存储和访问的。内存是按字节编址的存储空间,就像一幢大楼里每个房间有一个编号一样,每个字节都有一个编号,称为内存地址。若要访问某个数据,就必须知道该数据在内存中的地址。这和实际生活类似,比如,到大楼里找某个人的时候,就必须知道其房间号。

程序中的变量在内存中占用一定空间,变量名就是其占用内存空间的名称,变量的地址就是该变量的内存空间的首地址。如定义两个变量“int i,j;”,系统为 i 分配的空间是从地址 0x0012FF7C 开始的 4 个字节,为 j 分配的空间是从地址 0x0012FF78 开始的 4 个字节,如图 4-5 所示,其中 0x0012FF7C 即为变量 i 的地址。

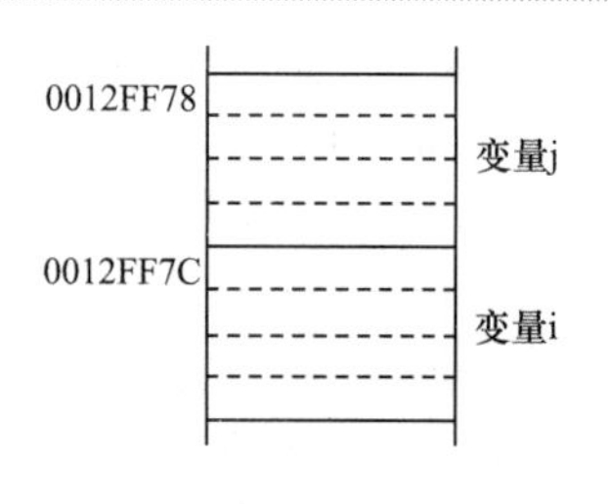

图 4-5　内存变量与地址的关系

对变量的访问也就是对变量的存取有两种方式:直接访问和间接访问。

程序中按变量名访问变量的方式是直接访问。程序编译后,变量名和变量地址之间就建立了对应关系。程序中访问变量,根据对应关系,寻找到该地址,获得该变量的值。如 i=5,根据变量名 i 和其地址的对应关系,把 5 存入 0x0012FF7C 开始的 4 个字节中。这就是“直接访问”的过程。

变量的地址也可以放在另一个变量中,则存放该地址的变量称为指针变量。访问数据变量时,先由指针变量获得该数据变量的地址,再由数据变量地址实现对数据变量的存取,这称为“间接访问”。由于指针变量的值是另一个变量的地址,习惯上形象地称指针变量指向该变量。指针变量也简称为指针。

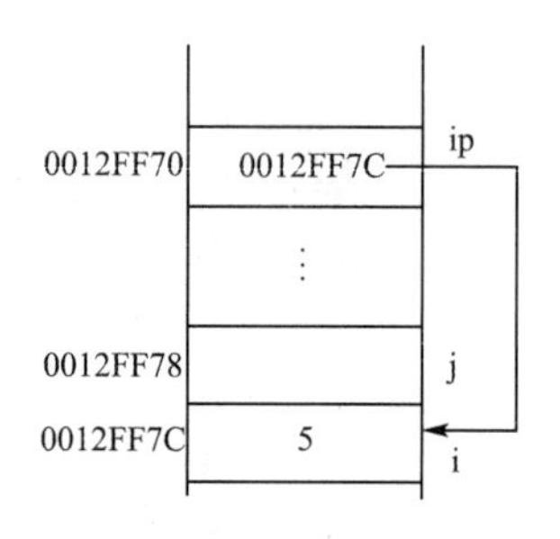

图 4-6　变量的间接访问

如图 4-6 所示,变量 i 中存放数据 5,将变量 i 的地址存放在指针变量 ip 中,ip 的值就是变量 i 的地址,通常称 ip 指向 i。通过 ip 访问 i 就是间接访问。

4.2.2 指针变量的定义

指针变量的定义格式如下:

```
[存储类型] 数据类型　* 指针变量名 1 [,* 指针变量名 2…];
```

例如:

```
int  *ip1,*ip2;
```

对指针变量定义说明如下:

(1)定义中的“*”表示其后的标识符为指针类型,“*”不是指针变量名的一部分。没有“*”,该标识符就成了普通变量名了。如果写成:

```
int  *ip1,ip2;
```

则编译器认为只有 ip1 是指针变量,ip2 是整型变量。

(2)定义中的“数据类型”表示指针所指向数据的类型,简称指针类型,而不是指针变量本身的类型。在C++中,所有指针变量都是 unsigned long int 类型,即指针变量占用字节数是 sizeof(unsigned long int)。

指针变量可以指向基本类型数据及各种自定义类型数据,如结构体、数组等,还可以指向函数。既然指针变量的值是一个地址,那么这个地址不仅可以是变量的地址,也可以是函数的地址。在一个指针变量中存放一个数组或一个函数的首地址是因为数组元素或函数代码都是连续存放的,通过访问指针变量取得了数组或函数存储单元的首地址,也就找到了该数组或函数。这样,凡是出现数组或函数的地方都可以用对应指针变量来操作,使程序精练、高效。

下面是一些常见的指针变量的定义：

```
float * pf;               //定义一个指向 float 型变量的指针变量 pf
char ( * pch)[10];        //定义一个指向 10 个 char 元素组成的一维数组的指针变量 pch
char * p[10];             //定义一个由 10 个 char 型指针组成的指针数组
int ( * pi)();            //定义一个指向无参数,返回值为 int 型的函数指针 pi
double * * pd;            //定义指针变量 pd,指向 double 类型指针
```

4.2.3 指针变量的初始化和运算

指针变量一定要有确定的值以后，才可以使用。禁止使用未初始化或未赋值的指针。因为此时指针变量指向的是一个不确定的内存空间，访问该空间可能引起难以预料的问题。

1.指针变量的初始化和赋值运算

可以用地址表达式对指针变量初始化或赋值，例如：

```
int i,j, * ip1=&i, * ip2=NULL;
ip2=&j;
```

定义指针变量 ip1，同时用变量 i 的地址初始化 ip1，&i 表示变量 i 的地址，ip1 指向了 i，对指针变量 ip2 先初始化为 NULL(空)，之后用赋值语句将 j 的地址赋给 ip2，也就是 ip2 指向了 j。

除了可以将一个变量的地址赋给指针外，同类型的指针变量可以相互赋值，也可以用一个已经赋值的指针初始化另一个同类型的指针。例如：

```
int v1=3,v2=5;
int * p_v1=&v1,    * p_v2=&v2;
p_v1=p_v2;
```

上述运算后，p_v1 和 p_v2 指向了同一个变量，如图 4-7 所示。

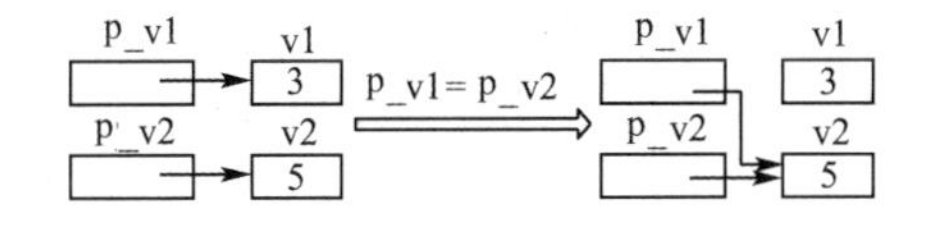

图 4-7　指针间赋值前后的变化

注意：使用变量地址给指针变量初始化或赋值，该变量必须是在赋值之前已经定义或声明过的，类型也应该和指针变量一致。而且不能将一个整型数据赋值给一个指针变量。例如：

```
int    * p=0x304a;          //错误
```

因为内存管理是由系统负责的，程序员不能代替系统给指针变量分配一个具体的内存地址。

在C++中，一些头文件定义了一个常量 NULL(它的值为 0)，可以把 NULL 赋值给任意类型的指针变量或初始化指针变量，表示该指针不指向任何内存单元，如前面的举例将 ip2 初始化为 NULL。

2.与地址相关的 & 和 * 运算

C++提供了两个和地址有关的运算符：& 和 * 。

(1)“&”是单目运算符，功能是取地址。& 作用于内存中一个可寻址的标识符，如变量名，运算结果是获得该标识符在内存的首地址。

常量是不可寻址的，因此 int * p =&20 是错误的。但常变量是可寻址的，例如：

```
const float PI=3.14159;
const float * pointer=&PI; //定义 pointer 是指向常变量 PI 的指针
```

(2)“*”是指针运算符(又称间接访问运算符),也是单目运算符。*作用于一个指针变量或地址表达式,功能是访问该地址(指针)所指向变量的值。

```
int  m,n;
int *p=&m;          // p 指向 m
*p=3;               // 给 p 指向的变量赋值为 3,等价于 m=3
n=*p;               // 将 p 指向的变量的值赋值给 n,等价于 n=m
```

全局指针变量会被系统初始化为 NULL,局部指针变量的值未初始化时为随机值。因此局部指针变量必须先赋值,确定指向的变量后,才能进行指针运算。

& 和 * 运算符可以联合使用。例如:

int *p=&m,那么表达式 &*p 的值是什么呢?

& 和 * 运算符的优先级相同,结合性均为从右向左,因此对表达式 &*p 先进行 * 运算,*p 即 m,再进行 & 运算,即 &m。因此表达式 &*p 的值是 &m,也就是 p 的值。

同样,表达式 *&m 的值就是 *p 的值,也就是 m 的值 。

注意:C++中个别运算符具有不同的作用。例如,当 * 出现在变量定义中表示定义了一个指针型变量,此时的 * 用来标识变量的类型。在执行语句中若作为单目运算符表示指针运算,作为双目运算符表示乘运算。

3.指针的算术运算

由于指针变量存放的都是内存地址,所以指针的算术运算都是整数运算。当指针指向的是数组或数组元素,指针的算术运算才有意义。

一个指针变量可以加上或减去一个整数值,包括指针的++、--运算。根据C++地址运算规则,一个指针变量加(减)一个整数并不是简单地将其地址量加(减)一个整数,而是根据其所指的数据类型的长度,计算出指针最后指向的位置。例如,p+n 实际表示的地址是:

p 指向的内存单元的地址+n* sizeof(指针指向的数据类型)

图 4-8 给出了指针加减一个整数的示意图。从图中可以看出同样是+n 或-n,不同类型的指针实际加减的字节数是不同的,这也是在定义指针时必须指定指针类型的原因之一。

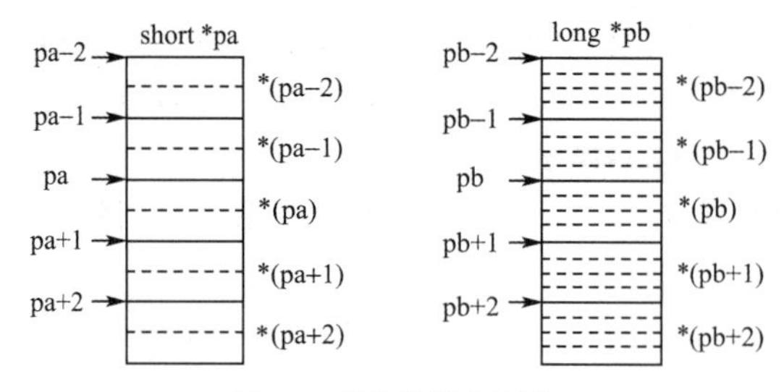

图 4-8 指针的算术运算

若指针指向的是数组元素,因为任何类型的数组,其元素在内存中都是连续存放的,指针++运算后,指针指向数组下一个元素;指针--运算后,则指向数组前一个元素。指针+n 表达式的值是指针指向的数组元素后 n 个元素的地址,指针-n 表达式的值是指针指向的数组元素前 n 个元素的地址。例如:

```
double d[10],*pd=d;
int a[10],*pa=a,*pb=a+8;
```

pd 初始化后指向 d[0]，如果++pd，则 pd 指向 d[1]，pd 的值实际增加了 8，因为 sizeof(double)=8。

pa 初始化后指向 a[0]，如果 pa+=2，则 pa 指向 a[2]，pa 的值也增加了 8，因为 2*sizeof(int)=8。

pb 初始化后指向 a[8]，pb-8 则表示 a[0]的地址。

另外，当两个指针指向同一个数组中的元素时，可以相减，其差是一个整数，意义是两个指针之间的元素个数。例如 pb-pa=6，表示 pb 和 pa 之间相差 6 个元素。

两个指针相加无意义。如要计算位于 pa 和 pb 两个指针中间的元素的地址时，不写成(pa+pb)/2，而写成 pa+(pb -pa)/2。

4.指针的关系运算

指针可以进行关系运算，比较的就是两个指针的地址值。当两个指针指向同一个数组中元素时，指针可以进行 6 种关系运算。例如：

```
int a[10], *pa=a, *pb=a+8; pa+=2;
pa<pb 为真，pa+6==pb 为真，pa!=pb 为真，pa>pb 为假。
```

一个指针还可以和 NULL 作相等或不等的关系运算，用来判断该指针是否为空。在一些场合，经常要用到这种比较。

4.2.4 指针作为函数参数

第 3 章介绍了函数传值调用，指针(或地址)也可以作为函数的实参传递给函数的形参，即传址调用。调用时实参将地址值传递给形参，这样形参和实参指向同一个内存单元。显然在被调函数中通过形参指针访问的就是实参指向的数据。本节介绍指针(地址)作为函数参数，调用函数。

当需要在函数之间传递在内存连续存放的大量数据，例如数组时，可将数组的起始地址作为函数实参，传递给形参指针。函数形参指针获得数组的起始地址，通过形参指针间接访问数组，对其中数据进行操作。

无论是第 3 章介绍的函数的传值调用，还是本节介绍的函数的传址调用，都是实参向形参的单向传递。区别只是该值是变量的数据值，还是变量的地址值。

例 4-7 改写例 3-3，采用指针作为 swap 函数的参数。

```
#include<iostream>
using namespace std;
void swap(int *pa,int *pb);
int main(){
    int a,b;
    cout<<"输入两整数:"<<endl;
    cin>>a>>b;
    cout<<"调用 swap 函数前:实参 a="<<a<<','<<"b="<<b<<endl;
    swap(&a,&b);
    cout<<"调用 swap 函数后:实参 a="<<a<<','<<"b="<<b<<endl;
    return 0;
}
```

引用及函数的引用调用

```
void swap(int * pa, int * pb){
    cout<<"在 swap 函数中…"<<endl;
    cout<<"交换前：* pa="<<* pa<<','<<"* pb="<<* pb<<endl;
    int t= * pa; * pa= * pb; * pb=t;
    cout<<"交换后：* pa="<<* pa<<','<<"* pb="<<* pb<<endl;
}
```

程序运行结果：

输入两整数：3 5

调用 swap 函数前：实参 a=3,b=5

在 swap 函数中…

交换前：* pa=3，* pb=5

交换后：* pa=5，* pb=3

调用 swap 函数后：实参 a=5,b=3

在此例中，swap 函数的参数为指针，主函数调用 swap 函数时，通过 &a 和 &b 运算求得变量 a 和 b 的地址，传递给形参 pa 和 pb，即形参 pa 和 pb 指向了 a 和 b(图 4-9)。因此在 swap 函数中可以通过 * pa 和 * pb 间接修改 a 和 b 的值。

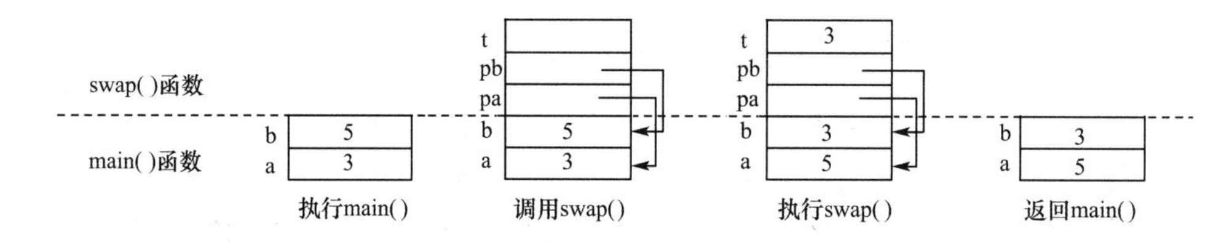

图 4-9 程序执行时内存变化情况

4.2.5 指针数组

如果数组的每个元素都是指针变量，称该数组为指针数组。定义一维指针数组的语法格式为：

```
数据类型 * 数组名[常量表达式]
```

常量表达式同样指出数组元素的个数，数据类型确定数组中每个元素的类型，即指针类型。例如，下列语句

```
int * p_line[3];
```

定义了一个 int 类型的指针数组 p_line，数组有 3 个元素，每个元素都是一个指向 int 类型数据的指针。

由于指针数组的每个元素都是一个指针，必须先赋值后引用，因此，定义数组之后，对指针元素赋初值是必不可少的。例如：

```
int a,b,c;
int * p_line[3]={&a,&b,&c};
p_line[0]指向 a, p_line[1]指向 b, p_line[3]指向 c。
```

指针数组常用于处理矩阵和多个字符串。

4.2.6 指针型函数和函数指针

1.指针型函数

除了 void 类型的函数外，函数在调用结束之后都有返回值，当然也可以返回指针。返回指针的函数称为指针型函数。指针型函数的最主要用途就是在函数结束时把连续内存区域的大量数据从被调函数返回到主调函数中。而非指针型函数一般只能返回一个值。

定义指针型函数的语法形式是：

```
数据类型 * 函数名(参数表){
    函数体
}
```

函数名前面的“ * ”表示该函数是一个指针型函数，数据类型表明函数返回指针的类型。

2.函数指针

在程序运行时，不仅数据要占据内存空间，程序的代码被调入内存后也占据一定的空间。每一个函数都有函数名，C++规定这个函数名就表示函数代码在内存中的起始地址。由此看来，调用函数的形式“函数名(参数表)”的实质就是“函数代码首地址(参数表)”。

指向函数的指针，简称函数指针，是用来存放函数代码首地址的指针型变量。在程序中可以像使用函数名一样使用函数指针。通过函数名调用函数时，编译系统能够自动检查实参与形参是否匹配，用函数的返回值参与其他运算时，能自动进行类型一致性检查。因此定义一个函数指针时，也需要说明函数的返回值和形式参数列表。

定义函数指针的语法格式如下：

```
数据类型 (* 函数指针名)(参数表)
```

其中：

数据类型用来说明函数指针所指函数的返回值类型，参数表则列出了该指针所指函数的形参类型与个数。

函数指针名前的圆括号是必需的。圆括号改变了运算符的优先级，使得该标识符首先被解释为指针。如果没有圆括号，写成“数据类型　* 函数指针名(参数表)”则被编译器解释为指针型函数的函数名。

函数指针在使用之前也要进行赋值，使指针指向一个已经定义的函数。语法为：

```
函数指针名=函数名;
```

赋值号右边的函数名必须是一个已经定义过的，和函数指针具有相同返回类型和相同形参表的函数。在赋值之后，就可以通过函数指针名来调用指向的函数。

使用函数指针调用函数有以下两种语法形式：

```
函数指针名(实参表);
```

或

```
(* 函数指针名)(实参表);
```

例 4-8 使用函数指针调用函数，实现算术运算。

```
#include <iostream>
using namespace std;
int add(int,int);
int sub(int,int);
```

```
int mul(int,int);
int divi(int,int);
int (*pf[])(int,int)={add,sub,mul,divi};//A
int main(){
    int num1,num2,choice;
    cout<<"Select operator:"<<endl;
    cout<<"1:add 2:sub 3:mul 4:divi"<<endl;
    cin>>choice;
    cout<<"Input two number:"<<endl;
    cin>>num1>>num2;
    cout<<"Result is:"<<pf[choice-1](num1,num2)<<endl;
    return 0;
}
int add(int a,int b){return a+b;};
int sub(int a,int b){return a-b;};
int mul(int a,int b){return a*b;};
int divi(int a,int b){return (b==0? 0:a/b);};
```

此例中，A 行定义了一个指针数组 pf，数组的每个元素都是指针变量，指向有两个 int 类型参数，返回值也是 int 类型的函数，同时用 4 个函数的地址初始化数组元素。

C++中函数的参数可以是变量、数组名、指针，但归结起来不外乎两种：变量和地址(指针)。但是一个函数不能作为另一个函数的参数。现在有了函数指针，可以将函数指针作为参数。

例 4-9 改写例 4-8，将函数指针作为函数的参数，实现算术运算。

```
#include <iostream>
using namespace std;
int add(int,int);
int sub(int,int);
int mul(int,int);
int divi(int,int);
int (*pf[])(int,int)={add,sub,mul,divi};        //A
int calculate(int (*)(int,int),int,int);        //B
int main(){
    int num1,num2,choice;
    cout<<"Select operator:"<<endl;
    cout<<"1:add 2:sub 3:mul 4:divi"<<endl;
    cin>>choice;
    cout<<"Input tow number:"<<endl;
    cin>>num1>>num2;
    cout<<"Result is:"<<calculate(pf[choice-1],num1,num2)<<endl;//C
    return 0;
}
```

```
int add(int a,int b){return a+b;};
int sub(int a,int b){return a-b;};
int mul(int a,int b){return a * b;};
int divi(int a,int b){return (b==0? 0:a/b);};
int calculate(int ( * pfi)(int,int),int a,int b){ return pfi(a,b);};
```

程序在 B 行定义了 calculate 函数,该函数的第一个参数是函数指针。C 行调用该函数,实参 pf[choice-1]即为 add、sub、mul、divi 4 个函数中的一个函数的地址。

使用函数指针作为函数参数,可以增加函数的通用性,特别适用于调用函数可变的情况。

4.2.7 用 typedef 简化指针

C++中是用关键字 typedef 定义一个标识符来代表一种数据类型,它的主要用途是简化复杂的类型说明,提高程序的可读性。typedef 定义类型的语法格式为:

```
typedef 原类型名 新类型名
```

例如:

```
typedef int * intptr;      //定义 intptr 为一个指向整型的指针类型
intptr p;      //等价于:int * p;
typedef int( * FUN)(int,int);      //声明 FUN 是一个函数指针类型
FUN funp;   //定义函数指针变量 funp,用于指向两个整型参数,返回值是整型的函数
```

需要注意的是:typedef 定义的类型只是C++已有类型的别名,不是定义新类型。

4.3 指针与数组的关系

在C++中,指针和数组的关系十分密切。数组名代表数组在内存中的首地址。图 4-10 中,数组名 f 在下标表达式中被转换为一个指向数组首元素的指针常量。同样通过指针也可以访问数组中的元素。这样数组名可以用指针来代替,而且非常方便。

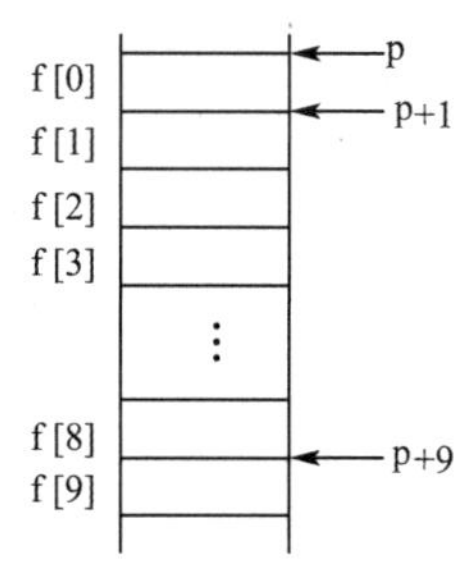

图 4-10 指针指向一维数组元素

4.3.1 指针与一维数组

从前面的介绍中已知,数组名表示数组首元素的地址。如定义:int f[10],则 f 是数组名,也是数组首元素 f[0]的地址,因此有以下等值关系:

```
f=&f[0]    *f=f[0]
f+1=&f[1]    *(f+1)=f[1]
  …
f+i=&f[i]    *(f+i)=f[i]
```

因此程序中,既可以采用下标形式,也可以采用地址形式访问数组元素。

尽管不同的计算机系统中整数所占的字节数可能不相同,但程序员不必考虑这种差异,C++的编译器保证上述等值关系的正确。地址加1,则是加上一个数组元素所占的字节数。实际上程序中以下标运算符的方式,如 f[i]访问数组元素,编译时,都被转换为 *(f+i)地址形式访问数组元素。

数组名是地址常量,而普通指针是变量,因此能进行更灵活的数组访问。通常把数组名赋给一个同类型的指针,由该指针来完成数组相关操作。由于一维数组名是首元素的地址,以 f 数组为例,f 的类型就和 int * 相同。因此可以将一维数组名赋给 int * 类型的指针,例如:

```
int  *p=f;
```

这时 p 就指向了 f[0],p+1 指向了 f[1],…,p+i 就指向了 f[i]。依据指针运算,很容易得出 *p=f[0], *(p+1)=f[1], *(p+i)=f[i]。由此可见,*(p+i)和 f[i]是等价的。因此可以将 *(p+i)写成下标形式 p[i]。图 4-10 中数组 f、数组元素和指针 p 的关系见表 4-1。

表 4-1　　一维数组元素与地址、指针的等价关系

表示形式	含义
f	数组名,数组第 0 个元素的地址
f+0,p+0,&f[0],&p[0]	数组第 0 个元素的地址
f+i,p+i, &f[i],&p[i]	数组第 i 个元素的地址
f[0],p[0], *(f+0), *(p+0)	数组第 0 个元素的值
f[i],p[i], *(f+i), *(p+i)	数组第 i 个元素的值

例 4-10 用 4 种不同方法访问一维数组 f 的元素。

```
#include <iostream>
using namespace std;
int main(){
    int f[10]={0,1,1,2,3,5,8,13,21,34};
    int *p=f,i;
    for(i=0;i<10;i++)
        cout<<f[i]<<'\t'<<*(f+i)<<'\t'<<p[i] <<'\t'<<*(p+i)<<endl;
    return 0;
}
```

程序运行结果:

```
0    0    0    0
1    1    1    1
1    1    1    1
……
34   34   34   34
```

本例中的循环语句输出数组f每个元素的值还可以使用如下语句：

```
for(i=0;i<10;i++)
    cout<<*p++<<endl;
```

或者

```
for(p=f;p<f+10;p++)
    cout<<*p<<endl;
```

需要说明的是，虽然数组名和指针有相同之处，但两者还是存在区别：

(1)数组名是地址常量，其值为编译器分配所得，不可改变。所以数组名不能作为左值，诸如f++、f=p等操作都是非法的。而指针是变量，可以作为左值，诸如p++、p=f等操作是合法的。

(2)指针是可以变化的。当定义了“int f[10];”和“*p=f;”后，指针p就指向了数组f的第0个元素，这时f[i]和p[i]是相同的。但i的含义是有区别的：因为f是一个地址常量，所以f[2]始终是数组f的第2个元素，这里的2是一个绝对值。而指针p是变量，其值p是可变的，p[2]表示的是p当前所指元素后的第2个元素，这里2是一个相对值。如果有“p=f+3;”则p[2]就是数组元素f[5]，p[-1]就是数组元素f[2]，而数组中是不存在f[-1]元素的。由于编译器不对数组进行边界检查，使用指针的时候要特别注意不能越界。

(3)如p指向f[0]，下列表达式的含义：

```
*p++：即*(p++)，先操作 *p (f[0])，再 p=p+1 指向 f[1]；
*++p：即*(++p)，先操作 p=p+1(指向 f[1])，再 *p (f[1])；
(*p)++：即 f[0]++。
```

4.3.2 指针与二维数组

使用指针可以指向一维数组中的元素，也可以指向多维数组中的元素。但是在概念和使用上要比一维数组复杂得多。

1.二维数组中元素的地址

在C++中，对多维数组是一种嵌套定义，将二维及多维数组看成是“数组的数组”。例如，二维整型数组mat的定义为：

```
int mat[3][6]={{1,3,5,7,9,11},{2,4,6,8,10,12}, {3,5,7,11,13,17}};
```

对于二维数组mat来说，它是由3个元素组成的数组，这3个元素分别是3个一维数组，即mat[0]、mat[1]、mat[2]。mat是首元素mat[0]的地址，则有以下等值关系：

```
mat=&mat[0]          *mat=mat[0]
mat+1=&mat[1]        *(mat+1)=mat[1]
mat+2=&mat[2]        *(mat+2)=mat[2]
```

由此可得：

mat+i=&mat[i]　　　*(mat+i)=mat[i]　　　(4-1)

因为mat[0]、mat[1]、mat[2]都是由6个int类型元素组成的一维数组，所以mat[0]、mat[1]、mat[2]又是这些一维数组的数组名。根据数组名的含义，mat[0]、mat[1]、mat[2]就是这3个一维数组的首元素的地址，因此有以下等值关系：

```
mat[0] = &mat[0][0]          *mat[0]= mat[0][0]
mat[0]+1 = &mat[0][1]        *(mat[0]+1)=mat[0][1]
```

…

mat[0]+5 =&mat[0][5]　　*(mat[0]+5)=mat[0][5]

由此可得：

mat[i]+j =&mat[i][j]　　*(mat[i]+j)=mat[i][j]　　(4-2)

综合(4-1)式和(4-2)式，得出数组名 mat 和数组中元素的关系：

```
mat[i][j]= *(mat[i]+j)= *( *(mat+i)+j)
&mat[i][j]=mat[i]+j= *(mat+i)+j
```

二维数组 mat 和地址的关系见图 4-11 和表 4-2。

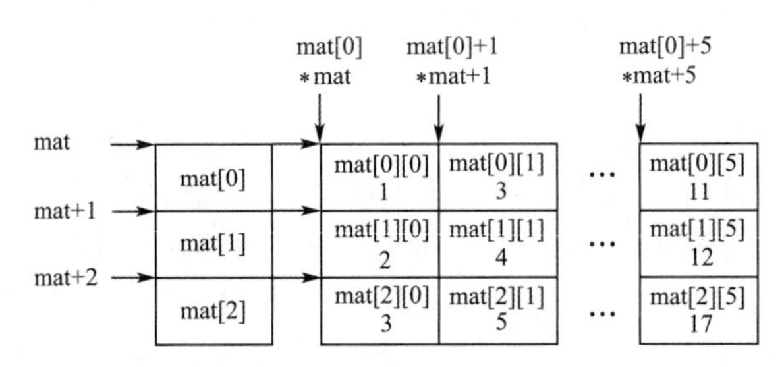

图 4-11　二维数组 mat 和地址的关系

表 4-2　二维数组地址与元素的等价关系

表示形式	含义
mat、&mat[0]	数组第 0 行的地址
mat+i、&mat[i]	数组第 i 行的地址
*(mat+i)、mat[i]、&mat[i][0]	数组第 i 行第 0 列元素的地址
*(mat+i)+j、mat[i]+j、&mat[i][0]+j、&mat[i][j]	数组第 i 行第 j 列元素的地址
*(*(mat+0)+0)、*(mat[0]+0)、mat[0][0]	数组第 0 行第 0 列的元素
*(*(mat+i)+j)、*(mat[i]+j)、*(&mat[i][0]+j)、mat[i][j]	数组第 i 行第 j 列的元素

基于上述的元素和地址等价关系，就可以采用地址的方法访问二维数组 mat 各元素。

例 4-11　使用二维数组名访问数组元素

```
#include <iostream>
using namespace std;
int main(){
    int mat[3][6]={ {1,3,5,7,9,11},{2,4,6,8,10,12},{3,5,7,11,13,17}};
    int i,j;
    for(i=0;i<3;i++){
        for(j=0;j<6;j++)
            cout<<*( *(mat+i)+j)<<'\t';
        cout<<endl;}
        return 0;
}
```

2.指向一维数组的指针

从上面的讨论中可以知道，二维数组名 mat 是其首元素 mat[0]的地址，该地址的类型不是 int *，而应该是一个由 6 个 int 类型变量组成的一维数组的地址，即和 int (*)[6]类型的指针等价。因此要定义一个指针指向 mat，可以如下定义：

```
int  (*p)[6]=mat;
```

p 是一个指向由 6 个 int 类型变量组成的一维数组的指针，并指向 mat 的第一行 mat[0]。称 p 为数组指针。

推而广之，定义二维数组的指针变量的语法格式为：

```
数据类型 (*指针变量名)[常量表达式];
```

其中，“常量表达式”是二维数组中的第二维，即列的长度。

注意：定义中指针变量前后的括号不能少，如果写成 int *p[6]，由于[]运算优先级高于 *，p 先与[6]结合，成为数组，再与前面 * 结合，p 就成了指针数组，不再认为是指针变量。

例 4-12 使用数组指针访问二维数组元素。

```
#include <iostream>
using namespace std;
int main(){
    int mat[3][6]={{2,4,6,8,10,12},{1,3,5,7,9,11},{3,5,7,11,13,17}};
    int i,j,(*p)[6]=mat;
    for(i=0;i<3;i++){
      for(j=0;j<6;j++)
        cout<<*(*(p+i)+j)<<'\t';
      cout<<endl;  }
      return 0;
}
```

从上面的讨论中还可以得知，只要二维数组的列长度相同，地址类型就相同。例如，数组 int mat[3][6]和 int t[4][6]具有相同的地址类型，可以使用 int (*)[6]类型的指针指向 mat 或 t。而 int mat[3][6]和 int t[6][3]地址类型不相同。

指向一维数组的指针主要用在函数参数中。例如有函数：

```
void  display(int a[3][6]){…}
```

则函数调用 display(mat)时，传给 display 的是 mat 的地址。编译程序实际上将该地址处理成指向一维数组的指针。在函数 display 中数组的最高维 3 可以不写。display 的定义可以写成：

```
void display(int a[][6]){…}
```

或：

```
void display(int (*a)[6]){…}
```

其中 a 为指向由 6 个 int 类型变量组成的一维数组的指针。很显然，display 函数可以处理所有列长度为 6 的二维数组。

3.指向数组元素的指针

由于数组元素和普通变量相同，因此定义一个普通变量的指针就可以指向数组元素。

例 4-13 定义 int 类型的指针变量，输出二维数组元素。

```
#include <iostream>
using namespace std;
int main(){
```

```
    int mat[3][6]={ {1,3,5,7,9,11},{2,4,6,8,10,12},{3,5,7,11,13,17}};
    int *p=&mat[0][0]; //或 int *p=mat[0];
    int i,j;
    for(i=0;i<3;i++){
      for(j=0;j<6;j++)
          cout<<*(p+i*6+j)<<'\t';
      cout<<endl;  }
      return 0;
}
```

指针 p 是指向 int 类型的指针。&mat[i][j]可以表示成“p+i*数组列数+j”。也可以用下面的循环输出数组元素：

```
for(i=0;i<18;i++)
    cout<<*(p+i)<<'\t';      //或者 cout<<*p++<<'\t';
```

4.4 字符串

*4.4.1 C风格字符串

第1章已经介绍，使用 char 类型的变量存放字符，char 类型的数组存放字符串。我们把这种类型的字符串称为 C 风格字符串。C 风格字符串是用字符型数组存储的，要求其尾部以‘\0’作为结束标志。

1.字符串与字符数组

C++中的字符数组可用来处理字符串，因此也允许直接用字符串常量对字符数组进行初始化。例如：

```
char country1[ ]= "China";
```

用字符串常量初始化时，字符数组会自动加上一个串结束符‘\0’，因此字符数组 country1 实际占用 6 个字节。串结束符在字符串操作中具有十分重要的作用，串上许多操作都要用到该结束符。所以在定义字符数组的大小时，应注意留出保存串结束符的空间。

如果数组定义的长度大于初始化字符串的长度，多出的字符均为‘\0’。例如：

```
char country2[10]= "China";
```

其后的 5 个字符均被初始化为‘\0’。

注意定义字符数组的时候可以用字符串常量初始化，但是不能把字符串常量赋值给字符数组名，例如下面的语句是错误的：

```
country1="America";
```

因为数组名是数组在内存中的首地址，由系统分配，是固定不变的常量，不能作为左值。

字符串的输入输出和普通字符数组不同，不需要用循环语句对每个元素进行处理，只要用字符数组名，也就是字符串的首地址，就能整体输入输出。例如：

```
cin>>country2;
```

此语句输入一串字符，保存到以 country2 为首地址的字符数组中，结尾自动加上串结束符'\0'。

```
cout<<country2;
```

此语句输出结果是以 country2 为首地址的字符串的内容，字符串的内容是字符数组中第一个'\0'前的所有字符。

2.字符指针与字符串

用指针处理字符串更方便，更灵活。例如，有如下说明语句：

```
char * pstr="C++ is a object_oriented language";
```

或者

```
char * pstr; pstr="C++ is a object_oriented language";
```

这并不是把字符串常量赋给字符指针 pstr，而是将字符串常量"C++ is a object_oriented language"的第 1 个字符的内存地址赋给字符指针。

字符指针和字符数组处理字符串的主要区别是指针为变量，可以变化。另外使用字符指针也要注意指针的安全，例如上面定义的 pstr，可以输出字符串，即 cout<<pstr，但是不能输入，如 cin>>pstr 是不合法的，会引起运行错误。因为 pstr 指向的是字符串常量，而不是程序在数据区分配的空间。所以通常都要先定义字符数组存储字符串，再定义字符指针进行字符串处理。

例 4-14 实现两个字符串复制。

```
#include<iostream>
using namespace std;
void  copy_string(char s[],char t[]){
    for (int i=0; t[i]! ='\0'; i++)
        s[i]=t[i];
    s[i]='\0';
}
int main(){
    char  a[ ]={"I am a teacher"};
    char  b[ ]={"You are a student"};
    copy_string(b,a);
    cout<<a<<endl;
    cout<<b<<endl;
    return 0;
}
```

copy_string 函数的参数也可以用字符指针，函数改写如下：

```
void copy_string(char * s,char * t){
    while ( * t! ='\0')
            * s++= * t++;
    * s='\0';
}
```

本例还可以进一步简化为在条件测试的同时进行字符复制：

```
void copy_string (char * s, char * t){
    while( * s++ = * t++);
}
```

3.字符串处理函数

C++中对C风格的字符串没有提供进行赋值、合并、比较的运算符，但提供了许多字符串处理函数。使用这些函数时要包含头文件cstring。

下面讨论几个最常用的字符串处理函数。

(1)字符串复制函数 char * strcpy(char * t,const char * s)

将s串复制到t串中(包括'\0')。s被const所修饰，以保证s指向的字符串不会被误修改。s也可以是字符串常量。函数返回t字符串的首地址。例如：

```
char str1[30]= "This is a book";
char str2[25];
strcpy(str2,str1);
```

这样str2中也是"This is a book"字符串。也可以用下面的方式完成字符串的复制：

```
strcpy(str2,"This is a book");
```

(2)串连接函数 char * strcat(char * t,const char * s)

将s复制到t串的后面，返回t串的首地址。例如：

```
char str1[30]= "This is ";
char str2[20]= "a book";
strcat(str1,str2);
str1 的字符串是"This is a book"。
```

(3)字符串比较函数 int strcmp(const char * s1,const char * s2)

两字符串比较是按字典次序方法进行的，字典次序比较就是两个字符串从第1个字符开始按照ASCII码值大小比较。如果相同，则比较第2个字符，依此类推，直到对应字符不同为止。若两串一直到结束符仍相同，则两个字符串大小相同，函数返回0；若串s1大，则返回正整数；串s2大，则返回负整数。

字符串比较可以用以下程序实现：

```
int strcmp(const char * s1,const char * s2){
   int  k;
   while((k= * s1- * s2)==0 && * s1++ && * s2++);
      return  k;
}
```

循环的条件是两个串均未查到不同字符，同时两个串均未遇到串结束符'\0'。返回值是串s1与串s2最后一次比较时两个字符ASCII码值的差。

(4)字符串长度函数 int strlen(const char * s)

该函数计算并返回字符串的实际长度，该长度不包含串结束符'\0'。strlen和sizeof的区别是sizeof运算结果包括结束符，还包括字符数组中没有使用的内存单元。

例 4-15 设计程序，从字符串searched的指定位置pos开始寻找模式串pattern。若找到，则返回模式串在字符串searched中的开始位置，若找不到，返回NULL。

```
#include <iostream>
#include <cstring>
using namespace std;
char* find( char* searched, char* pattern, int pos = 0) {
```

```
//从 searched 串的 pos 位置开始，寻找是否存在 pattern 子字符串
    char * psd =searched + pos;
    char * ps = pattern;
    while ( * psd&& * ps) //被查找字符串和 pattern 字符串不结束，继续
        if ( * psd ==  * ps) {
                psd++; ps++;
        }
        else {
              psd = psd - (ps - pattern) + 1;
                  //psd 指针指向下一个可能的开始位置
              ps = pattern; //ps 指针回到 pattern 字符串开头
        }
    if ( * ps == 0) return psd - (ps - pattern);
    else return NULL;
}
int main(){
  char s[100]="student";
  char t[100]="dent";
  char * p=find(s,t,0);
  if(p==NULL)cout<<"No such pattern!"<<endl;
  else cout<<p<<endl;
  return 0;
}
```

4.4.2 C++ string 类

在C++标准库中有一个字符串类型 string，该类型包含在头文件 string 中。string 类型提供了比较、连接、赋值、查找等典型串操作，并重载了一些运算符，使得字符串应用更加方便。

下面介绍 string 类型的常用方法。

(1)定义 string 类型的对象。

```
string str;              //建立空字符串 str
string str("OK");        //建立字符串 str，并用 C 风格字符串初始化
string str1(str);        //建立字符串 str1，并用 str 初始化
```

(2)访问 string 对象字符。

```
str[i];                  //访问 str 索引 i 的字符，不检查是否出界
str.at(i);               //访问 str 索引 i 的字符，检查是否出界
```

(3)string 类型的=、+及关系等运算。与 C 风格字符串不同，进行这些运算时，不必考虑目标串的长短，需要时系统会自动为目标串分配所需空间。

```
str1=str2;                   //str2 赋给 str1
str1+=str2;                  //str1 和 str2 字符串首尾连接
str1+str2;                   //返回一个字符串，它将 str2 的字符数据连接到 str1 的尾部
str1==str2;str1!=str2;       //基于字典序比较的关系运算，返回布尔值
```

(4)string 类型字符串的输入/输出。

string 类型输入/输出与 C 风格字符串同样方便，输出使用 cout 和插入运算符“＜＜”；输入使用 cin 和提取运算符“＞＞”。

(5)string 类型提供了一些常用的函数，以方便字符串处理。

```
str.substr(pos,len);        //返回 str 从 pos 位置起，长为 len 个字符的字串
str.empty();                //检查 str 是否为空字符串
str.insert(pos,str2);       //将 str2 插入 str 的 pos 位置处
str.erase(pos,len);         //从 str 位置 pos 处起，删除长度为 len 的子串
str.find(str1);             //返回 str1 首次在 str 中出现时的索引
str.find(str1,pos);         //返回 str1 首次在 str 中出现时的索引，从位置 pos 处起寻找
str.length();               //返回 str 串长度
str.append(str1);           //和 str+=str1 等价
str.assign(str1);           //和 str=str1 等价
str.compare(str1);          //和 str1 比较，根据比较结果，返回 1、0、-1
str.swap(str1);             //和 str1 交换
```

4.5 动态内存分配

C++提供了这样一种存储空间分配技术，能够在程序运行时，根据实际需求，申请适量的内存空间。当不再使用时，需要释放该空间，返还给操作系统。这种技术称为动态分配内存。动态内存所占用空间在自由存储区(也称堆区)。

在C++中，分别使用 new 和 delete 这两个运算符，完成申请和释放自由存储区空间。使用格式如下：

```
指针变量名=new 类型名[(初始化值)];
delete 指针变量名;
```

new 运算的操作是：在自由存储区中申请用于存放指定类型数据的内存空间，并进行初始化。如果申请成功，new 运算返回该内存空间的首地址。

例如：

```
int  * pi=new int(5);
```

动态分配了用于存放一个 int 类型数据的堆空间，并初始化为 5，然后将首地址返回赋给 pi。动态分配内存过程如图 4-12 所示。

如果 new 运算没有提供初始值，则该内存空间中的值是一个随机数。

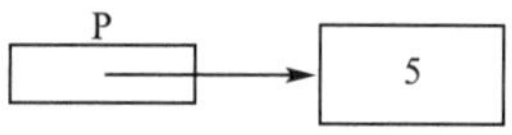

图 4-12　动态分配内存过程

需要说明的是：

(1)由于动态分配的内存空间没有名字，以后对该内存空间的操作都是通过指针来间接访问的。因此在程序中必须保护好该指针。下面 4 步操作的结果就造成了内存泄漏(如图 4-13 所示)。

```
int *p,a[10];
p=new int;   //动态分配了 int 类型数据的内存空间,并将首地址赋给指针 p
*p=5;        //给动态分配的内存空间赋整数值 5
p=a;         //该操作引起内存泄漏
```

指针 p 的值改变,动态分配的空间地址丢失,使该空间无法回收,这种情况称为内存泄漏。程序执行结束后,这部分内存空间将从系统中丢失。泄漏的内存只有重新启动计算机才能收回。

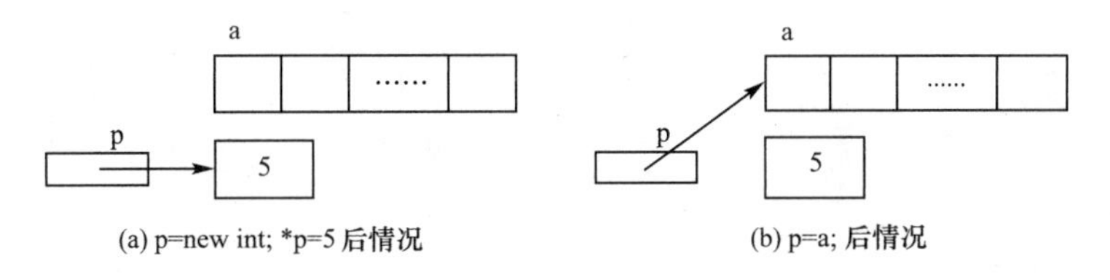

图 4-13 内存泄漏

(2)自由存储区在分配时不会进行初始化(包括清 0),所以需要显式初始化。

(3)如果动态分配内存不成功,new 操作符返回一个空指针(NULL),表示发生了异常或自由存储区的资源不足,分配失败。因此 new 运算后要对指针值进行判断。

(4)动态分配的内存区域的生存期并不依赖于建立它的作用域,比如函数中申请的动态内存空间在函数运行结束后仍然存在,仍可使用。必须通过 delete 操作才会释放。因此稍不注意就会产生内存泄漏。

当不再需要使用该空间,必须使用 delete 操作释放该空间。例如:

```
delete p;
```

delete 运算释放了 p 所指的自由存储区空间,这个过程称为动态内存释放。但指针 p 的生存期和动态内存释放无关。

重复释放同一空间也会使程序产生不可预料的错误。因此释放指针所指的自由存储区空间后,应及时把该指针置为空(p=NULL)。

在C++中也可以动态建立数组。动态建立和释放一维数组的语法格式为:

```
指针变量名=new 类型名[下标表达式 1];
delete[] 指针变量名;
```

两式中的下标运算符“[]”是非常重要的,两者必须配对使用,如果 delete 语句中少了下标运算符“[]”,运行时就释放数组的第 1 个元素所占空间。加了“[]”后就释放整个数组空间。但“[]”中不需要填数组元素个数。

注意:new 运算动态建立数组的长度可以是变量。这给需要建立长度可变的数组带来了灵活性。应用方法见例 4-16。

例 4-16 动态数组的建立与撤销。

```
#include <iostream>
using namespace std;
int main(){
    int *p,n,i;
    cout<<"输入整数个数";
```

```
    cin>>n;
    p=new int[n];
    if(p==NULL){
        cout<<"动态内存申请失败";
        return -1;
    }
    cout<<"输入"<<n<<"个整数"<<endl;
    for(i=0;i<n;i++)
        cin>>*(p+i);
    for(i=0;i<n;i++)
        cout<<p[i]<<'\t';
    delete[] p;
    return 0;
}
```

动态建立多维数组语法格式如下：

```
指针变量名=new 类型名[下标表达式 1][下标表达式 2]…[下标表达式 n];
```

例如，下例是动态创建一个二维数组存储多个字符串。

```
char (*cp)[20];
cp=new char[3][20];
for(int i=0;i<3;i++) cin>>cp[i];
delete []cp;
```

注意：以上述方式动态建立多维数组时，只有第一维的长度，即下标表达式 1 可以是变量，其他下标表达式必须是常量。

4.6 动态数组实例——小学生四则运算测试程序

本节介绍一个小学生四则运算测试程序。

4.6.1 功能分析与算法设计

小学生四则运算测试程序的主要功能有：选择测试类型、测试题数量和难度，程序随机产生四则运算题，供小学生自我测试。测试结束给出测试成绩，并且显示之前最高得分记录，如果当前测试的得分超过最高得分记录，则更新此记录。学生也可以查看本次测试的所有题目和答题情况。

算法描述如下：

显示主菜单

输入菜单选择项

当(选择的菜单项不是结束)

```
{   选择测试难度
    输入测试题量
```

```
    根据菜单选择项的值确定加、减、乘、除、混合测试 5 个分支之一进行测试
    计算得分
    更新最高得分记录
    选择是否回看本次测试的所有题目和答题情况
    显示主菜单
    输入菜单选择
}
```

首先确定功能模块的划分。根据算法设计，程序中需要有菜单显示和输入选项功能，5 项自我测试功能。考虑到加、减、乘、除、混合运算 5 个测试功能在实现算法上具有很多共同点。为减少代码的冗余，提高设计效率和程序的易维护性，5 个测试功能可以合五为一。

经过以上分析，确定除主函数外，整个程序划分成五个功能模块，分别由 menu、test、initRecord、updateRecord、display 函数实现。

接下来考虑各函数间的联系，即函数接口。

主函数通过 initRecord 函数的返回值获取最高得分记录。updateRecord 函数将程序中最高得分记录写入文件中，因此需要有一个形式参数代表最高得分记录。菜单函数 menu 不需要参数，但是主函数需要通过调用该函数获取用户的菜单选择项，因此 menu 函数必须有返回值。测试函数 test 要从主函数中得到测试题目数、测试难度、测试类型(加、减、乘、除、混合)，同时函数需要将测试成绩返回主函数。display 函数输出本次测试所有题目以及答题情况，这些题目的题干和答案在 test 函数测试时就应保存，每道题都包括运算数、运算符和答案，即每道题是一条记录，可以用结构体类型的动态数组来实现。test 和 display 函数均需要有一个结构体类型指针作为形参，此指针为测试题结构体数组的首地址。

4.6.2 补充知识——结构体类型

在很多实际应用中，需要将一些不同类型的数据组合成一个整体。例如要记录儿童的姓名、年龄、性别、体重等数据。虽然分别属于不同的数据类型，但它们之间是密切相关的，因为每一组信息属于一个人。这时，就可以定义一个结构体类型。结构体是由若干数据项组成的集合体，属于一种用户自定义数据类型。

1.结构体类型的定义

其定义形式如下：

```
struct 结构体类型名
{
    类型名      成员名 1;
    [类型名     成员名 2;…;]
};
```

例如：

```
struct Child            //儿童信息结构体
{
    long   id;          //编号
    char   gender;      //性别
    double height;      //身高
```

```
  double weight;          //体重
};                        //最后的分号不可少
```

本节案例四则运算的测试题可定义结构体类型为：

```
struct Expression{
    int x;          //左操作数
    int y;          //右操作数
    char ex_op;     //运算符
    int t;          //测试者输入答案
    int result;     //标准答案
};
```

结构体类型中的成员类型还可以是结构体类型。例如：

```
struct Date
{
  int year,month,day;
};
struct Child
{
  long  id;
  Date  birthday;     //birthday 的类型是结构体 Date
  char  gender;
  double height;
  double weight;
  };
```

结构体类型定义仅仅定义了一种新的数据类型，就像系统不会为 int、double 类型分配内存空间一样，也不会为结构体类型分配内存空间。要使用结构体还必须定义结构体变量。

2.结构体变量的定义

结构体变量的定义有三种形式：

(1)先定义结构体类型，再定义结构体类型变量。

例如：Child kid1,kid2;

(2)在定义结构体类型的同时定义结构体变量。例如：

```
struct Child
{
    //成员定义同前
}kid1,kid2={1,2009,'f',0.8,10};//定义结构体变量 kid2 时同时对其进行初始化
```

(3)定义无名结构体类型，同时说明结构体变量，其一般形式为：

```
struct
{
  成员列表
}变量名列表;
```

3.结构体变量的使用

同类型的结构体变量可以进行赋值运算。除此之外，不能直接对结构体变量进行其他运算，包括输入和输出。例如：

```
kid1=kid2;          //合法
cin>>kid1;          //非法
```

对结构体变量的使用，一般通过结构体变量的成员来实现。访问结构体变量成员的语法形式为：

```
结构体变量.成员名
```

此处的“.”称为成员访问运算符。

例如：Child　kid1；

对于 kid1 中 height 成员的访问形式为：kid1.height

对于其中 birthday 的成员 year 的访问形式为 kid1.birthday.year

4.结构体类型指针

如果定义了结构体类型的指针，那么通过成员访问运算符“->”，可以访问结构体类型变量的成员。例如，定义 Child 结构体类型指针 pk，通过该指针访问其成员变量：

```
Child  kid1, *pk=&kid1;//pk 为 Child 结构体指针，并初始化为 kid1 地址。
cin>>pk->id;  pk->id++; cout<<pk->id;
```

4.6.3 程序设计

整个程序采用了多文件结构，一共有 6 个文件组成。头文件 ex4_17.h 中定义了结构体类型 Expression。包括主函数在内的 6 个函数分别保存在 5 个.cpp 文件中。

例 4-17 用动态数组实现小学生四则运算测试程序。

```
//ex4_17.h
#ifndef CHOICE_H
#define CHOICE_H
struct Expression{
    int x;
    int y;
    char ex_op;
    int t;
    int result;
};
#endif

//ex4_17.cpp
#include<iostream>
#include<cstdlib>
#include<ctime>
#include<fstream>
#include "ex4_17.h"
using namespace std;
int initRecord();
void updateRecord(int);
int menu();
```

```
int test(Expression * ,int,int,int);
void display(Expression * ,int);
int main(){
    Expression * p;//定义结构体指针变量,用于保存动态申请的数组的首地址
    int i,n,num,right,score,record;
    int choice; //菜单选择变量
    record=initRecord(); //获取文件中的最高得分记录
    srand((unsigned)time(NULL));      //设置随机数种子
    while((choice=menu())! =6) {
        cout<<"选择难度"<<endl;
        cout<<"1.一级难度(10 以内运算)"<<endl;
        cout<<"2.二级难度(100 以内运算)"<<endl;
        cin>>i;
        if(i==1) n=9;
        else n=99;
        cout<<"请输入测试题目数量:"<<endl;
        cin>>num;
        p=new Expression[num]; // 申请用于保存测试题的结构体数组
        right=test(p,num,n,choice); //进行测试
        score=(double)right/num * 100;      //测试结束后计算得分
        cout<<endl<<"测试结束,共"<<num<<"题,你答对"<<right<<"题 "<<score<<"分"<<endl;
        cout<<"最高记录是"<<record<<"分"<<endl;
        if(score>record) record=score;
        cout<<"要看测试的所有题目吗? (y/n)"<<endl;
        char yn;
        cin>>yn;
        if(yn=='y'||yn=='Y') display(p,num);
        delete [] p;
    }
    updateRecord(record);
    return 0;
}

//record.cpp
#include<iostream>
#include<fstream>
using namespace std;
int initRecord()//获取文件中的最高得分记录
{
  int record=0;
  ifstream ifile("record.txt");      //打开记录文件用于输入
  ofstream ofile;
  if(! ifile)     //若记录文件不存在
```

```
    {
      ifile.close();
      ofile.open("record.txt");   //建立记录文件用于输出
      ofile<<record;      //将记录初始值 0 写入文件
      ofile.close();
    }
    else
    {
      ifile>>record;      //将文件中的记录输入变量 record
      ifile.close();
    }
    return record;
}
void updateRecord(int record)      //更新文件中的得分记录
{
    ofstream ofile;
    ofile.open("record.txt");     //打开记录文件用于输出
    ofile<<record;      //将分数写入记录文件
    ofile.close();      //关闭文件
}

//menu.cpp
#include<iostream>
#include<fstream>
using namespace std;
int menu(){//显示菜单并选择菜单项
    int i;
    cout<<endl<<endl;
    cout<<"******************************"<<endl;
    cout<<"         欢迎进入小学生四则运算测试系统"<<endl;
    cout<<"******************************"<<endl;
    cout<<"1.加法测试\t2.减法测试\t3.乘法测试\n4.除法测试\t5.混合测试\t6.退出"<<endl;
    cout<<"选择(1~6)"<<endl;
    cin>>i;
    while(i<1||i>6)      //如果输入的不是 1~6 中的数字,重新输入
    {
      cout<<"选择有误,重新选择(1~6)!"<<endl;
      cin>>i;
    }
    return i; // 返回选择的菜单项的数字
}

//test.cpp
```

```
#include<iostream>
#include "ex4_17.h"
using namespace std;
int test(Expression * p,int amount,int n,int op){
    int    op1=op;
    int right_num=0;
    for(int k=0;k<amount;k++)       //重复测试 amount 道题目
    {
      p[k].x=1+rand()%n;       //取[1,n]范围的随机整数
      p[k].y=1+rand()%n;       //p[k].y 也可表示为(p+k)->y
      if(op==5) op1=1+rand()%4;    //op 的值是 5 表示混合测试,op1 随机取 1、2、3、4
      switch(op1)
      {
          case 1: p[k].ex_op='+';p[k].result=p[k].x+p[k].y;break;
          case 2: p[k].ex_op='-';p[k].result=p[k].x-p[k].y;break;
          case 3: p[k].ex_op='*';p[k].result=p[k].x*p[k].y;break;
          case 4: p[k].ex_op='/';p[k].result=p[k].x/p[k].y;break;
      }
      cout<<k+1<<".  "<<p[k].x<<p[k].ex_op<<p[k].y<<"=";
      cin>>p[k].t; //输入测试答案
      if(p[k].result==p[k].t)    //如果测试答案和正确答案相等,显示答对信息
      {
        cout<<"恭喜你答对了"<<endl;
        right_num++;      //答对题目数加 1
      }
      else
        cout<<"正确答案是"<<p[k].result<<"  加油!"<<endl;
    }
    return right_num; // 返回答对题目数
}

//display.cpp
#include<iostream>
#include "ex4_17.h"
using namespace std;
void display(Expression * p,int num){
      for(int i=0;i<num;i++){
        cout<<i+1<<"."<<p[i].x<<p[i].ex_op<<p[i].y<<"="<<p[i].result<<"\t";
        cout<<"你的回答是:"<<p[i].t<<"\t";
        if(p[i].result==p[i].t) cout<<"正确";
        else cout<<"错误";
        cout<<endl;
      }
}
```

本章小结

数组是相同类型数据的集合。数组以线性关系组织对象，对应于数学的向量、矩阵的结构。数组结构是递归的，一个n维数组的每个元素是n－1维数组。数组元素以下标表示其在数组中的位置，称为下标变量。

指针是C++中重要的数据类型，它提供了一种较为直接的地址操作手段。正确使用指针，可以方便、灵活而有效地组织和表示复杂的数据结构。通过相关指针，可以访问数组、函数，指针可以作为函数参数、函数返回值等。

C++中C风格的字符串存放在字符数组中，使用字符指针处理字符串。C++标准库使用string类实现字符串。string具有丰富的函数，使得各种复杂的字符串处理变得更方便、更安全。

new和delete运算提供了动态申请和释放内存空间的操作。有了这些操作，实现了内存的动态管理。

练习题

1.已知求成绩的平均值和均方差公式：$ave=\frac{\sum_{i=1}^{n}s_i}{n}$，$dev=\sqrt{\frac{\sum_{i=1}^{n}(s_i-ave)^2}{n}}$，其中$n$为学生人数，$s_i$为第$i$个学生的成绩。求某班学生的平均成绩和均方差。

2.用随机函数产生10个互不相同的两位整数，存放至一维数组中，并输出其中的素数。

3.输入10个整数，用选择排序法从小到大对其进行排序，输出排序后的结果。

提示：选择排序算法如下：

选择排序法共需进行n－1轮排序。第i轮(0≤i≤n－2)排序从a[i]、a[i＋1]、…、a[n－1]中找出最小的数和a[i]互换。下面是5个数的选择排序过程。

初始状态	[6	5	3	2	4]
第一轮排序结果	2	[5	3	6	4]
第二轮排序结果	2	3	[5	6	4]
第三轮排序结果	2	3	4	[6	5]
第四轮排序结果	2	3	4	5	[6]

4.在5行5列的二维数组中形成以下形式的n阶矩阵：

$$\begin{pmatrix}1&1&1&1&1\\2&1&1&1&1\\3&2&1&1&1\\4&3&2&1&1\\5&4&3&2&1\end{pmatrix}$$

(1)以方阵形式输出数组；

(2)去掉周边元素，生成新的n－2阶矩阵；

(3)求矩阵主对角线下元素之和。

5.定义二维数组 A[3][2]、B[3][2]、C[2][4]，根据矩阵加、乘规则，编写程序计算 A+B、B * C。

6.将C++关键字存放到二维字符型数组中，找出其中最小关键字。

7.输入一个表示星期几的数(0～6)，然后输出相应的星期的英文单词。要求使用指针数组实现。在 main 函数中调用以上函数进行测试。

8.设计一个递归函数，找出整型数组中最大元素及最小元素。在主函数中定义和初始化该整型数组，调用递归函数，并显示结果。

9.编写函数，实现符串的逆序。

10.编写函数，删除字符串中的所有空格。

11.编写函数 int find(char * ps,char * pp)，统计 pp 在 ps 中出现的次数。

第 5 章 类与对象

在前面的章节中，我们介绍了面向过程程序设计的基本内容。在面向过程程序设计中，通过函数实现了过程抽象和封装，数据是独立于函数进行描述的，它们作为参数或全局变量传给函数。即在面向过程程序设计中，数据与操作是分离的。

从本章开始，我们将介绍面向对象程序设计的基本内容。在面向对象程序设计中，数据与对数据的操作作为一个整体来描述，它实现了数据的抽象和封装。本章将通过C++提供的用于描述数据抽象的程序机制介绍面向对象技术的基本理论、类和对象的概念、特点、类的定义、对象的建立及其应用。

学习目标

1.理解面向对象程序设计的概念、基本思想；
2.理解类与对象的概念，掌握类的定义，能根据需求设计类；
3.理解构造函数、析构函数的作用，掌握构造函数、析构函数的应用；
4.理解复制构造函数的概念、作用、调用时机，掌握复制构造函数的应用；
5.理解类的静态成员的概念、作用，掌握其应用，理解常对象的作用与应用；
6.理解类的友元的概念、作用，掌握友元的应用。

5.1 面向对象程序设计概述

5.1.1 面向对象的概念

对象、类和消息是面向对象技术的核心。

1.对象

在现实世界中,一切事物(实体)都可看成是面向对象技术中的对象。对象可以是有形的,比如汽车、计算机;也可以是无形的,比如授课、计划。对象可以是简单的,比如一本教材;也可以是复杂的,比如由许多零部件构成的汽车。任何一个对象都具有属性和行为两大特征。属性用于描述对象的静态特征,比如汽车的功率、载重、轮子个数等。行为描述对象的动态特征,比如汽车前进、倒退、加速。

2.类

现实世界中具有相同特征的实体可以归并为同一类别。在面向对象技术中,将具有相同特征的对象用类来描述。即同类对象具有共同特征。比如火车、汽车、飞机,尽管形状、用途、运行环境各不相同,但它们都是交通工具,可以归为交通工具类。因此类是对象的抽象,对象则是类的具体化,称为类的实例。通常,又称类是一种用于创建对象的模板。

在类中,属性通常称为数据,行为称为操作、方法。图 5-1 反映了现实世界中的事物和类别,计算机世界中的对象和类之间的对应关系。

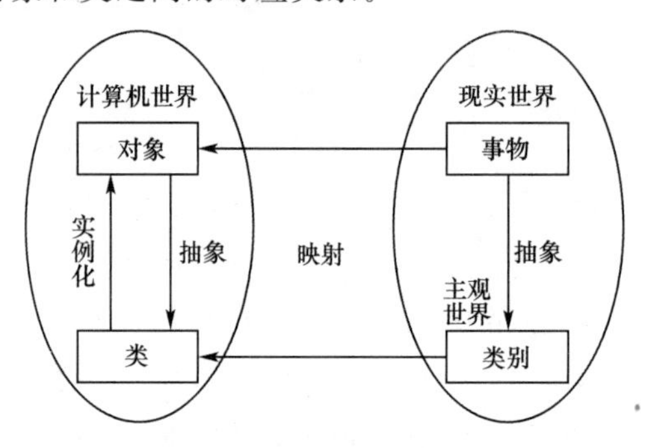

图 5-1 对象和类、事物和类别的对应关系

3.消息

各对象间的联系是通过向对象发送消息来实现的。要使对象实现某种行为,必须向对象发送相应的消息。

5.1.2 什么是面向对象程序设计?

面向对象程序设计的一个简单定义是:将具有相同特征(具有相同数据和操作)的同一组对象用类来描述。面向对象程序设计是把程序构造成由若干个对象组成,每个对象由一些数据以及对这些数据实施的操作构成。对数据的操作是通过向对象发送消息来实现的。

从上述定义可以看出,面向对象程序设计和之前的面向过程程序设计存在不同之处:

(1)在面向过程的程序设计中,函数是构成程序的基本模块。在面向对象的程序设计中,对象是构成程序的基本模块。

(2)在面向过程的程序设计中,数据和操作是分离的,数据作为参数传递给对数据进行操作的函数。在面向对象的程序设计中,数据和操作是封装在一起的,形成一个整体。

(3)在面向过程的程序设计中,数据的表示是公开的,用户可以直接对数据进行处理。在面向对象的程序设计中,用户只能通过对象发送消息来操作数据。

5.1.3 面向对象程序设计的特点

面向对象程序设计具有以下几个特点：

1.抽象

抽象，是人类认识问题的最基本手段之一。抽象的过程，也是对问题进行分析和认识的过程。面向对象方法中的抽象，是指对对象进行概括，提取同类对象的共同特征并加以描述的过程。一般来讲，对一个问题的抽象应该包括两个方面：数据抽象和操作抽象。前者描述某类对象的属性，后者描述的是某类对象的共同行为。

例如现实世界中有各种各样的手机，外形不同，功能存在差异。但只要是手机，总有SIM卡、显示屏、按键。这就是对手机的数据抽象。另外，不管什么手机都具备接打电话、收发短信等功能，这就是对它的行为抽象。

在面向对象程序设计中，数据用数据成员来表示，操作用成员函数来实现。

2.封装性

封装是将抽象得到的属性和行为相结合，形成一个有机的整体，也就是将数据与操作数据的函数进行有机结合，形成"类"，其中的数据和函数都是类的成员。封装大大降低了操作对象的复杂程度。封装性还体现在将一部分成员作为类与外部的接口，而将另一部分成员"隐藏"起来，达到对类成员访问权限的合理控制。比如手机的SIM卡、电路等器件封装在机壳内，提供给用户的只是按键和显示屏。用户只需根据规则操作，手机就可进行工作。

3.继承性

面向对象程序设计提供了类的继承机制。当定义了一个类后，又需定义一个新类，这个新类与原来类相比，只是增加或修改了部分数据和操作。这时可以在定义新类时说明新类继承原有的类，然后描述新类所特有的数据和操作即可。类的继承性可以简化人们对问题的认识和描述，同时在开发新程序和修改源程序时最大限度地利用已有的程序，从而大大提高程序的可重用性和软件设计效率。

仍以手机为例，如果已经定义了手机类，那么当需要定义某智能手机时，只需在继承手机类的基础上，增加该智能手机的新功能。这时可以称智能手机类继承了手机类，也可以称手机类派生出智能手机类。

4.多态性

类的多态性是对人类思维方式的一种直接模拟。C++中的多态性是指同样一个消息被具有继承关系的不同的类接收，会产生不同的结果。从而实现"同一消息，不同结果"。多态性通常体现为一名多用。例如普通手机接收"开机"消息，仅完成接通电源，连接网络。而智能手机同样是接收"开机"消息，除了完成普通手机"开机"工作外，还要初始化手机桌面、播放一段音乐、显示一段视频等。多态性的好处是易于实现程序高层代码的复用，使得程序扩充变得容易。此外多态性还能增强语言的可扩充性。

5.1.4 面向对象的优点

软件开发方法或技术有优劣之分，对一个软件开发方法或技术的评价标准主要是看它的开发效率和对软件质量的保证程度。开发效率指使用该方法或技术进行软件开发的难易程度以及它对缩短开发周期的支持程度。软件质量是指用该方法或技术开发出的软件的正确性、健壮性、可复用性、易维护性以及效率等。

1.数据与操作合一

面向过程的程序设计把程序的功能抽象为函数,使用者只需要知道这些函数的接口,而不需要关心其内部实现。其不足之处在于:它对数据和操作的描述是分离的,这不利于程序的设计、维护与理解。而面向对象程序设计采用数据抽象,即把数据及对数据实施的操作作为一个整体(对象)来描述,即数据描述中包含了能对其实施的操作,通过对象实现了数据及其操作的封装,这既起到了对数据的保护作用,也有利于程序的设计、理解与维护。

2.软件复用

相对来说软件开发是一项比较复杂的工作。在开发一个新的软件时,如果能够把已有软件(全部或部分)直接用到新软件中来,这不仅能够降低软件开发的工作量和成本,缩短开发周期,而且对提高软件的可靠性和保证软件质量起到一定的作用。面向过程程序设计主要采用函数库来进行代码复用。采用函数库的问题是:函数库中函数的粒度太小,适用性不强,数据在多函数间传递会带来不一致性及效率问题。

面向对象程序设计通过类库和继承机制来实现代码复用。其优势在于:类库中的类通常可以实现一个较大的功能,对某个应用领域来讲,类具有通用性,并且可以利用类的继承机制派生新类,进行功能扩展。类中包含数据与操作,因此调用类中的操作时,不必传递大量的数据,这样就减少了大量数据在不同操作之间传递可能带来的不一致性和效率问题。

3.软件维护

面向过程程序设计基于功能分解,系统功能、用户需求、软件设计等变动可能导致整个系统功能的重新分解。另外,数据与操作的分离、数据表示的改变将可能影响整个系统。

类相对来说比较稳定,类结构不会随着系统其他部分的变动而发生很大的变化。另外,数据与操作的封装也使得一个类的数据表示发生变化时不会影响到系统中的其他部分,使得程序的维护比较容易。

类定义与建立对象

5.2 类与对象概述

对象是面向对象程序的基本处理单位,其特征由类来描述。一个类描述了一组具有相同特征的对象。要创建对象,首先要定义类。类属于类型,而对象属于值。类由数据成员和成员函数组成。

5.2.1 类定义

在C++中,类定义的语法格式如下:

```
class 类名{
[[private:]
    私有成员表]
[public:
    公有成员表]
```

```
[protected:
    保护成员表]
};
```

其中,“class 类名”为类头,“{ }”中的部分为类体,类体中成员表则定义了类的数据成员(数据)和成员函数(操作)。定义中的 private、public、protected 称为成员的访问控制。

例 5-1 定义一个商品类 CGoods。

商品应具有商品名称、数量、单价、总价等数据,同时对商品还应具有如下操作:输入商品数据、计算总价、显示商品信息等。因此需要如下定义商品类 CGoods:

```
class CGoods{
private:
    char   Name[20];      //商品名称
    int    Amount;        // 商品数量
    float  Price;         // 商品单价
    float  Total_value;   // 商品总价
public:
    void   Assign(char[],int,float);   //输入商品数据
    void   GetName(char[]);            //读取商品名称
    int    GetAmount();                //读取商品数量
    float  GetPrice();                 //读取商品单价
    floal  GetTotal_value();           //读取商品总价
};
```

在上述定义中,CGoods 为类名,这个类含有 4 个数据成员,5 个对数据成员操作的成员函数。定义 CGoods 类从逻辑上完成了类的封装、把数据(事物的特征,即属性)和函数(事物的行为,即操作)封装形成一个整体。

对于类定义,需要说明以下几点:

(1)类属于类型范畴,系统不会为类分配内存空间,就像系统不会为 int、double 等类型分配内存一样。因此在类定义中不能对数据成员进行初始化。例如,如下定义 CGoods 类是错误的:

```
class CGoods{
private:
    char   Name[20]="奥迪 3000";
    int    Amount=3;
    float  Price=150000;
    float  Total_value=450000;
    …
};
```

(2)类的三种访问控制 private、public、protected,在类中没有先后次序,可以多次出现,也可以不出现。C++规定,类中默认的访问控制是私有的,即 private。

例如下面 CGoods 类定义中,没有 protected。

```
class CGoods{
    …          //私有成员
```

```
public:
    …        //公有成员
private:
    …        //私有成员
};
```

(3)和结构体定义类似,类定义结束的最后必须加分号“;”。

(4)在 CGoods 类定义中只对成员函数进行了声明,并没有对其进行定义。通常在类定义之外进行成员函数的定义,在类外定义成员函数的格式如下:

```
数据类型  类名::函数名(参数表){…}
```

其中,“::”称为作用域运算符,它指出函数的类属关系,即该函数是类的成员,而不是普通函数。

例如, CGoods 类的 Assign 函数在类外应如下定义:

```
void CGoods::Assign(char name[],int amount,float price){
    strcpy(Name,name);
    Amount=amount;
    Price=price;
    Total_value= Amount * Price;
}
```

当然,也可以将成员函数定义直接写在类定义中。这时函数名前就不再需要加类名了。

如果在类内定义成员函数,一些编译系统就将该函数编译为内联函数(inline)。因此一个成员函数是否能在类内定义,成为内联函数,也必须遵循第 3 章介绍的对内联函数的规定。

(5)类的成员不能使用 auto、register 和 extern 等修饰符,一般只能用 static 修饰符。

5.2.2 类成员的访问控制

类定义和结构体类型定义语法形式上很相似,但两者之间的不同之处在于,类定义中还规定了类成员的访问控制。在C++中有三种成员访问控制类型:公有类型 public、私有类型 private 和保护类型 protected。C++类的所有成员都属于三种控制类型中的一种,实现对类中成员的访问控制。

(1)由 public 关键字声明的成员为公有成员。一般将类中的函数说明为公有的。公有成员是类的外部接口。在类外,类的对象只能通过这些接口才能访问类内部私有成员和保护成员。

(2)由 private 关键字声明的成员为私有成员。一般将类中的数据说明为私有的。私有成员对外是被“隐藏”的,只能被本类成员函数访问,任何来自类外的直接访问都是非法的。对私有成员的“隐藏”,提高了数据的安全性。

(3)由 protected 关键字声明的成员为保护成员。保护类型成员的性质和私有成员的性质相同,即只能被本类成员函数访问,任何来自类外的直接访问都是非法的。protected 和 private 的差别在于继承过程中这两类成员对派生类的影响不同。具体差别在第 6 章讨论。

在 CGoods 类中,4 个数据都说明成私有成员,5 个函数都说明成公有成员。成员函数可以访问类中所有成员,既可以访问数据成员,也可调用成员函数。例如 Assign 函数中就访问了私有成员 Name、Amount、Price、Total_value。而在类外，就不能直接访问私有成员，只能由对象通过类的接口——公有成员函数才能访问 CGoods 类中的私有成员和保护成员，这也是类中公有函数的作用。

图 5-2 形象地描述了类成员的访问控制：将需要隐藏的成员设为私有类型，成为一个外部无法访问的黑盒子；将提供给外界的接口设为公有类型，对外部就是透明的；而保护成员就相当于一个笼子，它给派生类提供一些特殊的访问控制。

图 5-2　类成员的访问控制

5.2.3 对象的创建与使用

定义类只是建立了一种新的数据类型，编译系统并不为类分配内存。只有将类实例化——建立类的对象，系统才会为该对象分配内存，程序中使用的是对象。这和系统不会为 int 类型分配内存，只会为 int a 定义中的变量 a 分配内存，程序中使用变量 a 的道理是一样的。

建立对象的方法类似于定义变量。语法格式为：

```
类名　对象名1[,对象名2,… 对象名n];
```

例如：

```
CGoods car;
```

这个定义建立了 CGoods 类的一个对象 car，同时为 car 分配存储空间，用来存放 car 对象的数据和函数。这一过程称之为类的实例化，对象称为类的实例。

定义了对象后，对对象成员的访问采用如下形式：

```
对象名.数据成员
```

或

```
对象名.成员函数(实参表)
```

其中，“.”称为成员访问运算符。一定要注意，通过这种形式访问的成员只能是公有成员，而不能是私有成员、保护成员。

例 5-2　CGoods 类的完整定义及对象的应用。

```
#include<iostream>
#include<iomanip>
#include<cstring>
using namespace std;
class CGoods{
private :
    char Name[20] ;
    int Amount ;
    float Price ;
    float Total_value ;
public :
    void Assign(char[],int,float);
```

```
    void GetName(char name[]){
        strcpy(name,Name);
    }
    int GetAmount(){
        return Amount;
    }
    float   GetPrice(){
        return Price ;}
    float   GetTotal_value(){
        return Total_value;   }
};
void CGoods::Assign(char name[] , int amount , float price){
    strcpy(Name , name) ;
    Amount=amount ;
    Price=price ;
    Total_value = Price * Amount;}
int main(){
    CGoods   car1,car2;      //建立了 2 个对象 car1,car2
    char   str[20] ;
    int   number ;
    float   pr ;
    cout<<"请依次输入汽车数量与单价:";       //输入 car1 数据
    cin>>number>>pr ;
    car1.Assign("奔驰 100" , number , pr);
    car1.GetName(str);
    cout<<setw(20)<<str<<setw(5)<<car1.GetAmount();          //A
    cout<<setw(10)<<car1.GetPrice()<<setw(20)<<car1.GetTotal_value()<<endl;//B
    cout<<"请依次输入汽车型号、数量与单价:";      //输入 car2 数据
    cin>>str>>number>>pr ;     //输入型号"奥迪 3000"
    car2.Assign(str , number , pr) ;
    car2.GetName(str);
    cout<<setw(20)<<str<<setw(5)<<car2.GetAmount();
    cout<<setw(10)<<car2.GetPrice()<<setw(20)<<car2.GetTotal_value()<<endl;
    return 0;
}
```

本例中,将 4 个成员函数在类中定义,1 个成员函数在类中声明,类外定义。在类外定义时,函数名前必须加上类名 CGoods,表示该函数是类的成员。

在上面的例子中,注意不能将 A 行和 B 行写成:

```
cout<<setw(20)<<car1.Name<<setw(5)<<car1.Amount;
cout<<setw(10)<<car1.Price<<setw(20)<<car1.Total_value<<endl;
```

因为 car1、car2 的数据成员都是私有的,在类外其他函数中不能通过对象访问,而必须通过接口——公有函数 GetName、GetAmount、GetPrice、GetTotal_value 才能访问。

也可以采用第 4 章中介绍的 new 运算动态建立对象。动态建立对象的形式和动态建立普通变量相同。和动态建立普通变量一样，动态建立的对象的生存期也不依赖于建立该对象的作用域，因此必须显式地使用 delete 运算加以释放。

例 5-3 对象的动态建立和释放。

```
//CGoods 类定义同例 5-1
int main(){
    int n;
    CGoods  * pc, * pcn;
    pc=new CGoods;              //动态建立对象
    cin>>n;
    pcn=new CGoods[n];          //动态建立对象数组
    //…
    delete pc;                  //释放动态建立的对象
    delete [] pcn;              //释放动态建立的对象数组
    return 0;
}
```

与普通变量一样，对象也有全局、局部区别，也存在作用域、生存期、可见性问题。对象的这些特性与第 3 章介绍的基本类型的变量完全相同。因此在作用域结束时，建立的局部对象生存期也就结束。程序运行结束，全局对象生存期也结束。

5.2.4 对象的存储方式

建立同类对象后，每个对象中的数据成员都占用独立的存储空间，保存着各自的数据。而对于同类对象，它们的成员函数都是相同的代码，没有必要为每个同类对象的成员函数分配独立的存储空间，只需为类的成员函数分配一份存储空间，存放代码。而这份代码被这个类的所有对象共用。因此例 5-2 中 CGoods 类的 2 个对象 car1、car2 的存储情况如图 5-3 所示。

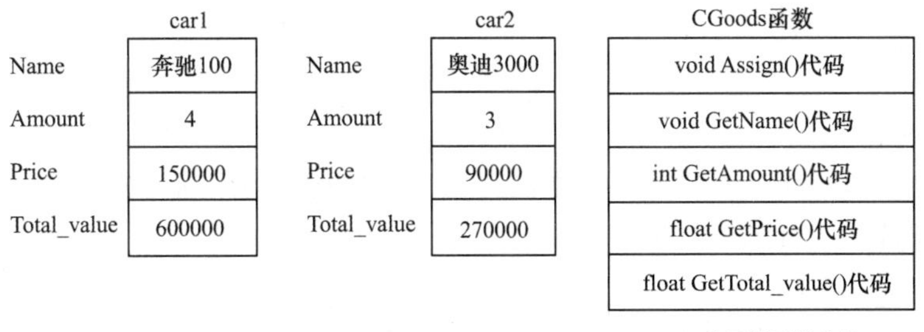

图 5-3　CGoods 类对象的内存存储方式

对象的上述存储方式并不影响类的封装性，即“每个对象都是独立的，数据和函数都封装在一个对象中”的概念。从逻辑角度，也就是从类的封装性角度看，无论对象中的成员如何存储，对象都是独立的。而图 5-3 所示的存储方式，是编译系统在计算机中为对象分配存储空间的具体方式，是物理实现。但物理实现必须保证逻辑概念的实现。因此认为：类仍然具有封装性，每个对象的数据和函数都是封装在对象中的（5.5节介绍的类的静态成员除外）。

5.2.5 对象指针和成员指针

1.对象指针

也可以使用对象指针访问对象。对象指针的定义格式为：

```
类类型    *对象指针；
```

定义对象指针后，就可将指针指向对象。通过成员访问运算符“->”访问对象成员。例如：

```
CGoods car, *pcar;    //pcar 为 CGoods 类的指针
pcar=&car;            //pcar 指向了 car
pcar-> GetPrice();    //通过指针访问对象成员
```

注意：在类外通过对象指针也只能访问类的公有成员。

例 5-4 改写例 5-2，使用对象指针访问 CGoods 类对象成员。

```
// CGoods 类定义同例 5-1
int main(){
    CGoods   car, *pcar=&car;
    char   str[20] ;
    int   number ;
    float   pr ;
    cout<<"请输入汽车型号:" ;
    cin.getline(str , 20);
    cout<<"请依次输入汽车数量与单价:" ;
    cin>>number>>pr ;
    pcar->Assign(str, number, pr) ;
    pcar->GetName(str) ;
    cout<<setw(20)<<str<<setw(5)<<pcar->GetAmount()<<endl;
    cout<<setw(10)<<pcar->GetPrice()
        <<setw(20)<<pcar->GetTotal_value()<<endl;
    return 0;
}
```

2.成员指针

也可以通过指针访问对象成员。指向对象成员的指针使用前要先定义，再赋值，最后引用。定义对象成员指针的语法格式为：

```
数据类型 类::*指针;              //定义指向数据成员的指针
数据类型 (类::*指针)(参数表);    //定义指向成员函数的指针
```

定义了指向成员的指针之后，需要对其赋值，也就是要确定指针指向类中哪一个成员。

对成员指针赋值的语法形式为：

```
指针名=&类::数据成员;      //对数据成员的指针赋值
指针名=类::成员函数;       //对成员函数的指针赋值
```

指针经上述赋值之后，只是说明了被赋值的指针指向了类中哪个成员。很显然要使用该指针访问这个成员，还必须明确具体的对象。通过对象和成员指针的结合才能引用(访问)到所指成员。

访问数据成员，可以使用以下两种语法形式：

```
对象.＊类成员指针
```

或

```
对象指针－>＊类成员指针
```

访问成员函数，可以使用以下两种语法形式：

```
(对象.＊类成员指针)(参数表)
```

或

```
(对象指针－>＊类成员指针)(参数表)
```

因此对于类的公有成员，就有以下 4 种访问形式：

对象.成员

对象.＊成员指针

对象指针－>成员

对象指针－>＊成员指针

例 5-5 以四种不同形式访问 CGoods 类对象的成员。

为了访问方便，此例中将 CGoods 类的数据成员 Amount 说明为 public。

```
int main(){
    CGoods    car;
    CGoods    *pc=&car; //对象指针 pc,指向 car
    int  CGoods::*pa=&CGoods::Amount; //数据成员指针 pa,指向公有成员 Amount
    //成员函数指针 pt,指向 GetTotal_value()
    float (CGoods::*pt)()=CGoods::GetTotal_value;
    car.Assign("奔驰 100",4,150000.0);
    cout<<car.Amount<<"\t"<<car.GetTotal_value()<<endl;//A 对象.成员
    cout<<car.*pa<<"\t"<<(car.*pt)()<<endl;//B 对象.*成员指针
    cout<<pc->Amount<<"\t"<<pc->GetTotal_value()<<endl;//C 对象指针->成员
    cout<<pc->*pa<<"\t"<<(pc->*pt)()<<endl;//D 对象指针->*成员指针
    return 0;
}
```

程序中 A、B、C、D 行以 4 种不同的形式访问对象的成员，运行结果都是 4　600000

注意：不论哪种形式访问，在类外都只能访问公有成员。另外这一节介绍的成员指针仅适用于类的非静态成员。使用指针访问类的静态成员的方法在 5.5 节介绍。

5.2.6 this 指针

根据前面的介绍，同类对象的成员函数代码在内存中只有一份，供同类所有对象共用。那么在成员函数中，又是如何确定调用该函数的对象，从而正确访问到该对象的数据成员的呢？

例如，在例 5-2 的主函数中，car1、car2 两个对象先后调用了共用的 GetName(str)函数：car1.GetName(str)、car2.GetName(str)。两次调用同一个 GetName(char name[])函数，执行库函数 strcpy(name ，Name)时，系统是如何正确获得 car1 的 Name“奔驰 100”、car2 的 Name“奥迪 3000”的呢？

这是因为在C++系统中隐含了一个称为 this 的指针，该指针由C++系统控制，使其始终指向调用成员函数的对象。在编译时，编译器将调用成员函数的对象的地址作为一个附加实参传递给成员函数的一个隐含形参——this，this 因此就指向了调用该函数的对象。在成员函数中通过 this 就可访问该对象的成员。

下面以 GetName(char name[])函数为例，介绍编译器使用 this 指针的过程。

（1）改变类成员函数的定义，增加一个隐含的附加形参——this，使函数成为如下形式：

```
void GetName(CGoods * const this,  char name[]){
    strcpy(name , this->Name);
}
```

注意：上述函数不是合法的C++代码，只是说明编译器对一个成员函数的编译过程。

（2）类成员函数的调用语句增加一个实参——调用该函数的对象地址。这时，

car1.GetName(str)变为：car1.GetName(&car1,str)；

因此 car1 的地址传递给了 this，即 this 指向了 car1。因此执行 strcpy(name , this->Name)时，this->Name 自然就是“奔驰 100”。

同理，car2.GetName(str)变为：car2.GetName(&car2, str)；

car2 的地址传递给了 this，执行 strcpy(name ,this->Name)时，this->Name 自然就是“奥迪 3000”。

由此可知，系统是将 this 指针始终指向调用成员函数的对象，使得共用的函数能够正确访问到调用该成员函数的对象的数据成员。

在上面例子中，GetName 函数增加一个形参 this，调用 GetName 函数时增加一个实参 & 对象，仅仅是介绍 this 指针的作用过程。在实际程序中，this 指针是不必显式表示出来的。但在某些场合，则必须显式表示 this 或 * this。

对于 this 指针，还需要说明两点：

（1）从 GetName(CGoods * const this, char name[])形式看出，this 被说明成一个指针常量，其值不能被修改。因此在程序中应将 this 指针视为只读指针，即在程序中只能读，不能写。

（2）非静态成员函数虽然在物理上只有一份代码，但在逻辑上认为每一个对象都有各自独立的代码，所以可以使用，也应该使用 this 指针。

5.3 构造函数和析构函数

和建立变量一样，建立对象时也可以对对象进行初始化。由于对象比普通变量复杂得多，同时对象的数据大多是私有的，不能在类外直接对其赋值。因此对象的初始化，由专门的公有函数来完成。在C++中，这个函数称为构造函数。构造函数的作用就是初始化对象的数据成员，将对象构建成一个特定的状态。

当一个对象的生存期结束时，一般需要进行一些处理工作。同样由于类的复杂性，这项工作也需要由类的专门的公有函数来完成，这个函数称为析构函数。

5.3.1 构造函数的定义与调用

1.构造函数的定义

类的构造函数的作用是在对象建立后，对对象的非静态数据成员初始化。构造函数的定义形式如下：

```
类名(参数表){ 构造函数体 }
```

类的构造函数是特殊的公有成员函数，特殊之处在于：

(1)构造函数名与类名相同，函数没有返回类型，函数名前也不能写 void。

例如 CGoods 类的构造函数形式为：

```
CGoods(参数表){ 构造函数体 }
```

(2)因为构造函数的作用就是对象初始化，所以构造函数在且仅在建立对象时，由对象自动调用，完成对象中数据成员的初始化。此后在该对象整个生存期中再也不会调用构造函数。

(3)构造函数可以重载，即可以根据需要在类中定义多个构造函数，它们有不同的参数表。根据对象提供的参数，选择其中一个构造函数执行。例如，可以根据需要为 CGoods 类定义三个构造函数，形成构造函数的重载。

```
//三参数构造函数
CGoods::CGoods(char name[],int amount,float price){
    strcpy(Name,name);
    Amount=amount;
    Price=price;
    Total_value= price * amount;
}
//两参数构造函数
CGoods(char name[],float price){
    strcpy(Name,name)   ;
    Amount=0;
    Price=price;
    Total_value=0.0
}
//无参数构造函数，称为默认构造函数
CGoods(){
    strcpy(Name,"Noname");
    Amount=0;
    Price=Total_value=0.0;
}
```

(4)如果类中没有定义任何形式的构造函数，编译器会为类建立一个不具有任何功能的构造函数，这个构造函数称为默认构造函数，形式为：

```
类名(){ }
```

反之，如果在类中定义了构造函数，编译器不会再建立默认构造函数。

在例 5-1 中，CGoods 类就没有定义构造函数，因此编译器建立的默认构造函数为：

```
CGoods(){  }
```

通常将编译器建立的默认构造函数、程序定义的无参构造函数或者函数的所有参数均有默认值的构造函数称之为默认的构造函数。

例如，以下 3 个构造函数都称之为默认构造函数。

```
CGoods(){    }              //编译器建立的构造函数
CGoods(){ … }               //无参构造函数
CGoods(char name[]="Noname",int amount=0,float price=0){…}
//参数均具有默认值的构造函数
```

显然在类中，只能有一个默认构造函数。否则建立对象调用默认构造函数时，就会产生二义性。

2.构造函数的调用

如前述，构造函数的作用是完成对象初始化。因此在新建对象获得内存空间后，该对象就要调用构造函数，对数据成员进行初始化。这一过程是自动进行的。当类中有多个构造函数时，系统根据对象提供的参数决定调用哪个构造函数。我们以三参数构造函数

```
CGoods::CGoods(char name[],int amount,float price)
```

为例来解释构造函数的调用过程。

执行 CGoods car1("奔驰 100",4,150000.0)语句，建立了 CGoods 类对象 car1，car1 获得了存储空间，随后 car1 调用构造函数。由于建立 car1 时提供了 3 个参数，因此 car1 调用的是具有 3 个参数的构造函数。调用形式是：

```
car1.CGoods(&car1,"奔驰 100",4,150000.0);
```

依次将实参 &car1，"奔驰 100"，4，150000.0 传递给 CGoods 函数的 this、name、amount 和 price，然后执行构造函数。

```
CGoods::CGoods(CGoods * const this,char name[],int amount,float price){
    strcpy(this->Name,name);
    this->Price=price;
    this->Amount=amount;
    this->Total_value= price * amount
}
```

从而完成了 car1 对象的数据初始化。

以 CGoods car2("奥迪 3000",90000.0)形式建立 car2，则由 car2 调用 CGoods 类的两参数构造函数初始化 car2。

以 CGoods car3 形式建立 car3 对象，由 car3 调用 CGoods 类的默认构造函数初始化 car3。

注意：建立对象 car3 时，不能写成 CGoods car3()。原因是如果这么写，编译器并不认为建立了一个无参对象 car3，而是认为声明了一个无参函数 car3()，该函数返回类型为 CGoods。

如果以如下方式建立对象 car4：

```
CGoods car4("奥迪 3000");
```

则在编译时出错，因为 CGoods 类中不存在一个参数的构造函数，car4 就调用不到合适的构造函数对其初始化。

例 5-6 有自定义构造函数的 CGoods 类。

```
#include<iostream>
#include<cstring>
using namespace std;
class CGoods{
    …;//数据成员同例 5-1
public :
    CGoods();                          //默认构造函数
    CGoods(char [],float);             //两参数构造函数
    CGoods(char [],int,float);         //三参数构造函数
    void   Assign(char[],int,float) ;
    …;//其他函数略
};
CGoods::CGoods(){
    Name[0]='\0' ; Amount=0 ;
    Price=0.0 ;  Total_value=0.0 ;}
CGoods::CGoods(char name[] , float price){
    strcpy(Name,name) ;  Amount=0;
    Price=price ;Total_value=0.0 ;}
CGoods::CGoods(char name[],int amount,float price){//调用 Assign 函数
    Assign(name , amount , price);}
void CGoods::Assign(char name[],int amount,float price){
    strcpy(Name , name); Amount=amount ;
    Price=price ;Total_value=price * amount ;}
int main(){
    CGoods car1("奔驰 100",4,150000.0);//建立对象 car1,调用三参数构造函数
    CGoods car2("奥迪 3000",90000.0); //建立对象 car2,调用两参数构造函数
    CGoods car3; //建立对象 car3,调用默认构造函数
    //建立 car4 对象数组
    CGoods car4[3]={CGoods("标致",2,80000.0),CGoods("本田",1)};
    …;
    return 0;
}
```

本例中,对象数组 car4 有 3 个元素,每个元素都是一个 CGoods 类对象。3 个对象是从前往后逐个初始化。car4[0]、car4[1]、car4[2]分别调用了三参数、两参数、默认构造函数完成各自初始化。

实际上,我们可以将本例的 3 个构造函数合并成一个如下的默认构造函数:

```
CGoods::CGoods(char name[]="Noname", int amount=0, float price=0);
```

由于无法对动态建立的对象数组中各对象提供初始值,因此在执行例 5-3 中语句 pcn=new CGoods[n];,动态建立有 n 个元素的对象数组时,CGoods 类必须具有一个默认构造函数。动态建立对象数组时,也是从前往后,调用默认构造函数,逐个对象初始化。

3.成员初始化表

对于类的构造函数,还有如下形式:

```
类名(参数表): 成员初始化表{ 构造函数体 }
```

成员初始化表的作用是向类传递初始化时的参数,并初始化数据成员。成员初始化表的具体格式是:

```
数据成员 1(参数), 数据成员 2(参数),…数据成员 n(参数)
```

其含义是:用各参数初始化各数据成员。表中的各参数来自构造函数的参数表,相当于函数的实参,因此各参数前不需要类型说明。

按照上述语法格式,CGoods 类的三参数构造函数可以写成如下形式:

```
CGoods::CGoods(char name[],int amount,float price)
:Price(price),Amount(amount),Total_value(price * amount){
    strcpy(Name,name);  }
```

关于成员初始化表,需要说明以下几点:

(1)比较构造函数的两种形式,我们可以看出,写在成员初始化表中的数据成员,就是在函数体中通过赋值运算"="进行初始化的数据成员,例如 CGoods 类中的 Price、Amount、Total_value。而无法通过赋值运算进行初始化的数据成员仍然只能写在函数体中。例如 CGoods 类中的 Name 成员就只能在函数体中初始化。

(2)成员初始化表中的数据成员的书写次序任意。各数据成员的初始化次序由它们在类定义中的声明次序决定。声明在前的先初始化,声明在后的后初始化。在 CGoods 类中,成员的声明次序是 Amount、Price、Total_value。因此系统先用 amount 对 Amount 初始化,再用 price 对 Price 初始化,最后用 price * amount 对 Total_value 初始化。执行完成员初始化表中的初始化工作后,再执行函数体中的语句。例如,该例中的 strcpy(Name, name)。

(3)成员初始化表属于函数的语句,因此它不能出现在函数的声明中,只能出现在函数的定义中。

(4)如果成员初始化表完成了全部初始化工作,函数没有其他工作时,函数体的一对括号"{ }"仍然要写上,不能省略,因为函数定义必须要有函数体。

(5)对于本例,Amount、Price、Total_value 3 个成员既可以在函数体中初始化,也可以在成员初始化表中初始化。但是在后面章节中就会看到,类的一些成员的初始化必须写在初始化表中,而不能出现在函数体中。

(6)类的静态成员的初始化不能写在初始化表中。

5.3.2 析构函数的定义与调用

类的析构函数的作用是在对象生存期结束时进行必要的处理工作。析构函数定义形式如下:

```
~类名(){ 析构函数体 }
```

析构函数也是类的特殊的成员函数,具有以下特征:

(1)析构函数名由"~"符号和类名构成。"~"是位取反运算符。由此可见析构函数的作用与构造函数恰好相反。与构造函数一样,析构函数无返回类型,函数名前也不能写 void。析构函数没有参数,因此析构函数无法重载。

例如 CGoods 类的析构函数形式为：

```
~CGoods(){ 析构函数体 }
```

(2)当一个对象的生存期结束时，对象会自动调用析构函数，完成对象生存期结束时必要的处理，例如释放由构造函数申请的内存等。注意析构函数并非结束对象自身生存期。

(3)如果类定义中没有显式定义析构函数，编译器也会为类建立一个不具有任何功能的默认的析构函数，其形式为：

```
~类名(){ }
```

本章之前的例题中，没有定义 CGoods 类的析构函数。编译时，系统就建立了形如"~CGoods(){ }"这样的默认析构函数。

(4)在一个作用域中存在多个对象时，各对象遵循"先构造、后析构；后构造、先析构"的析构次序。

例 5-7 有自定义析构函数的 CGoods 类。

```
class CGoods{
public :
    ~CGoods();          //析构函数声明
    …;
};
CGoods::~CGoods(){cout<<Name<<"对象被析构"<<endl;}//析构函数定义
int main(){
    CGoods *pc=new CGoods("奥迪 3000",90000.0); //调用两参数的构造函数
    CGoods car1("奔驰 100",4,150000.0);//调用三参数的构造函数
    CGoods car2[3]={CGoods("标致",2,80000.0),CGoods("本田",1)};
    delete pc;
    //…
    return 0;
}
```

本例建立了 *pc、car1、car2[3]5 个对象。由 new 运算建立的对象，必须在程序中用 delete 运算释放。执行 delete pc，释放 *pc 对象时，要调用析构函数。除 *pc 对象外，其余 4 个对象在主函数结束运行前调用析构函数。建立对象数组时，是从前往后初始化各对象元素，因此对象数组析构时，遵循前面第(4)点，各对象元素是从后往前逐个析构。这样 4 个对象析构的次序为 car2[2]、car2[1]、car2[0]、car1。本例的运行结果也证明了对象构造和析构的次序。

本例 CGoods 类的自定义析构函数没有实质性的工作需要处理。这种情况下完全可以使用系统默认析构函数。但在下节就会看到析构函数不可缺少的作用。那时，就必须自定义类的析构函数，而不能采用系统的默认析构函数了。

从这两节的介绍中可以得出结论，建立对象总要调用构造函数，对象生存期结束，总要调用析构函数。

在C++中，也允许在结构体、联合体类型中定义构造函数、析构函数和其他函数。与类不同的是，这些函数的默认访问控制都是 public。

5.4 复制构造函数

复制构造函数是一种特殊的构造函数,复制构造函数完成对象的复制。在讨论复制构造函数之前,先介绍一种特殊的数据类型——引用。

5.4.1 引用及函数的引用调用

引用是另一个变量的别名。通过引用名和被引用的变量名访问变量的效果是一样的。定义引用的语法格式为:

```
数据类型  & 引用名=变量名;
```

其中"&"为引用说明符,它并不是引用名的一部分。

例如:

```
int  i, j=5;
int  &ri=i;
i=j;
cout<<i<<ri<<endl;      //显示5  5
```

上面 ri 就是引用名,此处 ri 引用了 i,ri 就成为 i 的别名。凡是出现 i 的地方,均可以用 ri 替代。

引用的特殊之处在于:

(1)定义一个引用时必须同时对其进行初始化,使它成为一个已经存在的变量的别名。

(2)一个引用被初始化后,就不能成为其他变量的引用。

(3)引用仅仅是另一个变量的别名,与被引用的变量具有相同的值。因此引用不占用独立的内存,因此也就没有引用的指针。

引用经常作为函数的形参类型,这时称为引用调用。调用该函数时,形参就成为实参的别名,实参和形参之间就不需要传递值,显然调用函数时的效率就提高了。这在实参是庞大、复杂的对象时,效率提高更明显。由于形参是引用,因此对形参的任何修改实际就是对实参的修改。当不希望实参的值在被调函数中被修改时,可以将参数说明为常引用。

例 5-8 改写例 3-3,使用引用调用,实现两个整数的交换。

```
#include<iostream>
using namespace std;
void swap(int &ra,int &rb);
int main(){
    int a,b;
    cout<<"输入两整数:"<<endl;
    cin>>a>>b;
    cout<<"调用前:实参 a="<<a<<','<<"b="<<b<<endl;
    swap(a,b);
    cout<<"调用后:实参 a="<<a<<','<<"b="<<b<<endl;
    return 0;
```

对象的创建与使用

```
}
void swap(int &ra, int &rb){
    int t=ra;ra=rb;rb=t;
}
```

程序运行结果：

输入两整数：

3　5

调用前：实参 a=3,b=5

调用后：实参 a=5,b=3

在此例中形参类型是引用，主函数执行调用语句 swap(a,b)，进行参数传递时，其过程相当于执行：

```
int &ra=a;
int &rb=b;
```

swap 函数中的 ra 和 rb 就成为主函数中 a 和 b 的别名，在 swap 函数中对 ra 和 rb 的访问，当然就是对主函数中 a 和 b 的访问。

引用调用时内存中数据变化情况如图 5-4 所示。

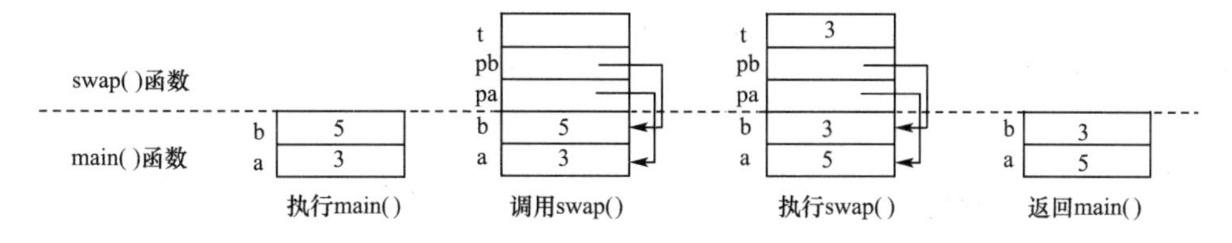

图 5-4　程序执行时内存变化情况

函数的返回类型也可以是引用。当函数返回一个值时，要生成一个临时变量作为返回值的副本。而函数返回引用时，不生成返回值的副本。因此返回引用的函数运行效率要比返回值的高。

例 5-9　统计学生成绩，分数在 80 分以上的为 A 类，60 分以上、80 分以下的为 B 类，60 分以下的为 C 类。函数 level 返回整型的引用。

```
#include<iostream>
using namespace std;
int& level(int grade, int& typeA, int& typeB, int& typeC);//函数返回为 int&
int main( ){
    int typeA=0,typeB=0,typeC=0;
    int student=9;
    int array[9]={90,75,83,66,58,40,80,85,71};
    for (int i=0 ; i<student ; i++)
        level(array[i], typeA, typeB, typeC)++ ;      //A
    cout<<"A 类学生数:"<<typeA<<endl ;
    cout<<"B 类学生数:"<<typeB<<endl ;
    cout<<"C 类学生数:"<<typeC<<endl ;
    return 0;
```

```
}
int& level(int grade ,int& typeA ,int& typeB ,int& typeC){
    if(grade>=80) return typeA ;
    else if(grade>=60) return typeB;
    else return typeC;
}
```

函数 level 返回类型是 int&，返回的是函数的一个引用型形参。在这种情况下，函数调用就可以作为左值出现(如程序 A 行)。

很显然，当函数的类型为引用时，不能返回该函数中定义的局部变量。

对于引用，还需要注意以下两点：

(1)一个引用，只能引用变量，不能引用常量或表达式。即只能引用有地址的对象。

例如：

```
int &ri=4;    //错误
double a=3,b=5.4,&rd=a+b;    //错误
```

因为 4 和 a+b 在内存都没有地址，因此都不能被引用。

(2)引用与被引用之间，不能像普通类型的变量一样，可以进行类型转换。

例如：

```
double d=3.14;
int a;
a=d;    //正确
int &ra=d;    //错误
```

变量 d 是 double 类型，ra 是 int 类型的引用，ra 不能成为 d 的引用。即系统不会对引用与被引用进行类型转换。

因此当一个函数的参数是引用时，实参必须是同类型的变量。

例如，函数声明为 void f(int& ri)，调用 f 函数时，实参必须是一个 int 类型的变量，不能是任何其他类型的变量，类型转换规则在此处失效。如果不能满足这一要求，则需要将 f 函数做如下声明：

```
void f(const int& ri);
```

这样，调用 f 函数的参数可以是和 int 兼容的其他类型变量，系统会将其转换为 int 类型。

5.4.2 复制构造函数的定义与调用

如同建立一个变量时，可以用一个已经存在的变量将其初始化一样，建立一个对象时，也可以用一个已经存在的同类对象对其初始化。这项工作需要由一个特殊的构造函数——复制构造函数来完成。

1.复制构造函数的定义

由于复制构造函数也属于构造函数，所以其函数名仍然是类名。参数只有一个，类型是同类引用。复制构造函数定义格式如下：

```
类名(类名 & 形参名){ 复制构造函数体 }
```

例如，CGoods 类的复制构造函数如下：

```
CGoods(CGoods& rgd){
    strcpy(this->Name,rgd.Name);
    this->Price=rgd.Price;
    this->Amount=rgd.Amount;
    this->Total_value=rgd.Total_value;
}
```

该函数的功能非常明确，就是将形参 rgd 的各数据成员复制给调用复制构造函数的对象——正在建立的对象的各对应成员。

如果没有自定义类的复制构造函数，则C++编译器会建立一个默认的复制构造函数。默认的复制构造函数完成两个对象间对应数据成员的复制。例如对于 CGoods 类，编译器建立的默认复制构造函数就是完成上述代码的工作。因此本章之前的例题中，都没有自定义 CGoods 类的复制构造函数，但依然可以进行对象的复制。其道理就是调用编译器建立的默认复制构造函数完成对象的复制工作。在大多数情况下，默认的复制构造函数已经能够满足对象复制要求，也就不再需要自定义复制构造函数。但在一些特殊情况下，默认的复制构造函数不能满足需要，有时甚至存在安全性问题，这时就必须自定义类的复制构造函数。

2.复制构造函数的调用

和构造函数、析构函数一样，复制构造函数也是由对象自动调用的。当出现以下三种情况时，需要获取数据的对象要调用复制构造函数完成自身初始化。

(1)当用类的一个对象去初始化另外一个对象时。例如：

```
CGoods car1("奔驰 100",4,150000.00); //调用三个参数的构造函数
CGoods car2=car1;                    //A
CGoods car3=CGoods("奥迪 3000",90000.0); //B
```

执行 A 行语句，用 car1 初始化 car2 时，car2 要调用复制构造函数，将 car1 作为实参，完成复制。其过程为 car2.CGoods(car1)。

执行 B 行语句时，先建立一个无名临时对象，调用 CGoods 类的两参数构造函数完成初始化，再由 car3 调用复制构造函数，将无名临时对象复制给 car3，相当于执行了 car3.CGoods(临时对象)。

(2)函数的形参是类的对象，调用该函数，将实参对象传递给形参对象时。例如：

```
void disp(CGoods c){…}//形参是对象
int main(){
    CGoods car1("奔驰 100",4,150000.00);
    disp(car1);
    return 0;
}
```

在调用 disp 函数时，显然需要将实参 car1 对象复制给形参 c，这一实形结合的过程需要调用复制构造函数来完成。相当于执行 c.CGoods(car1)，使形参 c 对象获得 car1 对象的值。

(3)函数类型是对象，函数执行结束返回调用者时。例如：

```
CGoods create(){
    CGoods tcar("奔驰 100",4,150000.00);
```

```
    }
        return tcar;
    CGoods car;
    car=create();
```

create 函数返回的是 CGoods 对象。在 create 函数中，tcar 是局部对象，离开 create 函数，tcar 生存期就结束了，不可能在返回主函数后继续存在。因此编译器会在主函数中建立一个临时的、生存期只在表达式“car=create()”中的临时对象。执行语句“return tcar;”时，实际上是先由临时对象调用复制构造函数，将 tcar 对象复制给临时对象，即执行“临时对象.CGoods(tcar)”。函数 create 运行结束，对象 tcar 释放。通过表达式“car=create()”将临时对象赋给 car。赋值表达式执行后，临时对象也释放。

例 5-10 复制构造函数。

```
class CGoods{
public:
    CGoods(CGoods& rgd); //复制构造函数声明
    …;//其他成员同前例
};
CGoods::CGoods(CGoods& rgd){ //复制构造函数的定义
    strcpy(this->Name,rgd.Name);
    this->Price=rgd.Price;
    this->Amount=rgd.Amount;
    this->Total_value=rgd.Total_value;
}
void disp(CGoods cg){
    char str[20];
    cg.GetName(str);
    cout<<setw(20)<<str<<setw(5)<<cg.GetAmount();
    cout<<setw(10)<<cg.GetPrice()<<setw(20)<<cg.GetTotal_value() <<endl;
}
CGoods create(){
    CGoods tcar("奔驰 100",2,150000.00);
    return tcar;          //C
}
int main(){
    CGoods car1("丰田 30",2,80000);
    CGoods car2(car1); //A
    disp(car2);          //B
    car2=create();
    return 0;
}
```

例 5-10 分别在程序的 A、B、C 三处调用了 CGoods 类的复制构造函数。

以上介绍可以得出结论:复制构造函数三种被调用情况都归结为对象复制，当需要复制对象时，由需要值的对象调用复制构造函数，提供值的对象作为函数参数。请读者思考，为何复制构造函数的参数必须是同类对象的引用,而一定不能是同类对象?

3.对象的赋值

C++系统为类提供了默认的赋值运算,使得同类对象可以像普通变量一样进行赋值运算——同类对象间对应数据成员赋值,称之为“按成员赋值”。在大多数情况下,类的默认赋值运算已经满足要求,也就不需要再自行定义赋值运算。

例如 CGoods 类对象可以进行如下赋值:

```
CGoods car1("奔驰 100",4,150000.00),car2;
car2=car1;                                    //A
```

A 行就是对象 car2 调用了默认的赋值运算,将对象 car1 的各数据成员赋值给 car2 对应成员,使得 car2 的 Name、Amount、Price、Total_value 也分别为"奔驰 100",4,150000.0,600000.0。

从前面几节介绍中得知,如果定义了一个不含有任何函数的类,则C++系统会为这个类建立 4 个默认的函数:构造函数、复制构造函数、析构函数和赋值运算函数。

5.4.3 浅复制与深复制

1.默认复制构造函数的问题

上节介绍的默认复制构造函数完成同类对象的复制。但是当一个类中存在动态申请内存时,如采用默认的复制构造函数,就会存在内存重复释放的安全性问题,请见下例。

例 5-11 建立数组类 Array,数组的长度在建立对象时由参数确定。并建立该类的两个对象 a1、a2。程序如下:

```
class Array{
    int *p;
      int size;
public:
    Array(int n=10){//构造函数,n 为数组的长度
        size = n;
        p=new int[size];
        if(p! =NULL)
            for(int i=0;i<size;i++)
                p[i]=i+1;
    }
    ~Array(){//析构函数,释放内存
        if(p! =NULL){delete [] p; p=NULL;}
    }
};
int main(){
   Array  a1(5);          //A  建立对象 a1
   Array  a2(a1);         //B  建立对象 a2
   return 0;
}
```

类的浅复制与深复制构造函数

Array 类中有一个整型指针成员 p，指向在构造函数中申请的数组首地址，size 则保存数组的长度。

执行主函数 A 行程序后，a1 对象调用构造函数，形成如图 5-5(a)所示的内存布局。执行 B 行程序，a2 对象调用默认复制构造函数。由前述所知，Array 类默认的复制构造函数就是完成如下操作：

```
a2.p=a1.p
a2.size=a1.size
```

因此，形成如图 5-5(b)所示的内存布局。a2 没有申请独立的内存保存数据，而是和 a1 共享一块内存区域。这样的复制称为浅复制。编译器生成的默认复制构造函数只能完成浅复制，这种浅复制会带来安全性等问题。

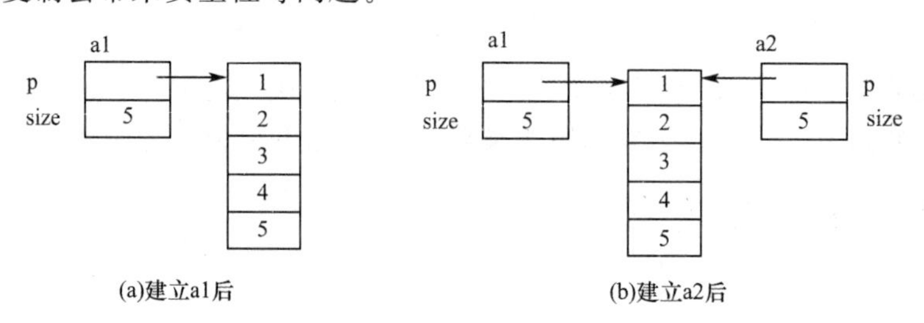

图 5-5 对象的浅复制

首先，由于 a1、a2 两个独立的对象共享一块内存区域，其中任何一个对象修改这块区域中的数据，就是修改了另外一个对象的数据，这在很多情况下是不可接受的。

其次，任何一个对象生存期结束，该对象调用析构函数，释放共享的内存区域。这样，另外一个对象就无法访问这块区域中的数据，程序运行时产生错误。

最后，当另外一个对象生存期结束，调用析构函数，执行“delete [] p;”语句。由于 p 指向的区域实际上早就不存在了，产生内存重复释放的运行时错误。

如果对象间存在赋值运算，也同样存在上述问题。

2.类的深复制

解决上述问题的方法是，必须自定义类的复制构造函数，完成对象的深复制。所谓深复制，就是给每个对象分配一个独立的内存区域，达到如图 5-6 所示的存储布局。此例中，深复制要完成 3 项工作：

(1)复制对象的其他数据成员。此例中将 a1 的 size 复制给 a2 的 size。

(2)申请相同大小的存储区。存储区首地址保存在指针成员中。此例中为 a2 申请和 a1 相同大小的内存，地址保存在 a2 的 p 中。

(3)复制内存数据。此例中将 a1 存储区的数据复制到 a2 的存储区中。

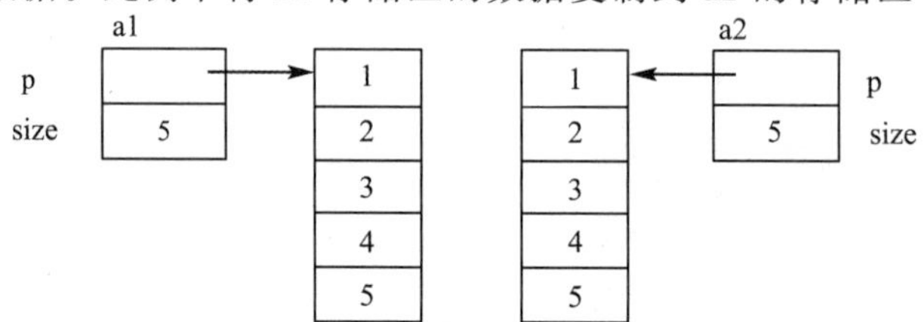

图 5-6 对象深复制

例5-12 改写例5-11，完成Array类的深复制。

```
#include<iostream>
using namespace std;
class Array{
    int *p;
    int size;
public:
    Array(int n=10){
        size = n;
        p=new int[size];
        if(p!=NULL)
          for(int i=0;i<size;i++)
            p[i]=i+1;
    }
    Array(Array& ra){                       //深复制构造函数
        size = ra.size;                     //复制其他数据成员
        p=new int[size];                    //A 申请相同大小内存
        if(p!=NULL)
            for(int i=0;i<size;i++)         //B 复制内存数据
                p[i]=ra.p[i];
    }
    ~Array(){
        if(p!=NULL){ delete [] p; p=NULL;}
    }
    void show(){
        int i;
        for(i=0;i<size;i++)
            cout<<p[i]<<"\t";
    }
};
int main(){
   Array  a1(5);         //C
   Array  a2(a1);        //D
   Array  *pa=new Array(7);//E
   a2.show();
   pa->show();
   delete pa;            //F
   return 0;
}
```

当主函数中执行D行"Array a2(a1);"语句时，由a2对象调用复制构造函数，将a1作为参数。在程序A行申请长度为size的数组空间。B行则将对象ra，即对象a1中数组元素复制到a2对象数组中，达到图5-6的效果。

主函数中3个对象的释放过程是，当F行通过“delete pa;”释放E行建立的 * pa 对象时，先由 * pa 调用析构函数，释放 * pa 的数组空间，然后再释放 * pa 的对象空间。a2、a1 对象也同样要经历上述过程，只是 a2、a1 调用析构函数的过程是系统自动进行的。

3.内存泄漏问题

由前两例可见，在构造函数、复制构造函数中申请了内存，就必须自定义析构函数，在析构函数中将这部分内存释放。如果继续使用系统默认的析构函数，那么这些内存会随着对象的释放而丢失。这种现象称之为内存泄漏。如果程序不断建立对象，就会造成大量内存泄漏，直至最后程序申请内存失败。下面这段程序没有自定义析构函数～Array()，在主函数的 for 循环中建立的局部对象 a，因生命期结束，就丢失了由构造函数申请的内存。循环不断进行，大量内存泄漏，最后导致程序申请内存失败，程序中止运行。

```
class Array{
    int *p;
    int size;
public:
    Array(int n=1024){
        size = n;
        cout<<"申请内存"<<endl;
        p=new int[size*size];//申请4MB内存
        if(p! =NULL) cout<<"内存申请成功"<<endl;
        else cout<<"内存申请失败"<<endl;
    }
};
int main(){
    int i;
    for(i=0;i<512;i++){
        Array a;    //a是for循环的局部对象
    }
    return 0;
}
```

因此在这段程序和前两例中，都必须有自定义析构函数，释放由构造函数申请的内存区域。

从这一节的介绍中，可以得出结论：当构造函数中申请内存，那就必须自定义完成深复制的复制构造函数、自定义释放内存的析构函数，以避免内存重复释放、内存泄漏等安全性问题。实际上当构造函数中有申请内存，这时还必须自定义赋值运算符"="重载函数，正确完成对象的赋值运算。如果继续使用系统默认赋值运算同样存在安全性和正确性问题。赋值运算符重载函数将在第7章类的多态性中介绍。

在构造函数中申请内存，在析构函数中释放内存，这是类的构造函数和析构函数的常规操作。

5.4.4 组合类

在类中，数据成员的类型可以是基本数据类型，也可以是类类型，即其他类的对象作为一个类的数据成员。这样的成员称为对象成员(又称成员对象),含有对象成员的类称为组合类(又称聚合类)。C++中能够将一个类的对象作为另一个类的成员,也是为了能够真实反映客观世界中事物复杂性的需要。在面向对象程序设计中,为了处理方便,需要将一个复杂对象分解为简单子对象的组合,由比较容易理解和实现的子对象装配成复杂对象。复杂对象和子对象是包含关系,反映了事物间的整体与局部关系。

在建立组合类对象时,组合类的构造函数要对所有对象成员、数据成员初始化。其处理方法是:调用对象成员的构造函数,或者复制构造函数完成对象成员的初始化。因此组合类的构造函数语法格式如下:

```
类名::构造函数名(参数总表):对象成员初始化表{ 组合类构造函数体 }
```

其中对象成员初始化表的具体格式是:

```
对象成员 1(参数表 1),…,对象成员 n(参数表 n)
```

组合类的构造函数和上一节介绍的构造函数的第 2 种形式很相似。将组合类中需要初始化的对象成员列在初始化表中,以获得初始值。组合类中需要初始化的数据成员,也可以在初始化表中列出。所有参数或者来自构造函数的参数总表,或者来自全局变量、常量等。表中各对象成员的书写也没有次序要求。

同样,组合类构造函数初始化表属于构造函数体的一部分,因此在构造函数声明时不应出现这部分内容。

组合类的构造函数执行顺序是:

(1)首先按照对象成员在组合类中的定义顺序,调用对象成员的构造函数,完成对象成员的初始化。

(2)按照数据成员在组合类中的定义顺序,对成员初始化表中各数据成员初始化。

(3)最后执行组合类构造函数的函数体。

组合类的析构函数与非组合类析构函数在语法形式上一致。组合类的析构函数要完成自身和对象成员的析构。执行顺序和构造次序相反:先执行组合类自身析构函数,再调用各对象成员的析构函数,各对象成员又是以构造时的相反顺序析构。

组合类的复制构造函数与构造函数在形式上相似,也是将对象成员列在初始化表中完成初始化,在函数体中对其他成员进行初始化。

例 5-13 含有对象成员的组合类。

定义 Point 类,表示平面上的一个点。定义 Line 类,该类包含两个 Point 类的对象 p1、p2,表示平面上一条线段的两个端点。因此 Line 类是一个组合类。

```
#include <iostream>
#include <cmath>
using namespace std;
class Point{
public:
    Point(double x=0, double y=0) {X=x;Y=y;}
    Point(Point &p);
    double GetX(){return X;}
    double GetY(){return Y;}
```

```
private:
    double X,Y;
};
Point::Point(Point &p){
    X=p.X;  Y=p.Y;}
class Line{
public:
    Line(Point poi1, Point poi2);
    Line(int x,int y, Point& poi);
    Line(Line &rl);
    double GetLen(){return len;}
private:
    Point p1,p2;     //对象成员 p1,p2
    double len;
};
Line::Line (Point poi1, Point poi2):p1(poi1),p2(poi2){ //A 构造函数
    double deltx =p1.GetX()-p2.GetX();
    double delty =p1.GetY()-p2.GetY();
    len=sqrt(deltx * deltx + delty * delty);
}
Line::Line(int x,int y, Point& poi):p1(x,y),p2(poi){ //B 构造函数
    double deltx =x-p2.GetX();
    double delty =y-p2.GetY();
    len=sqrt(deltx * deltx + delty * delty);
}
Line:: Line (Line &rl):p1(rl.p1),p2(rl.p2),len(rl.len){ }//C 复制构造函数
int main(){
    Point po1(1,1),po2(4,5);       //D
    Line li1(po1,po2);             //E
    Line li2(0,0,Point(6,8));      //F
    Line li3(li2);                 //G
    cout<<"The length of the line1 is:";
    cout<<li1.GetLen()<<endl;
    cout<<"The length of the line2 is:";
    cout<<li2.GetLen()<<endl;
    cout<<"The length of the line3 is:";
    cout<<li3.GetLen()<<endl;
    return 0;
}
```

本例中 Line 类重载了构造函数。程序 E 行调用 Line 类 A 行构造函数，建立 li1 对象。实参 po1、po2 传递给 A 行形参 poi1、poi2，A 行 poi1、poi2 初始化 p1、p2，都要调用 Point 类的复制构造函数。由于 Line 类 B 行的构造函数参数 poi 是引用，所以程序 F 行建立对象 li2

时，poi 是对象 Point(6,8)的别名，并不需要调用 Point 类的复制构造函数，显然程序运行效率高于 E 行。程序 G 行调用 C 行 Line 类复制构造函数建立 li3 对象。Line 类复制构造函数初始化表中列出“p1(rl.p1)，p2(rl.p2)”，是调用了 Point 类的复制构造函数，完成两个对象成员 p1、p2 的初始化。如果此处不列出该式，则调用 Point 类的默认构造函数。数据成员 len 的初始化也在初始化表中完成，复制构造函数已无其他工作，因此函数体就为空。

程序运行结果：

```
The length of the line1 is:5
The length of the line2 is:10
The length of the line3 is:10
```

本例中，两个类的复制构造函数完成的都是默认复制构造函数的工作，完全可以不自定义，而采用系统的默认复制构造函数，可以得到同样的运行结果。读者可以自行验证。

请读者自行为本例两个类添加析构函数，以便观察组合类对象、对象成员的析构过程。

5.5 类的静态成员

从前面的介绍中获知，对象是类的实例，类中的数据成员在每个对象中都有独立存储空间，保存各自的数据。但有时同一个类的各对象需要共享数据，在C++中，一种方法是通过类的静态成员来解决同类对象数据共享的需要。类的静态成员分为静态数据成员和静态成员函数。

类的静态成员由关键字 static 修饰。但其含义与第 3 章讨论的静态存储类型是完全不同的。类的静态成员是解决同类对象间数据共享问题。一个类不管建立了多少对象，静态成员仅存储一份，供所有同类对象共用。所以静态成员具有“类属性”，即静态成员属于类，不属于对象。

5.5.1 静态数据成员

当一个类的各对象需要共享数据，可以在类定义中用关键字 static 将该数据说明为静态数据成员。这样静态数据成员在内存只存储一份，被该类的所有对象所共享。因此一般用类名来引用类的静态成员。

```
类名::静态数据成员名
```

也可以用对象名来引用(一般不提倡)。

```
对象名.静态数据成员名
```

当然，静态成员仍然受类的访问权限控制。

例 5-14 用静态数据成员 count 统计 Point 类的对象数量。

```
#include <iostream>
using namespace std;
class Point{
public:
```

```
    Point(double x=0,double y=0){
        X=x; Y=y; count++; //在构造函数中 count 加 1
        Showcount();
    }
    Point(Point &p){
        X=p.X; Y=p.Y; count++; //在复制构造函数中 count 加 1
        Showcount();
    };
    ~Point(){
        count--; //在析构函数中 count 减 1
        Showcount();
    }
    double GetX(){return X;}
    double GetY(){return Y;}
    void Showcount(){cout<<"number of points="<<count<<endl;}
private:
    double X,Y;
    static int count;
};
int Point::count=0; //A 静态数据成员 count 在类外初始化
int main(){
    Point p1(4,5);     //建立对象 p1,构造函数使 count 加 1
    cout<<"Point ("<<p1.GetX()<<","<<p1.GetY()<<")"<<endl;
    Point p2(-3,6);      //建立对象 p2,构造函数使 count 加 1
    cout<<"Point ("<<p2.GetX()<<","<<p2.GetY()<<")"<<endl;
    Point *p=new Point(p2);     //建立对象 *p,复制构造函数使 count 加 1
    cout<<"Point ("<<p->GetX()<<","<<p->GetY()<<")"<<endl;
    delete p;                //释放对象 *p, 析构函数使 count 减 1
    return 0;
}
```

程序中先后建立了 3 个对象 p1、p2、*p,但只存在一个 count——它被 3 个对象共享。因此可以用 count 保存程序中 Point 对象的个数。程序中 delete p 后,Point 对象个数就减为 2 个。

程序运行结果:

```
number of points=1
Point (4,5)
number of points=2
Point (-3,6)
number of points=3
Point (-3,6)
number of points=2
number of points=1
```

number of points=0

程序中 3 个对象和静态成员 count 的存储情况如图 5-7 所示。

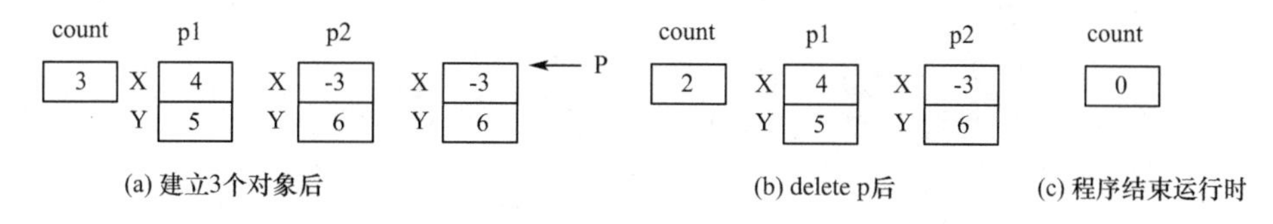

图 5-7 对象和静态数据的内存存储情况

在本例中，如果 count 是公有成员，那么可以用 Point::count 方式引用。也可以用对象引用，例如 p1.count。

对静态数据成员再说明两点：

(1)对静态数据使用前，必须要在类外进行定义性说明，格式如下：

```
类型 类名::静态数据成员名
```

如本例程序 A 行，就是对 count 进行定义性说明。定义性说明时不再写 static 关键词。

静态数据的默认初值为 0，如果需要，也可以在定义性说明的同时对其初始化。不管静态数据成员是私有、保护的，均可在类外初始化。但不可以在构造函数的初始化表中对静态数据成员初始化。原因很简单，静态成员不属于对象。本例程序 A 行就是在类外对 count 初始化。

(2)任何对象的释放，都不影响静态数据成员生存期。静态数据成员是在程序开始运行时获得内存，程序结束运行时释放内存。但其作用域仅限于定义该类的作用域。

*5.5.2 静态成员函数

由 static 关键词修饰的成员函数为静态成员函数。静态成员函数同样不属于对象，属于类，具有“类属性”。因此静态成员函数在逻辑上也被认为只存在一份代码，被同类所有对象共享。静态成员函数主要用来访问类中的静态数据成员。和静态数据成员类似，静态成员函数有以下两种调用形式：

```
类名::函数名(参数表);
```

或

```
对象名.函数名(参数表);
```

静态成员函数在类外定义时，不能再写 static，因为 static 不属于函数类型的组成部分。

由于类的静态成员属于类，不属于任何对象，因此在静态成员函数中没有 this 指针。如果静态成员函数要访问类的非静态成员，必须在函数的参数表中增加对象参数。

例 5-15 改写例 5-14，使用 Point 类的静态成员函数访问非静态数据成员。

```
#include <iostream>
using namespace std;
class Point{
public:
    Point(double x=0, double y=0){
        X=x; Y=y;
        count++;
```

```
        Showcount();
    }
    Point(Point &p){
        X=p.X;      Y=p.Y;
        count++;
        Showcount();
    }
    ~Point(){
        count--;
        Showcount();
    }
    static double GetX(const Point& p){return p.X;}              //A
    static double GetY(const Point& p){return p.Y;}              //B
    static void Showcount(){cout<<"number of points="<<count<<endl;} //C
private:
    double X,Y;
    static int count;
};
int Point::count=0;
int main(){
    Point::Showcount();
    Point p1(4,5);
    cout<<"Point ("<<p1.GetX(p1) <<","<<p1.GetY(p1)<<")"<<endl; //D
    Point p2(-3,6);
    cout<<"Point ("<<p1.GetX(p2)<<","<< p1.GetY(p2)<<")"<<endl;//E
    Point *p=new Point(p2);
    cout<<"Point ("<<Point::GetX(*p)<<","<< Point::GetY(*p)<<")"<<endl;//F
    delete p; //释放对象*p，析构函数使 count 减 1
    return 0;
}
```

该例中 4 个静态成员 GetX、GetY、Showcount 和 count，在逻辑上也被认为只存储一份，在程序中被 3 个对象共享。

访问静态成员，既可以是对象，也可以是类，例如程序 D 行通过对象 p1 调用静态成员函数 GetX 和 GetY，F 行通过 Point 类调用 GetY。由于本例中 GetX、GetY 都是静态成员函数，要访问非静态数据成员 X 和 Y，函数必须增加对象参数，指明要访问的对象。如本例程序 A、B 行的形参 Point& p，调用时就必须给出要访问的实参对象，如 D 行 GetX、GetY 函数的实参 p1。至于调用静态成员函数的对象则与函数要访问的对象可以无关。例如 E 行用 p1 调用 GetX、GetY，访问 p2 对象的 X 和 Y。而静态成员函数访问静态数据成员，则不需要指明对象，例如 C 行 Showcount 函数不需要参数，可以直接访问静态数据成员 count。

在建立任何对象前就可以访问静态成员。例如本例在类外对 count 初始化。主函数第一条语句，就通过 Point 类调用 Showcount 函数，输出 count 的值。

程序运行结果：

number of points=0
number of points=1
Point (4,5)
number of points=2
Point (−3,6)
number of points=3
Point (−3,6)
number of points=2
number of points=1
number of points=0

由此可见，使用静态成员函数访问非静态成员比较麻烦。因此一般情况下静态成员函数主要用来访问类中静态数据成员，维护对象共享的数据。

注意：本节介绍的静态成员在类中只有一份，和 5.2 节介绍的非静态成员函数在内存中只存储一份有本质的不同。非静态成员函数在内存中也只存储一份，(如图 5-3)仅是编译系统对对象存储的一种物理实现。从逻辑上，必须认为对象具有封装性，非静态数据和函数都封装在每个对象中，都有各自独立的备份。所以需要使用 this 指针来访问各自成员。而静态成员具有类属性——它们属于类，不属于对象。无论从物理上还是逻辑上，静态成员在内存中只有一份，被所有同类对象共享。因为静态成员函数中没有必要存在 this 指针，当然也就不能使用 this 指针。

*5.5.3 类的静态成员指针

类的静态成员也可以通过指针访问。由于类的静态成员具有“类属性”，对它们的访问不依赖于对象。因此可以用普通指针来指向和引用静态成员。下例说明如何通过普通指针访问类的静态成员。

例 5-16 使用指针访问 Point 类的静态成员(为了演示方便，此例中将静态成员 count 说明为公用的)。

```
#include <iostream>
using namespace std;
class Point{
public:
    Point(double x=0, double y=0) {X=x;Y=y;count++;}
    Point(Point &p);
    ~Point(){count--; }
    double GetX() {return X;}
    double GetY() {return Y;}
    static void Showcount() {cout<<"number of points="<<count<<endl;}
    static int count;
private:
    double X,Y;
```

```
};
Point::Point(Point &p){
    X=p.X;  Y=p.Y;
    count++;
}
int Point::count=0;
int main(){
    void (*pf)()=Point::Showcount;      //A
    int *pc=&Point::count;      //B
    pf();                       //C
    Point p1(4,5);
    cout<<"Point ("<<p1.GetX()<<","<<p1.GetY()<<")";
    cout<<"number of points="<<*pc<<endl;//D
    Point p2(-3,6);
    cout<<"Point ("<<p2.GetX()<<","<<p2.GetY()<<")";
    cout<<"number of points="<<*pc<<endl;
    Point *p=new Point(p2);
    cout<<"Point ("<<p->GetX()<<","<<p->GetY()<<")";
    cout<<"number of points="<<*pc<<endl;
    delete p;
    cout<<"number of points="<<*pc<<endl;
    return 0;
}
```

A 行定义了函数指针 pf,并初始化为 Point::Showcount。B 行定义了 int 型指针 pc,初始化为 &Point::count。之后在程序 C、D 行分别使用这两个指针访问静态成员(前提是它们为公有成员)。请读者写出本例运行结果。将本节内容和 5.2 节比较,体会静态成员指针和非静态成员指针在定义、初始化、引用等方面的异同点。

*5.6 常对象与常成员

由于常量是不可改变的,因此根据需要可以将类的对象、类的成员定义为“常对象”或“常成员”,以保护对象、成员不被修改。C++中常引用、常对象、常数据成员、常成员函数的访问和调用各有其特别之处。下面将分别予以讨论。

5.6.1 常引用

如果在声明一个引用时用 const 修饰,被声明的引用就是常引用。不能通过常引用更新所引用的对象。常引用的定义语法为:

```
const 类型 &  引用名=对象名
```

例 5-17 常引用的例子。

```
#include<iostream>
using namespace std;
void display(const int& ri1){//ri1 为常引用
    cout<<ri1<<endl;
    ri1++;              //A
}
int main(){
    int i=5;
    const int &ri2=i;   //ri2 为常引用
    cout<<ri2<<endl;
    i++;
    ri2++;              //B
    display(i);
    return 0;
}
```

程序中 A 行和 B 行在编译时会产生错误,原因是 ri1 和 ri2 均定义为常引用,因此不能通过常引用修改所引用的变量值。通常将常引用说明为函数的形参,起到保护实参的作用。

5.6.2 常对象

常对象是这样的对象:它的数据成员的值在对象生存期间不能被更改。因此,常对象必须在定义时进行初始化,以后在其整个生存期中,就不能被更改了。定义常对象的语法形式为:

```
const 类名  对象名(初始值);
```

或

```
类名  const  对象名(初始值);
```

例 5-18 常对象的例子。

```
#include<iostream>
using namespace std;
class A{
public:
    int x,y;
    A(int a,int b){x=a;y=b;}
    void Setxy(int a,int b){x=a;y=b;}
};
int main(){
    const A a(3,4);     //a 为常对象
    a.x++;              //A
    a.Setxy(3,5);       //B
    return 0;
}
```

与常变量相似,常对象的值也是不能被改变的。在C++的语法中如何保证常对象的值

不被改变呢？改变对象的成员值有两个途径：一是在类外通过对象名访问其公有数据成员，如A行。二是在类的成员函数中改变数据成员的值，如B行，通过调用Setxy函数，修改数据成员值。为了防止常对象调用类似Setxy这样的函数来改变常对象的数据，C++语法规定不能通过常对象调用非常成员函数，只能调用下面要介绍的常成员函数。因此本例中A、B两行语句，编译器都会提示错误。

5.6.3 常数据成员

使用const说明的数据成员称为常数据成员。常数据成员的定义与一般常变量的定义方法相同。

常数据成员只能通过构造函数的成员初始化表进行初始化，此后在对象的生存期中不能再作任何更改。

常数据成员定义的格式如下：

```
const 类型 数据成员名;
```

或

```
类型 const 数据成员名;
```

例5-19 常数据成员的例子。

```
#include<iostream>
using namespace std;
class A{
private:
    const int a;
    static const int b;
    const int& r;
public:
    A(int i):a(i),r(a){}//在初始化表中对a、r初始化
    void display(){cout<<a<<","<<b<<","<<r<<endl;}
};
const int A::b=3;//在类外进行定义性说明并初始化
int main(){
    A a1(1);
    a1.display();
    A a2(2);
    a2.display();
    return 0;
}
```

程序中A定义了a、b、r 3个常数据成员。对于常数据成员a和常引用数据成员r，在构造函数成员初始化表中初始化。对于静态常数据成员b在类外初始化。此后再也不能通过任何其他途径改变这3个成员的值了。

5.6.4 常成员函数

在类中用const关键字修饰的函数，称为常成员函数。

常成员函数的声明格式如下：

```
类型说明 成员函数名(参数表)const;
```

关于常成员函数说明以下几点：

(1)const 是函数类型的一个组成部分，因此在函数定义中也要有 const 关键字。

(2)常成员函数不能修改数据成员的值，这也是称为常成员函数的原因。常成员函数也不能调用类中没有用 const 修饰的非常成员函数。这就保证了调用常成员函数绝对不会发生修改数据成员的情况。

(3)常对象只能调用它的常成员函数，而不能调用其他成员函数。这是C++从语法机制上对常对象的保护，也是常对象唯一的对外接口方式。

(4)const 关键字可以作为重载函数的区别。例如：

```
void Print();
void Print()const;
```

这两个函数属于重载函数。重载的原则是：常对象调用常成员函数，非常对象调用非常成员函数。

成员函数与对象之间的访问关系见表 5-1。

表 5-1 成员函数与对象之间的访问关系

对象 \ 函数	常成员函数	非常成员函数
常对象	允许	不允许
非常对象	允许	允许

例 5-20 常成员函数的例子。

```
#include<iostream>
using namespace std;
class A{
private:
    int a,b;
public:
    A(int x, int y){a=x;b=y;}
    void print(){cout<<a<<"\t"<<b<<endl;}//非常成员函数
    void print() const{cout<<a<<"\t"<<b<<endl;}//常成员函数
    void display(){cout<<a<<"\t"<<b<<endl;}
    void add(int i){a+=i;}
};
int main(){
    A a1(5,4);                a1.print();        //A
    const A a2(-3,6);         a2.print();        //B
    a1.add(3);
    a2.add(5);                                   //C
    a2.display();                                //D
    return 0;
}
```

程序中 a1 不是常对象，因此 A 行调用的是非常成员函数 print()，a2 是常对象，B 行调用的是常成员函数 print() const，不可调用非常成员函数。在程序 C 行和 D 行中，因为常对象 a2 调用了类中非常成员函数，使得编译时出错。而且常成员函数也不能调用非常成员函数，例如 print()const 函数就不可以调用类中其他 3 个非常成员函数。

5.7 类的友元

将数据与函数封装在一起，形成类，既实现了数据的共享又实现了数据的隐藏，这是面向对象程序设计的一大优点。但数据的封装在应用上会带来不便。

例如，本章例 5-13 组合类 Line 的构造函数为获得两个点 p1、p2 的 X、Y 值，四次调用了 Point 类的函数 GetX 和 GetY，增加了时间、空间上的开销。那么能否有更好的办法呢？

C++通过友元函数和友元类两种方法实现友元关系。友元关系提供了不同类的成员函数之间、类的成员函数与一般函数之间进行数据共享的机制。通过友元关系，一个普通函数或者类的成员函数可以访问封装于另外一个类中的数据。因此从一定程度上讲，友元是对类的封装性的破坏。

5.7.1 友元函数

在类中用关键字 friend 修饰一个函数的声明，该函数就成为这个类的友元函数。友元函数可以是一个普通函数，也可以是其他类的成员函数。

友元函数在类中的声明语法格式为：

```
friend 函数类型 函数名(参数表);
```

如上声明后，该函数就成为某个类的友元函数，在该函数中就可以通过类对象访问类的任何成员。

由于友元函数不是类的成员，所以该声明出现在类的 public、private、protected 任何部分都可以，与访问权限无关。友元函数在类外定义时不再写 friend 关键字。

例 5-21 改写例 5-13，使用友元函数计算两点间的距离。

本例中将普通函数 Length 说明为 Point 类的友元函数，来计算两点间的距离。

```
#include <iostream>
#include <cmath>
using namespace std;
class Point{
    double X,Y;
public:
    friend void Length(Point& p1,Point& p2);// Length 为 Point 类的友元函数
    Point(double x=0,double y=0){X=x;Y=y;}
};
void  Length(Point& p1,Point& p2){
```

```
        double deltx=p1.X-p2.X;              //A
        double delty=p1.Y-p2.Y;              //B
        double len=sqrt(deltx * deltx+delty * delty);
        cout<<"length ("<<p1.X<<","<<p1.Y<<")-("<<p2.X<<","<<p2.Y<<")=";
//C
        cout<<len<<endl;
    }
    int main(){
        Point p1,p2(3,4);
        Length(p1,p2);
        return 0;
    }
```

程序运行结果：

Length (0,0)-(3,4)=5

在 Point 类中声明普通函数 Length 为 Point 类的友元函数，于是在 Length 函数的 A、B、C 3 行中通过 Point 类对象 p1、p2 直接访问了 Point 类中的私有数据成员 X 和 Y，这就是友元函数的作用。

友元函数既可以是一个普通函数，也可以是其他类的成员函数。

5.7.2 友元类

友元可以是函数，还可以是类。可以将一个类声明为另一个类的友元类。例如将 B 类声明为 A 类的友元类。这样 B 类的所有成员函数都是 A 类的友元函数，在 B 类的成员函数中，可以通过 A 类对象访问 A 类的所有成员。通常将友元类设计为一种对数据操作或类之间传递消息的辅助类。

声明 B 类为 A 类的友元类的语法格式为：

```
class A{
    ……
    friend  class B;
    ……
}
```

例 5-22 改写例 5-13，将 Line 类说明成 Point 类的友元类，计算两点间的距离。

```
#include <iostream>
#include <cmath>
using namespace std;
class Point{
    double X,Y;
public:
    friend class Line;      //说明 Line 类为 Point 类的友元类
    Point(double x=0,double y=0){X=x;Y=y;}
};
class Line{
```

```
        Point p1,p2;
        double len;
    public:
        Line(Point xp1,Point xp2): p1(xp1), p2(xp2){
            double deltx=p1.X-p2.X;                  //A
            double delty=p1.Y-p2.Y;                  //B
            len=sqrt(deltx * deltx+delty * delty);
        }
        void Show_Length(){
            cout<<"length ("<<p1.X<<","<<p1.Y<<")-("<<p2.X<<","<<p2.Y<<")
=";  //C
            cout<<len<<endl;
        }
    };
    int main(){
        Point p1,p2(3,4);
        Line li1(p1,p2);
        li1.Show_Length();
        return 0;
    }
```

由于将 Line 类说明为 Point 的友元类,因此 Line 类的两个成员函数都是 Point 类的友元函数,在这两个成员函数中,可以通过 Point 类的对象访问 Point 类的私有成员。

关于友元关系,还有以下性质:

(1)友元关系是不传递的。如 B 类是 A 类的友元类,C 类是 B 类的友元类,如果没有特别声明,则 C 类和 A 类之间没有任何友元关系。

(2)友元关系是单向的。如果声明 B 类是 A 类的友元类,则在 B 类的成员函数中,A 类对象可以访问 A 类的所有成员。但是如果没有声明 A 类是 B 类的友元类,则 A 类的成员函数中,B 类对象不能访问 B 类的任何成员。

(3)友元关系是不被继承的。如果 B 类是 A 类的友元类,如果没有特别声明,B 类的派生类不会自动成为 A 类的友元类。

面向对象程序设计的一个特点是封装性和信息隐藏。而友元是对封装性的一个破坏。但是友元有助于数据共享,提高程序效率。因此,只有在确实能使程序精练、较大地提高程序效率时,才可考虑使用友元。也就是说,要在数据共享和信息隐藏之间选择一个合适的平衡点。

5.8 类应用实例——公司人员管理程序

本节先简单介绍统一建模语言(UML)及使用,然后以一个公司人员管理程序为例,介绍类及对象的应用。

5.8.1 UML 简介

从 20 世纪 70 年代到 90 年代，出现了大批面向对象的程序设计语言，同时出现了大批面向对象的建模语言。这些建模语言功能类似，但在表述上存在差异，给软件的交流带来困难。于是 OMG(Object Management Group) 经过多年努力，于 2003 年建立了统一建模语言(UML)。

UML 语言的主要内容是使用各种图符描述软件模型的静态结构、动态行为和模块组织与管理。本节仅介绍类与对象的 UML 图形描述以及它们之间的静态关系。对 UML 感兴趣的读者可以参考相关书籍，了解更多 UML 语言的内容。

5.8.2 UML 类图

1.类

在 UML 语言中，用一个由上到下分为三部分的矩形来表示一个类。类名在顶部区域，数据成员(UML 中称为属性)在中间区域，成员函数(UML 中称为操作)在底部区域。除了名称部分外，其他两个部分是可选的，即类的属性和操作可以不表示出来，也就是说，一个写了类名的矩形就代表一个类。

下面以例 5-1 中的 CGoods 类为例，说明类图的 UML 表示方法。

图 5-8 说明了在 UML 中表示类的不同方法。图 5-8(a)给出了类的完整的属性和行为。图 5-8(b)则隐藏类的属性和行为。可以根据需要在不同的场合使用不同的表示法。

CGoods
-Name[20]:char -Amount:int -Price:float -Total-value:float
+Assign(name: char[],number:int,price:float):void +GetName(name[]:char):void +GetAmount():int +GetPrice():float +GetToatl_value():void

(a)CGoods类的完整表示

CGoods

(b)CGoods类的简洁表示

图 5-8 CGoods 类的两种 UML 表示法

根据图的详细程度，每个数据成员可以包括其访问控制属性、名称、类型、默认值和约束特性，最简单的情况是只表示出它的名称，其余部分都是可选的。

UML 规定数据成员表示的语法为：

```
[访问控制属性]数据成员[重数][:类型][=默认值][{约束特性}]
```

其中：

UML 中的“+”“-”和“#”分别表示 public 、private 和 protected 三种访问控制权限。

UML 规定成员函数表示的语法为：

```
[访问控制属性]成员函数[(参数表)][:返回类型] [{约束特性}]
```

2.对象

在 UML 语言中，用一个矩形来表示一个对象，在图中的上部区域，写对象名:类名，并加下划线。数据成员和成员函数在下部区域。图 5-9 说明了 CGoods 类的对象 car 在 UML

中的表示。图 5-9(a)给出 car 的 UML 完整表示,图 5-9(b)则是 car 的 UML 简洁表示。

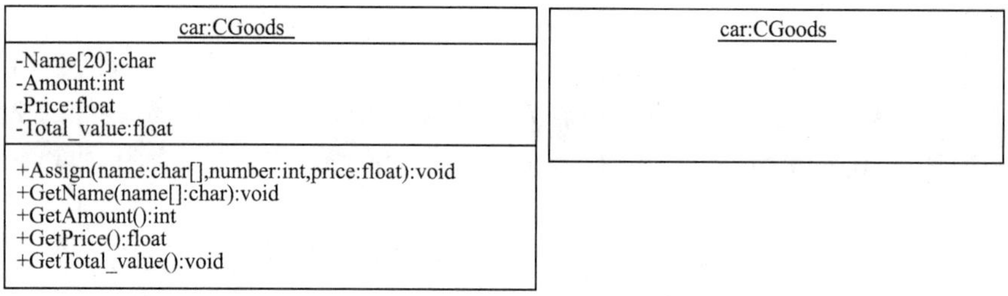

car:CGoods
-Name[20]:char -Amount:int -Price:float -Total_value:float
+Assign(name:char[],number:int,price:float):void +GetName(name[]:char):void +GetAmount():int +GetPrice():float +GetTotal_value():void

(a) car对象的完整表示

car:CGoods

(b) 对象的简洁表示

图 5-9 car 对象的两种 UML 表示法

5.8.3 类的设计

某公司建立人员管理系统,处理员工的编号、级别、月薪等基本信息。根据这些需求,设计一个员工类 employee,有编号、姓名、级别、月薪等数据成员。一个静态数据成员保存公司下一个新员工的编号,新增人员后,编号加 1。在 employee 类中,除了定义构造函数、析构函数外,还定义了对员工数据的操作。同时对程序结构进行调整,将 employee 类的定义部分和实现部分保存在两个文件中。employee 类的 UML 表示如图 5-10 所示。

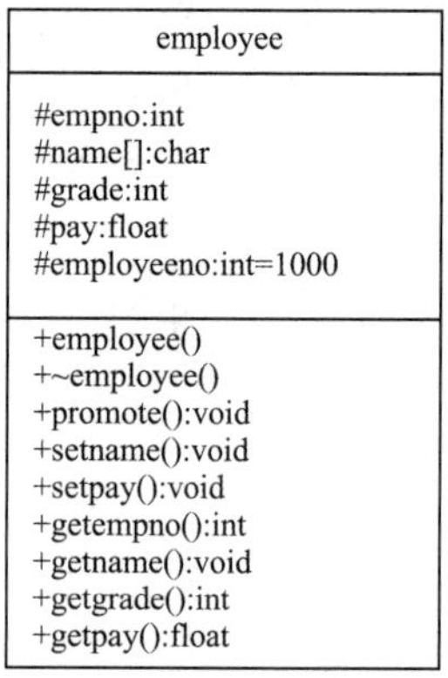

employee
#empno:int #name[]:char #grade:int #pay:float #employeeno:int=1000
+employee() +~employee() +promote():void +setname():void +setpay():void +getempno():int +getname():void +getgrade():int +getpay():float

图 5-10 employee 类的 UML 表示

5.8.4 源程序及说明

例 5-23 公司人员管理程序。

程序采用多文件结构,employee.h 包含类定义,employee.cpp 为类的实现,ex5_23.cpp 则为主函数。

```
//employee.h
class employee{
protected:
    int empno;                        //编号
    char name[20];                    //姓名
    int grade;                        //级别
    float pay;                        //月薪
    static int employeeno;            //公司下一个新员工的编号
```

```
public:
    employee();                              //构造函数
    ~employee();                             //析构函数
    void promote(int=0);                     //升级函数
    void setname (char * );                  //设置姓名函数
    void setpay (float pa);                  //设置月薪函数
    int getempno();                          //获取编号函数
    void getname(char * );                   //获取姓名函数
    int getgrade();                          //获取级别函数
    float getpay();                          //获取月薪函数
};
//employee.cpp
#include<iostream>
#include<cstring>
#include"employee.h"
using namespace std;
int employee::employeeno=1000;               //员工编号基数为 1000
employee::employee(){
    empno=employeeno++;                      //新员工编号
    grade=1;                                 //级别初值为 1
    pay=0.0; }                               //月薪总额初值为 0
employee::~employee() {}
void employee::promote(int inc)              //升级,提升的级数由 inc 指定
{  grade+=inc;}                              //升级,提升的级数由 inc 指定
void employee::setname(char * na){           //设置姓名
  strcpy(name,na);
}
void employee::setpay (float pa)             //设置月薪
{  pay=pa;}
int employee::getempno()                     //获取员工编号
{  return empno;}
void employee::getname(char * na){           //获取姓名
    strcpy(na,name);}
int employee::getgrade(){  return grade;}    //获取级别
float employee::getpay(){  return pay;}      //获取月薪

//ex5_23.cpp
#include<iostream>
#include"employee.h"
using namespace std;
int main(){
   int pa;
   char na[20];
```

```
    employee t1,s1,m1,sm1;

    cout<<"请输入技术员姓名、月薪:";
    cin>>na>>pa;
    t1.setname(na);
    t1.promote();          //t1 提升 0 级
    t1.setpay (pa);        //设置 t1 月薪
    cout<<"请输入销售员姓名、月薪:";
    cin>>na>>pa;
    s1.setname(na);
    s1.promote(1);         // s1 提升 1 级
    s1.setpay (pa);        //设置 s1 月薪
    cout<<"请输入经理姓名、月薪:";
    cin>>na>>pa;
    m1.setname(na);
    m1.promote(2);           // m1 提升 2 级
    m1.setpay (pa);          //设置 m1 月薪
    cout<<"请输入销售经理姓名、月薪:";
    cin>>na>>pa;
    sm1.setname(na);
    sm1.promote(3);          //sm1 提升 3 级
    sm1.setpay (pa);         //设置 sm1 月薪
    //显示技术员信息
    t1.getname(na);
    cout<<"编号 "<<t1.getempno()<<"\t 姓名 "<<na
    <<"\t 级别 "<<t1.getgrade()<<"级\t 月薪"<<t1.getpay()<<endl;
    //显示销售员信息
    s1.getname(na);
    cout<<"编号 "<<s1.getempno()<<"\t 姓名 "<<na
    <<"\t 级别 "<<s1.getgrade()<<"级\t 月薪"<<s1.getpay()<<endl;
    //显示经理信息
    m1.getname(na);
    cout<<"编号 "<<m1.getempno()<<"\t 姓名 "<<na
    <<"\t 级别 "<<m1.getgrade()<<"级\t 月薪"<<m1.getpay()<<endl;
    //显示销售经理信息
    sm1.getname(na);
    cout<<"编号 "<<sm1.getempno()<<"\t 姓名 "<<na
    <<"\t 级别 "<<sm1.getgrade()<<"级\t 月薪"<<sm1.getpay()<<endl;
    return 0;
}
```

程序运行结果：

请输入技术员姓名、月薪： Qian 1000

请输入销售员姓名、月薪： Zhao 2000
请输入经理姓名、月薪： Wang 3000
请输入销售经理姓名、月薪：Sun 4000
编号 1000 姓名 Qian 级别为 1 级 月薪 1000
编号 1001 姓名 Zhao 级别为 2 级 月薪 2000
编号 1002 姓名 Wang 级别为 3 级 月薪 3000
编号 1003 姓名 Sun 级别为 4 级 月薪 4000

本章小结

类是逻辑上相关的函数和数据的封装，用关键字 class 定义。类的实例称为对象。数据成员反映类的属性，可以是C++各种数据类型，包括类类型。成员函数反映类的行为，用于操作类的数据或在对象之间发送消息。

类成员由 public、private 和 protected 决定访问控制。public 成员为类的接口。不能在类的外部访问 private 和 protected 成员。

构造函数是类的特殊的成员函数，在建立对象时自动调用，完成对象的初始化。析构函数则在对象生存期结束时自动调用。重载构造函数和复制构造函数提供了建立对象的不同初始化方式。组合类是含有对象成员的类，组合类反映了客观世界事物的复杂性。静态成员提供了同类对象的共享机制，静态成员具有类属性，与对象无关。友元关系提供了不同类或对象之间、类的成员函数与一般函数之间数据共享的机制。

练习题

1.定义一个长方体类 Cube，具有 3 个数据成员：length(长)、width(宽)、height(高)。要求为该类定义默认的构造函数和非默认的构造函数、复制构造函数、定义计算表面积和体积的函数。并在主函数中建立该类的对象并调用该类的成员函数。

2.设计如下类和组合类：

(1)建立一个 Point 类，表示平面中的一个点；建立组合类 Line，表示平面中的一条线段，内含两个 Point 类的对象；建立 Triangle 类，表示一个三角形，内含三个 Line 类的对象。

(2)设计三个类的相应的构造函数、复制构造函数，完成初始化和对象复制。

(3)设计 Triangle 类的成员函数，完成三条边是否能构成三角形的检验和三角形面积计算、面积显示。

(4)在主函数中，分别定义 3 个 Point 类对象、3 个 Line 类对象、1 个 Triangle 类对象，计算 Triangle 类对象的面积。

3.定义一个日期类 Date，具有年、月、日等数据成员，定义显示日期、加减天数等成员函数(注意需要考虑闰年)。在此基础上，定义显示日期、加减天数的友元函数。

4.定义一个时间类 Time，具有时、分、秒等数据成员，调整时间、显示时间等成员函数。要求显示时间的方式既可以 12 小时带“AM”“PM”形式显示，也可以 24 小时形式显示。

5.定义人员类 Person，有保护型数据成员，包括：char Id[19](身份证号)、char Name[10](姓名)、bool Gender(性别)、char * pha(家庭住址)，静态数据成员 int num，保存

Person 对象总数。考虑到每位人员家庭住址的长度不一，所以 pha 为指向人员住址的字符型指针，家庭住址占用的内存在构造和复制构造函数中动态申请。定义如下成员函数：

(1)构造函数、深复制构造函数、析构函数。

(2)Person& assign(Person& rs)函数，完成人员对象赋值。

(3)void change(char * pha)函数，用形参改变现有住址。

(4)void showpare()函数，显示人员对象数据。

(5)static void shownum()函数，显示人员对象总数。

在主函数中建立 Person 类对象并调用成员函数加以验证。

第6章 继承与派生

继承与派生是面向对象程序设计中软件重用的关键技术。继承机制使用已经定义的类作为基础来建立新的类，新的类是原有类的数据、操作与新类所增加的数据、操作的组合。新类把原有类作为基类引用，而不需要修改原有类的定义，新类作为派生类引用。这种可扩充、可重用技术降低了软件的开发难度，提高了软件的开发效率。

本章讨论面向对象程序设计中关于继承与派生的概念、派生新类的过程、类派生中的访问控制、多继承中的二义性、类型兼容规则等问题。

学习目标

1.理解类派生的概念、步骤，掌握派生类的定义与使用方法；
2.理解不同继承方式下基类成员在派生类中的访问控制权限；
3.掌握派生类构造函数的定义方法，理解派生类构造函数执行过程；
4.理解并正确运用类型兼容规则；
5.理解多继承中的二义性问题及虚基类的概念、作用，掌握虚基类的应用。

6.1 类的继承与派生

6.1.1 继承与派生的概念

现实世界中的不同事物之间往往不是独立的，存在着复杂的联系。继承便是众多联系中的一种。面向对象的方法提供了类的继承机制，可以在保持原来类特征的基础上，进行更具体的新类的定义。

类之间存在三种关系：has a(具有…)、uses a(使用…)、is a(是…)。其中 is a 是一种分类关系，它体现了类的抽象和层次。这种关系是人们对现实世界中事物的分类在计算机世界中的体现。同时也体现了人们认识事物由浅入深，由简到繁的过程。图 6-1 所示为高校人员的分类关系：最高层的抽象度最高，具有最普遍、最一般的概念，下层具有上层的特征，同时加入了下层的新特征，要比上层具体化，而最下层是最具体的。在这个层次结构中，从上往下，是一个逐层具体化、特殊化的过程。由下往上，是一个逐层抽象化、一般化的过程。这种上下层的分类关系可以看作类的继承关系，箭头表示下层继承了上层。

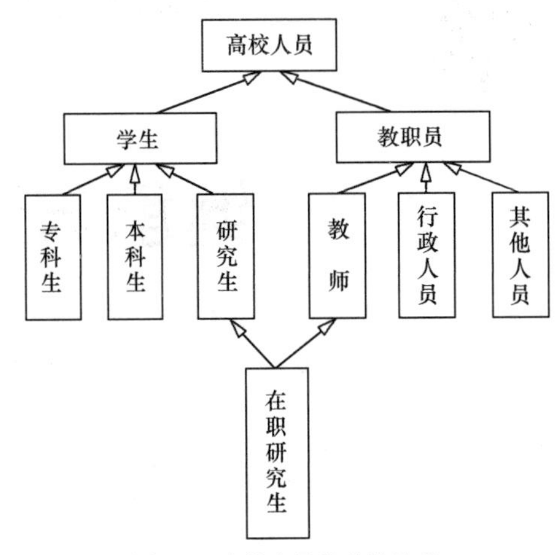

图 6-1 高校人员的分类关系

在类的继承中，上层类称为基类或父类，下层类称为派生类或子类。基类是派生类的抽象，派生类是基类的具体化。派生类继承了基类的所有特征，并可以在此基础上再增加派生类的新特征。因此类的继承实际是一种演化、发展过程，即通过扩展、更改和特殊化，从一个已有的类出发经过多层次派生建立一个具有共同关键特征的类族。很显然，类的继承机制实现了代码的重用。因此继承和派生是面向对象程序设计中软件重用的重要手段。从图 6-1 还可以看出，多个基类可以共同派生出派生类——在职研究生类，在职研究生类就同时具有研究生基类和教师基类的所有特征。

6.1.2 派生类的定义

派生类的定义格式为：

```
class 派生类名:[继承方式] 基类名 1[,[继承方式] 基类名 2,…,[继承方式] 基类名 n]{
[[private:]
     成员表 1]     //派生类新增私有成员
 [public:
     成员表 2]     //派生类新增公有成员
 [protected:
     成员表 3]     //派生类新增保护成员
};
```

其中：

(1)“[继承方式] 基类名 1,[继承方式] 基类名 2,…”为基类名表，表示派生类的各个基类。如果基类名表中只有一个基类，称为单继承，如图 6-2(a)所示。如果基类名表中有多个基类，称为多继承，如图 6-2(b)所示。

(2)继承方式有三种：public 公有继承、private 私有继承、protected 保护继承。

不同的继承方式决定了基类成员在派生类中的访问权限。在派生类的定义中，每一种继承方式只限定紧跟其后的那个基类。系统规定默认的继承方式为私有继承。

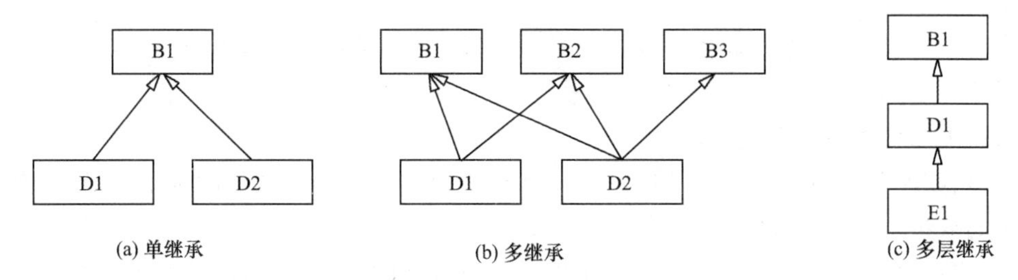

图 6-2 类的单继承和多继承

(3)在派生过程中，派生类可以作为新的基类继续派生派生类，从而形成一个相互关联的、呈层次结构的类族，如图 6-2(c)。在类族中，直接参与派生的基类称为直接基类，基类的基类，或者更高层次的基类称为间接基类。例如在图 6-2(c)中，D1 是 E1 的直接基类，B1 是 E1 的间接基类。

(4)派生类定义中的成员，是派生类根据需要新增加的成员，或是对基类成员的改写。

(5)继承关系不允许形成循环。即在派生过程中不允许形成 A 类派生 B 类，B 类派生 C 类，C 类又派生 A 类。

图 6-2 所示的派生类定义如下：

```
class B1{//基类
    …
};
class B2{//基类
    …
};
class B3{//基类
    …
};
class D1:public B1{//单继承
    …
};
class D2:public B1{//单继承
    …
};
class D1:public B1,public B2{//多继承
    …
};
class D2:public B1,B2,protected B3{//多继承,B2 是私有继承
    …
```

```
};
class E1:public D1{//多层继承
    …
};
```

6.1.3 派生类生成过程

进行派生类声明,给出派生类成员函数的实现,派生类的定义就完成了,就可以建立派生类对象。下面详细分析派生类的生成过程。

实际上派生类继承基类,要经历以下 4 个步骤:

(1)接收基类成员。派生类接收基类中除构造函数与析构函数外的全部成员,将其作为派生类的成员——这就是代码重用。

(2)改造基类成员。当基类成员在派生类中不合适时,可以进行改造。派生类声明一个和基类成员同名的新成员,派生类中的新成员屏蔽了基类同名成员,类似函数中的局部变量屏蔽全局变量、内层变量屏蔽外层变量,称为同名隐藏。这类改造多发生在成员函数上。

(3)增加新成员。增加派生类的新成员,使派生类在功能上有所扩展,这一步也是继承与派生的核心。新成员必须与基类成员不同名,否则就成了改造基类成员。

(4)定义构造函数与析构函数。因为派生类不继承这两个函数,因此在需要时,必须定义派生类的构造函数与析构函数。

面向对象的继承和派生机制,最主要目的是实现代码的重用和扩展。因此,吸收基类成员就是一个重用的过程,而对基类成员进行调整、改造以及添加新成员就是原有代码的扩充过程,二者相辅相成。下面以第 5 章 5.8 节公司人员管理系统为例,介绍从基类 employee 派生 technician 类的过程。

基类 employee(员工类)派生出 technician (技术员类),定义如下:

```
class employee{
protected:
    int empno;                      //编号
    char name[20];                  //姓名
    int grade;                      //级别
    float pay;                      //月薪
    static int employeeno;          //公司下一个员工的编号
public:
    employee();                     //构造函数
    ~employee();                    //析构函数
    void promote(int);              //升级函数
    void setname(char * );          //设置姓名函数
    void setpay(float pa);          //计算月薪函数
    int getempno();                 //获取编号函数
    void getname(char * );          //获取姓名函数
    int getgrade();                 //获取级别函数
    float getpay();                 //获取月薪函数
};
```

```
class technician: public employee{          //技术员派生类
private:
    float hourlyrate;                       //每小时酬金
    int workhours;                          //当月工作时数
public:
    technician();                           //构造函数
    void setworkhours(int);                 //设置工作时数函数
    void setpay();                          //计算月薪函数
};
```

1.吸收基类成员

technician 继承基类除构造和析构函数之外全部成员。这样,technician 类就包含了基类中的成员:empno 等 5 个数据成员、promote 等 7 个成员函数。

2.改造基类成员

对基类成员的改造包括两个方面,一个是基类成员的访问控制,这主要依靠派生类定义时的继承方式来控制,将在 6.2 节中详细讨论;另一个是对基类成员的隐藏。就是在派生类中声明一个和基类数据或函数同名的成员,例如 technician 类中声明的 setpay 函数就隐藏了基类 employee 中的同名 setpay 函数。在派生类中或者通过派生类的对象,访问的就是派生类中改写的 setpay 函数。

3.增加新成员

增加派生类新成员是继承与派生机制的核心,是保证派生类在功能上有所扩展的关键。派生类可以根据实际需要,增加数据或函数,以扩展新功能。本例中 technician 就增加了数据成员 hourlyrate 和 workhours。

4.重写构造函数与析构函数

派生类不继承基类的构造函数和析构函数,因此在需要时,派生类应定义自己的构造、析构函数。本例中 technician 类定义了构造函数。由于派生类的构造函数和析构函数有其特殊性,将在 6.4 节单独讨论。

经过上述 4 个步骤后,technician 类就有了 16 个成员,达到了功能扩展的目的。

6.2 派生类的访问控制

派生类继承了基类的全部成员,这些基类成员的访问控制在派生过程中是可以调整的。基类成员在派生类中的访问控制由继承方式控制。

类的继承方式有公有继承(public)、私有继承(private)和保护继承(protected)三种。不同的继承方式,导致原来具有 public、private 和 protected 三种不同访问控制的基类成员在派生类中的访问控制也有所不同。这里说的访问是指:(1)派生类中的新增成员函数对基类成员的访问;(2)派生类的对象对基类成员的访问。

6.2.1 公有继承

当类的继承方式为公有继承(public)时具有如下性质：

基类的公有和保护成员的访问控制在派生类中不变，而基类的私有成员在派生类中不可被派生类新增的成员函数访问。

基类私有成员在派生类中不可直接访问，其目的还是体现类的封装性。类的私有成员只能在类中访问，在类外、在派生类中都不可访问。

例 6-1 Point 类公有派生及其访问。

在本例中，将 Point(点)类理解为半径为 0 的圆。从 Point 类派生出 Circle(圆)类。圆具备了 Point 类的全部特征，同时也有自身的一些特点：半径大于 0。这就需要在继承 Point 类的同时添加新的成员。这两个类的继承关系如图 6-3(a)所示。

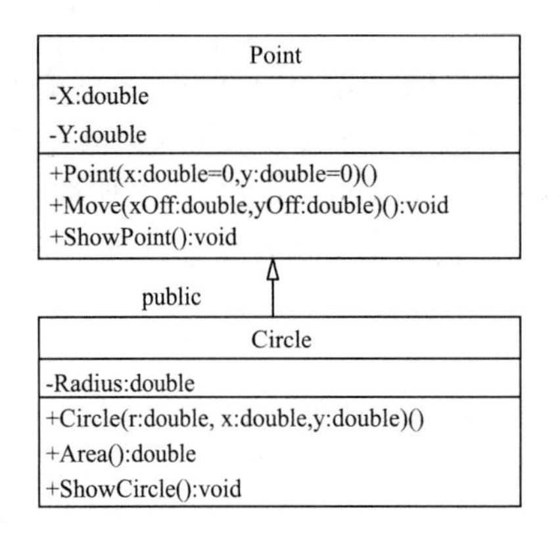

(a) Point和Circle的继承关系

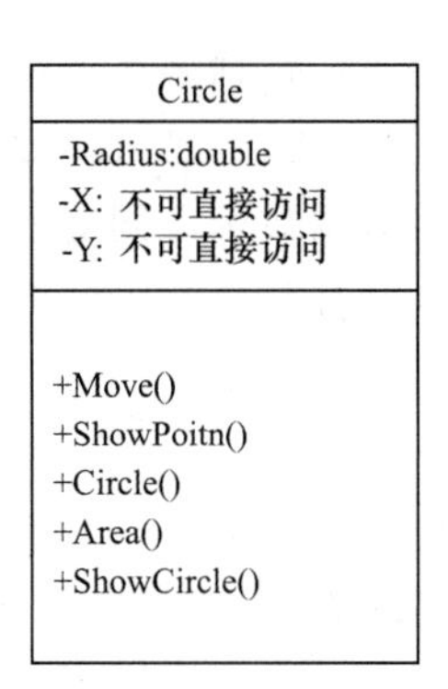

(b) Circle类成员构成

图 6-3 Point 和 Circle 类的继承关系及 Circle 类成员构成

Point 和 Circle 类定义及主函数如下：

```
//circle1.h
#include<iostream>
using namespace std;
const double PI=3.14159;
class Point{
public:
    Point(double x=0, double y=0){X=x;Y=y;}
    void Move(double xOff, double yOff) {X+=xOff;Y+=yOff;}
    void ShowPoint(){cout<<"(X="<< X<<",Y="<<Y<<")"<<endl;}
private:
    double X,Y;
};
class Circle: public Point{//公有继承
public:
    Circle(double r,double x, double y):Point(x,y){Radius=r;}
    double Area(){return PI * Radius * Radius;}
    void ShowCircle(){
```

```
        cout<<"Center of Circle:";
        ShowPoint();
        cout<<"Radius: "<<Radius<<endl;
    }
private:
    double Radius;
};
//ex6_1.cpp
#include<iostream>
#include "circle1.h"
using namespace std;
int main(){
    Circle C1(10,100,200);
    C1.ShowCircle();
    cout<<"Area is:"<<C1.Area()<<endl;
    C1.Move(10,20);
    C1.ShowPoint();
    return 0;
}
```

程序分析如下：

(1)根据前述以及公有继承性质，Circle 类继承了除 Point 类构造函数外的其余 4 个成员。其中 Move、ShowPoint 仍然是 Circle 类的公有成员，可以继续作为 Circle 类的外部接口，而 X、Y 为不可直接访问的成员。Circle 类的 8 个成员的访问控制如图 6-3(b)所示。

(2)除不可直接访问的成员外，派生类的成员函数可以访问 Point 类其他所有成员，例如在 ShowCircle 函数中调用基类 ShowPoint 函数。

(3)派生类的函数无法直接访问基类的私有成员，例如 X、Y 只能通过调用基类公有函数来访问。例如在 ShowCircle 函数中通过调用 ShowPoint 函数，间接访问 X、Y。

(4)派生类对象可以访问类的公有成员。因此，主函数中通过派生类对象 C1 调用派生类继承来的基类接口 Move、ShowPoint 函数。

(5)本例中的 Point 类没有保护成员，如果有的话，Point 类的保护成员继续为 Circle 类的保护成员。

程序运行的结果是：

```
Center of Circle:(X=100,Y=200)
Radius:10
Area is:314.159
(X=110,Y=220)
```

很显然，Circle 类继承了 Point 类的成员，实现了代码的重用。同时，通过新增成员 Radius，增加了派生类 Circle 自身独有的特征，达到了功能的扩充。

6.2.2 私有继承

当类的继承方式为私有继承(private)时具有如下性质：

基类中的公有成员和保护成员被继承后成为派生类的私有成员，而基类的私有成员在派生类中不可被派生类新增的成员函数访问。

例 6-2 Point 类私有派生及其访问。

Point 和 Circle 类定义及主函数如下：

```
//circle2.h
class Point{
//同例 6-1
};
class Circle: private Point{//私有继承
public:
    Circle(double r,double x, double y):Point(x,y)
    {Radius=r;}
    double Area() {return PI * Radius * Radius;}
    void ShowCircle(){
        cout<<"Center of Circle: ";
        ShowPoint();
        cout<<"Radius:"<<Radius<<endl;
    }
    void Move(double xOff, double yOff){
        Point::Move(xOff,yOff);
    }
private:
    double Radius;
};
//ex6_2.cpp
#include<iostream>
#include "circle2.h"
using namespace std;
int main(){
   Circle C1(10,100,200);
   C1.ShowCircle();
   cout<<"Area is:"<<C1.Area()<<endl;
   C1.Move(10,20);  //A
   C1.ShowPoint();   //B
   return 0;
}
```

程序的主函数部分和例 6-1 完全相同，但是执行过程有所不同。分析如下：

(1)根据私有继承性质，Move、ShowPoint 函数成为 Circle 类的私有成员，因此不能再作为 Circle 类的外部接口，X、Y 仍然是 Circle 类的不可直接访问的成员。如图 6-4 所示。

(2)和公有继承一样，派生类的成员函数仍然可以访问类中除不可访问成员之外的所有成员。例如在派生类 ShowCircle 函数中直接调用基类函数 ShowPoint。

(3)由于基类 Point 的 ShowPoint 函数成了 Circle 类的私有成员，因此不能成为 Circle

类的接口。主函数中 B 行语句“C1.ShowPoint();”在编译时将出错。

(4)如果需要基类的外部接口在私有派生时，在派生类中能够继续有效，即继续作为派生类的外部接口，通常做法是在派生类中重新定义同名的成员。此例中派生类 Circle 重新定义了 Move 函数。这样派生类的 Move 函数屏蔽了基类的同名函数。在面向对象的程序设计中，若要对基类继承过来的某些函数功能进行扩充和改造，可以通过这样的隐藏来实现。因此主函数 A 行 Circle 类对象 C1 调用的是 Circle 类中改写的 Move 函数，而不是基类 Point 中的 Move。这种同名隐藏的好处在于，类的继承方式的改变、类内部的一些变化，不会影响用户程序。例 6-1 和例 6-2 中“C1.Move(10,20);”语句没有因继承方式改变而需要改写。相反，在 Circle 类中没有改写 ShowPoint 函数，ShowPoint 函数不再成为 Circle 类接口，主函数 B 行就不能再使用“C1.ShowPoint();”语句。

Circle
-Radius:double -Move() -ShowPoint() -X:不可直接访问 -Y:不可直接访问
+Move() +Circle() +Area() +ShowCircle()

图 6-4 私有继承后 Circle 中的成员

从私有继承的性质可以看出，如果派生类继续派生，则基类的全部成员就无法在新的派生类中被直接访问。基类的成员再也无法在以后的派生类中直接发挥作用，实际上是中断了基类的继续派生，而且派生类对象也不能直接访问基类任何成员。因此私有继承在一般情况下使用较少。

6.2.3 保护继承

当类的继承方式为保护继承(protected)时具有如下性质：

基类的公有和保护成员被继承后都成为派生类的保护成员，而基类的私有成员在派生类中不可被派生类新增的成员函数访问。

例 6-3 修改上题 circle2.h，将 Circle 类的继承方式改为保护继承，其余部分不变。

```
//circle3.h
class Point{
//同例 6-2
};
class Circle:protected Point{//保护继承
  //类定义同例 6-2
};
int main(){
     Circle C1(10,100,200);
     C1.ShowCircle();
     cout<<"Area is:"<<C1.Area()<<endl;
     C1.Move(10,20);
     C1.ShowPoint();      // A
     return 0;
}
```

根据保护继承性质，Point 类的 Move、ShowPoint 函数成为 Circle 类的保护成员，因此也不能再作为 Circle 类的外部接口。保护继承后 Circle 中的成员构成如图 6-5 所示。为了使得基类的 Move 函数继续成为 Circle 类接口，在 Circle 类同样进行了重新定义。

程序运行结果和例 6-2 私有继承的结果完全相同。

在此基础上，将 Point 类的成员 X、Y 的访问控制由 private改为 protected，其余不变，再运行程序，结果仍然没有变化。

Circle
-Radius: double #Move() #ShowPoint() -X:不可直接访问 -Y:不可直接访问
+Move() +Circle() +Area() +ShowCircle()

图 6-5　保护继承后 Circle 中的成员构成

例 6-2 和例 6-3 的运行结果表明，派生类在私有继承或保护继承情况下，基类成员在派生类内外的访问控制都是相同的：基类的私有成员在派生类内外都不可直接访问，基类的其他成员在派生类内能访问，在派生类外不可访问。但是，如果将派生类作为新的基类，继续派生时，此时两者的区别就出现了。

基类 Point 派生出 Circle 类，Circle 类再派生出 Cylinder 类(图 6-6)。假设 Circle 类以私有方式继承了 Point 类后，则无论 Cylinder 类以怎样方式继承 Circle 类，Cylinder 类成员和对象都不能访问 Point 类中的任何成员(图 6-6(a))。

但是如果 Circle 类是保护继承 Point 类，那么 Point 类中的公有和保护成员在 Circle 类中都是保护成员。Circle 类再派生出 Cylinder 类，Point 类中的公有和保护成员被 Cylinder 类间接继承后，有可能是保护的或者是私有的。因而，Cylinder 类的成员可以访问 Point 类中的成员(图 6-6(b))。即 Point 类的成员可以沿着继承层次继续下去。

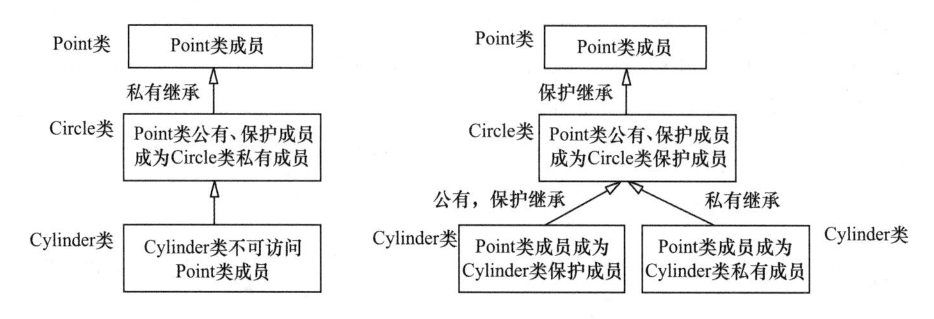

图 6-6　私有继承和保护继承的区别

例 6-4　公有继承中保护成员的访问。

为了进一步说明保护成员的访问特性，将前例的基类 Point 的数据成员 X 和 Y 的访问控制改为 protected，再增加 Circle 类的公有派生类 Cylinder(圆柱体)。程序如下：

```
//Cylinder.h
#include<iostream>
const double PI=3.14159;
using namespace std;
class Point{
protected:
    double X,Y;                    //保护成员
```

```
public:
    Point(double x=0,double y=0){X=x,Y=y;}
    void Move(double xOff,double yOff){X+=xOff,Y+=yOff;  }
    void ShowPoint(){
      cout<<"("<<X<<","<<Y<<")"<<endl;}
};
class Circle: public Point{//公有继承
protected:
    double Radius;              //保护成员
public:
    Circle(double r,double x,double y):Point (x,y){   Radius=r;}
    double Area(){
        return PI * Radius * Radius;}
    void ShowCircle(){          //可以直接访问基类
        cout<<"centre of circle: ("<< X<<","<<Y<<")"<<endl;
        cout<<"radius:"<<Radius<<endl;  }
};
class Cylinder: public Circle{//公有继承
private:
    double Height;
public:
    Cylinder(double r,double x,double y,double h):Circle (r,x,y){
        Height=h;}
    double Area(){return 2 * (Circle::Area()+PI * Radius * Height); }
    double Volume(){return Circle::Area() * Height;}
    void ShowCylinder(){
        ShowCircle();
        cout<<"height of cylinder:"<<Height<<endl; }
};
//ex6_4.cpp
#include "Cylinder.h"
int main(){
    Cylinder cy(10,100,200,50);
    cy.ShowCylinder();
    cout<<"total area:"<<cy.Area()<<endl;
    cout<<"volume:"<<cy.Volume()<<endl;
    return 0;
}
```

程序运行结果：

```
centre of circle:(100,200)
radius:10
height of cylinder:50
total area:3769.91
volume:15707.9
```

本例中派生类公有继承基类,因此 Point 类中的保护成员 X 和 Y、Circle 类中的保护成员 radius,在派生类中仍然是保护成员,可以被派生类的函数访问。但在派生类外,却不可以被派生类对象访问。因此合理利用保护成员,就可以在类的复杂层次关系中,在隐蔽与共享之间找到一个平衡点,既能实现成员隐蔽,又能方便继承,实现代码的高效重用和扩充。所以在类的派生关系中,经常将基类的数据成员说明为保护的,继承方式为公有的。这样在派生类中仍然能够直接使用这些保护成员。而在类外,保护成员如同私有成员被隐藏。

类经过派生,形成了一个具有层次结构的类族。基类成员成了派生类的一部分,在派生类中这部分成员具有不可访问、私有、保护、公有等特征。表 6-1 总结了三种派生方式下基类成员在派生类中的访问控制。

表 6-1　　三种派生方式下基类成员在派生类中的访问控制

派生方式	基类成员的访问控制	派生类成员函数对基类成员的访问控制	派生类对象对基类成员的访问控制
public	public	public	可以访问
	private	不可直接访问	不可访问
	protected	protected	不可访问
private	public	private	不可访问
	private	不可直接访问	不可访问
	protected	private	不可访问
protected	public	protected	不可访问
	private	不可直接访问	不可访问
	protected	protected	不可访问

从前面的介绍及上表可以看出,3 种继承方式中,只有公有继承较好地保留了基类的特征,基类的公有、保护成员在派生类中都继续可以被直接访问。因此可以认为,公有派生类继承了基类的全部功能,可以称为是基类真正的子类型。而私有和保护继承则较少使用。

6.3 类型兼容规则

C++基本类型的数据在一定条件下可以进行类型转换。例如字符型和整型、整型和实型可以进行算术运算,原因在于它们是“类型兼容”的,在运算前存在隐式类型转换。本节介绍C++类的类型兼容规则。

例 6-5 Shape 及其派生类的应用。

建立形状类 Shape 及其派生类点类 Point、圆类 Circle,派生关系如图 6-7 所示。每个类都有功能不同的同名函数 Show。

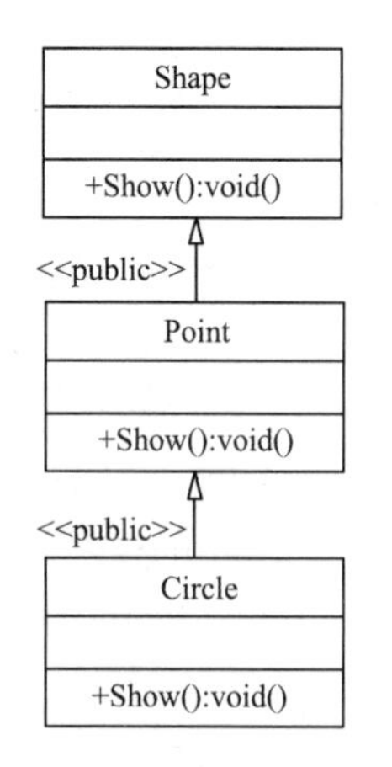

图 6-7　Shape 类的派生关系

```
class Shape{
public:
    void Show()const{cout<<"This is Shape"<<endl;}
};
```

```
class Point:public Shape{
public:
    void Show()const{cout<<"This is Point"<<endl;}
};
class Circle:public Point{
    void Show()const{cout<<"This is Circle"<<endl;}
};
int main(){
    Shape  sh;
    Point  po;
    Circle  ci;
    sh.Show();
    po.Show();
    ci.Show();
    return 0;
}
```

虽然 Show 函数同名，但还要用不同类的对象调用各自 Show 函数。假如 Circle 类再派生圆柱体类 Cylinder，那么还得使用 Cylinder 类的对象调用同名函数 Show。

```
Cylinder cy;
cy. Show();
```

显然，程序不简洁、通用性差。而且对于大型软件的开发来说，类的继承关系比较复杂，在程序中显式地通过对象调用函数是不切实际的，对程序的设计、维护、更新都会带来困难。

那么基类和派生类对象之间是否也和基本数据类型一样，具有"类型兼容"关系，可以进行类型转换呢？答案是肯定的。C++把类视作类型，将公有派生类视为基类的子类型，所谓子类型是指如果一个类型 S 是另一个类型 T 的子类型，那么在用 T 表达的所有程序 P 中，用 S 替换 T，程序 P 的功能不变。它体现在一个类型的操作也适合于它的子类型，以及一个子类型的值可以赋值或作为函数参数传递给类型对象，这就是类型兼容规则。基类和派生类之间具有类型兼容关系。因为通过公有继承，派生类得到了基类的所有成员，公有派生类具有了基类的全部功能，派生类成为基类的子类型。子类型在面向对象程序设计中发挥着重要的作用——可以把派生类对象作为基类对象来使用。

C++的类型兼容规则是指：在公有派生的情况下，任何需要基类对象的地方，都可以使用公有派生类的对象来替代。替代是指以下三种情况：

(1)派生类对象可以赋值给基类对象。

(2)派生类对象可以初始化基类的引用。

(3)派生类对象的地址可以赋给基类的指针。

假如有以下定义：

```
Shape sh, *ptrs;
Point po;
```

那么依据类型兼容规则，就可以有：

(1)sh=po；派生类对象赋值给基类对象。

(2)Shape &refs=po；派生类对象初始化基类的引用。

(3)ptrs=&po；派生类对象的地址可以赋给基类的指针，或者说基类的指针指向派生类对象。

本例可以改写为：

```
void via_Shape_ptr(Shape * sptr)
{
    sptr->Show();           //A
}
void via_Shape_ref(Shape& sref)
{
    sref.Show();            //B
}

int main(){
    Shape  sh;
    Point  po;
    Circle ci;
    Shape * ptrs[3]={&sh,&po,&ci};
    for(int i=0;i<3;i++)
    {
      via_Shape_ptr(ptrs[i]);
      via_Shape_ref( * ptrs[i]);
    }
    return 0;
}
```

函数 via_Shape_ptr 的 A 行用 Shape 指针 sptr、函数 via_Shape_ref 的 B 行用 Shape 引用 sref 调用类族中同名函数 Show。调用表达式"sptr->Show()"和"sref.Show()"形式相同，大大提高了程序的通用性，程序也变得很简洁。

但是本例程序的运行结果为显示 6 个：This is Shape。

显然，通过 6 次调用的都是基类 Shape 的 Show 函数。没有调用各派生类的同名 Show 函数。这不是我们所期望的结果。我们希望调用的是各派生类的 Show 函数。有了类型兼容规则，通过基类指针或引用，为何还是只能访问到基类成员呢?

原因是编译程序是依据指针类型和引用类型来确定调用函数的。无论 sptr，还是 sref，在编译阶段，编译程序依据它们是 Shape 类型的指针和引用，对 Show 函数调用与 Shape 类的 Show 函数进行了绑定。因此 6 次调用的都是 Shape 类的 Show 函数，而不是派生类的同名 Show 函数。这一过程是在程序编译阶段完成，称之为静态联编。要想使用基类指针调用派生类的成员，则要通过类的多态性实现。类型兼容规则是C++实现多态性的重要基础之一。多态的设计方法使得可以在类型兼容的前提下，基类、派生类分别以不同的方式来响应相同的消息——调用类族中不同类的同名函数，比如调用本例中不同类的 Show 函数。

6.4 派生类的构造函数与析构函数

派生类也有构造函数和析构函数。但派生类的构造函数无论在形式上、功能上还是在执行流程上，都有其特殊之处。

6.4.1 构造函数

1.派生类构造函数

派生类继承了基类，派生类的成员包含基类成员以及派生类的新增成员。派生类的新增成员中可能还有对象成员（此时派生类又是一个组合类）。因此派生类的构造函数需要完成基类初始化、新增对象成员初始化、新增其他数据成员初始化三项工作。对这三项初始化工作，派生类构造函数的处理思路是：

派生类的构造函数只完成新增数据成员的初始化。派生类的基类和新增对象成员的初始化由派生类的构造函数调用基类、对象成员的构造函数或复制构造函数来完成。

派生类构造函数完成上述工作的次序是：

（1）调用各基类构造函数完成基类初始化。若是多继承，则按照这些基类被继承时的声明顺序调用各基类构造函数。

（2）调用新增对象成员的构造函数或者复制构造函数完成对象成员初始化。若有多个对象，则按照这些对象在派生类中定义的顺序调用各对象的构造函数。

（3）派生类新增数据成员初始化。

派生类的构造函数一般语法形式为：

```
派生类名(参数总表):基类名 1(参数表 1), 基类名 2(参数表 2),…, 基类名 n(参数表 n),对象成员名1(对象成员参数表 1),对象成员名 2(对象成员参数表 2),…,对象成员名 m(对象成员参数表 m){
    派生类构造函数体
}
```

对上述形式的派生类的构造函数，说明如下：

（1）在派生类构造函数的参数总表中，给出基类、对象成员以及派生类新增数据成员初始化所需要的全部参数。

（2）派生类构造函数参数总表后的部分也称为初始化表，初始化表中列出派生类的各基类、各对象成员（基类、对象成员的次序任意）。程序就是通过初始化表为各基类、各对象成员提供它们初始化需要的参数。因此对于需要参数初始化的基类和对象成员，必须列入初始化表中，并将参数写在其后的括号中。这些参数或者取自参数总表，或者是常量、全局变量。在此处它们均作为实参。而对于使用默认构造函数的基类、对象成员，由于初始化的参数是使用默认值，所以这些基类、对象成员可以不列入初始化表中。对于派生类中新增的数据成员，也可以列在该表中进行初始化。

（3）和组合类的构造函数一样，初始化表属于构造函数体的一部分，因此派生类构造函数声明时，不应出现这部分内容。

（4）不管各基类、各对象成员是否在初始化表中显式列出，派生类构造函数总要调用所有基类、所有对象成员的构造函数(或复制构造函数),完成所有基类、所有对象成员的初始化。

(5)初始化表中只列出派生类的直接基类,即派生类只负责直接基类的初始化。对于间接基类,则不在初始化表中列出。因为依据调用规则间接基类的初始化由间接基类的直接派生类负责。

(6)派生类也有默认构造函数。那么是否可以不定义派生类的构造函数,而采用派生类默认的构造函数呢?答案是肯定的。但前提是:这个派生类的所有基类和对象成员都有默认构造函数,而且派生类就是调用这些默认构造函数,同时派生类也不需要初始化新增的数据成员,即派生类不需要给所有基类、所有对象、所有数据成员提供初始化参数。这种情况下,就允许不显式定义派生类构造函数。这时编译系统为派生类建立默认的构造函数,默认的构造函数调用各基类、各对象成员的默认构造函数。由此可见,系统产生的派生类默认构造函数和基类默认构造函数的区别是:派生类默认构造函数要调用各基类、各对象成员的默认构造函数,而基类的默认构造函数则是什么事情也不做。

(7)反之,如果派生类需要调用至少一个基类或对象成员的非默认构造函数,或者至少一个基类或对象成员只有非默认构造函数,这时派生类就必须显式定义构造函数,在初始化表中给这些基类或对象成员提供初始化时的参数。

例 6-6 多继承、含有对象成员的派生类构造函数例。

派生类的构造函数

三个基类 Base1、Base2 和 Base3 共同公有派生 Derived 类。其中 Base1 类只有非默认构造函数,Base2 类有一个默认构造函数和一个非默认构造函数,Base3 类只有默认构造函数。Derived 类还新增了 Base1 对象 mb1,Base2 对象 mb21、mb22,Base4 对象 mb4。要求 Derived 类构造函数调用 Base2 类非默认构造函数初始化 Base2 类、调用默认构造函数初始化 mb21,调用复制构造函数初始化 mb22。

程序如下:

```
#include <iostream>
using namespace std;
class Base1{
    int b1;
public:
    Base1(int i):b1(i) {cout<<"Base1 构造函数 b1="<<b1<<endl;}//非默认构造函数
};
class Base2{
    int b2;
public:
    Base2():b2(0){ cout<<"Base2 默认构造函数 b2=0"<<endl;}//默认构造函数
    Base2(int i):b2(i){cout<<"Base2 构造函数 b2="<<b2<<endl;} //非默认构造函数
    Base2(Base2&  rb2):b2(rb2.b2){ //复制构造函数
        cout<<"Base2 复制构造函数 b2="<<b2<<endl;
    }
};
```

```
class Base3{
public:
    Base3(){cout<<"Base3 默认构造函数"<<endl;}//默认构造函数
};
class Base4{
    int b4;
public:
    Base4(int i):b4(i){ cout<<"Base4 构造函数 b4="<<b4<<endl;} //非默认构造函数
};
class Derived: public Base2, public Base1, public Base3{
private:        //Derived 新增成员,其中 4 个对象成员
    int d1;
    Base1  mb1;
    Base2  mb21,mb22;
    Base4  mb4;
public:
    Derived(Base2& rb2,int a, int b, int c, int d):
      mb4(a+b-c),Base1(a),mb1(b),Base2(a+b), mb22(rb2) ,d1(d-c)
    {cout<<"Derived 构造函数 d1="<<d1<<endl;}
};
int main(){
    Base2  cb2(5);
    Derived  cder(cb2,1,2,3,4);
    return 0;
}
```

由于基类 Base1、Base4 没有默认构造函数,又要求必须调用 Base2 类非默认构造函数初始化 Base2 类,派生类自身新增了数据成员 d,因此派生类 Derived 必须如上自定义非默认构造函数。

在 Derived 类构造函数的参数总表中给出 Base1、Base2、mb1、mb22、mb4 以及 d1 初始化需要的参数。其中 mb22 用复制构造函数初始化。而对于调用默认构造函数的基类 Base3 和对象成员 mb21,就不一定在初始化表中列出。但是 Derived 构造函数总是要调用所有基类、所有对象成员的构造函数对其初始化。派生类中新增加的数据成员 d1 也可以列在初始化表中,用 d1(d-c)这种形式给 d1 赋值。相当于函数体中的赋值语句 d1=d-c。

主函数 main 中建立 Derived 类对象 cder。此时调用 Derived 类的构造函数。根据前述,Derived 类构造函数首先依次调用 Base2 类非默认构造函数、Base1、Base3 类构造函数初始化各基类,之后调用 Base1 类构造函数、Base2 类默认构造函数、Base2 类复制构造函数、Base4 类构造函数对对象成员 mb1、mb21、mb22、mb4 初始化,然后初始化 d1,最后执行 Derived 类的构造函数体。

程序运行结果如下,运行结果证实了上述分析。

```
Base2 构造函数 b2=5      //主函数 Base2  cb2(5)的结果
Base2 构造函数 b2=3
```

```
Base1 构造函数 b1=1
Base3 默认构造函数
Base1 构造函数 b1=2
Base2 默认构造函数 b2=0
Base2 复制构造函数 b2=5
Base4 构造函数 b4=0
Derived 构造函数 d1=1
```

本例中，如果所有基类和对象成员都有默认构造函数，而且 Derived 类就是调用所有基类和对象的默认构造函数，那么 Derived 类的构造函数的初始化表就可以为空。如果 Derived 类没有新增数据成员 d1，那么就可以不显式定义 Derived 类构造函数。系统产生的 Derived 类的默认构造函数会调用各基类、各对象成员的默认构造函数。

2.派生类复制构造函数

派生类的复制构造函数的定义与构造函数类似，在派生类复制构造函数的成员初始化表中，需要列出派生类的各基类和各对象成员，以完成基类、对象成员的初始化。

派生类复制构造函数语法格式如下：

```
派生类名::派生类名(派生类名 &  参数):基类名 1(参数),…,基类名 n(参数),对象成员名 1(参数),…,对象成员名 m(参数){
    派生类复制构造函数体
}
```

执行派生类复制构造函数的流程和执行派生类构造函数时类似，系统先分别调用各基类，之后调用各对象成员的复制构造函数完成基类和对象成员初始化，最后执行派生类复制构造函数体。

例 6-7 派生类复制构造函数的例 1。

完善例 6-6，为 Base1、Base3、Base4、Derived 类增加如下复制构造函数。

```
Base1(Base1& rb1):b1(rb1.b1) {cout<<"Base1 复制构造函数 b1="<<b1<<endl;}
Base3(Base3& rb3){cout<<"Base3 复制构造函数"<<endl;}
Base4(Base4& rb4):b4(rb4.b4) {cout<<"Base4 复制构造函数 b4="<<b4<<endl;}
Derived(Derived&dr):Base1(dr),Base2(dr),Base3(dr),mb1(dr.mb1),mb21(dr.mb21), mb22(dr.mb22) , mb4(dr.mb4) ,d1(dr.d1){cout<<"Derived 复制构造函数 "<< d1<<endl;}
int main(){
    Base2  cb2(5);
    Derived  cde0(cb2,1,2,3,4);
    Derived  cde1(cde0);// cde1 调用 Derived 类复制构造函数
    return 0;
}
```

程序运行结果是在例 6-6 运行结果的基础上再显示如下结果：

```
Base2 复制构造函数 b2=3
Base1 复制构造函数 b1=1
Base3 复制构造函数
Base1 复制构造函数 b1=2
Base2 复制构造函数 b2=0
```

Base2 复制构造函数 b2=5

Base4 复制构造函数 b4=0

Derived 复制构造函数 d1=1

本例中，派生类 Derived 复制构造函数初始化列表中，所有基类的参数应该是基类对象的引用，这里怎么都用 Derived 类的引用 dr 作为参数呢？这正是应用了类型兼容规则：可以用派生类的对象初始化基类的引用。因此当函数的形参是基类的引用时，实参可以是派生类的对象。在调用基类复制构造函数时，先将派生类对象转换为基类对象。

实际上本例所有类的复制构造函数的功能都是默认复制构造函数的功能。完全可以不用编写，而采用默认复制构造函数。读者可自行加以验证。

对于派生类复制构造函数，还需要说明两点：

(1)如果没有为派生类定义复制构造函数，编译系统会为该派生类生成一个默认的复制构造函数。默认的复制构造函数调用各基类、各对象的复制构造函数。

(2)如果派生类复制构造函数的成员初始化表中，没有列出某个基类、某个对象成员，则调用的是该基类或对象的默认构造函数，而不是调用复制构造函数。

例 6-8 派生类复制构造函数的例 2。

```
#include <iostream>
using namespace std;
class Base0{
public:
    Base0(){cout<<"Base0 默认构造函数"<<endl;}
    Base0(Base0& rb0){cout<<"Base0 复制构造函数"<<endl;}
};

class Base1:public Base0{       //Base1 类没有自定义复制构造函数
public:
    Base1(){cout<<"Base1 默认构造函数"<<endl;   }
};

class Base2:public Base0{
public:
    Base2(){cout<<"Base2 默认构造函数"<<endl;}
    Base2(Base2& rb2){cout<<"Base2 复制构造函数"<<endl;} };

class Base3:public Base0{
public:
    Base3(){cout<<"Base3 默认构造函数"<<endl;}
    Base3(Base3& rb3):Base0(rb3){cout<<"Base3 复制构造函数"<<endl;}
};
int main(){
    Base1  b1_1;              //调用 Base0 类构造函数
    Base1  b1_2(b1_1);        //调用 Base0 类复制构造函数
```

```
    Base2  b2_1;           //调用 Base0 类构造函数
    Base2  b2_2(b2_1);     //A  调用 Base0 类构造函数
    Base3  b3_1;           //调用 Base0 类构造函数
    Base3  b3_2(b3_1);     //B 调用 Base0 类复制构造函数
    return  0;
}
```

本例中，Base1 类没有定义复制构造函数，建立 b1_2(b1_1)时，Base1 类默认复制构造函数调用 Base0 类的复制构造函数。在 Base2 类复制构造函数成员初始化表中没有列出基类 Base0，因此程序 A 行建立 b2_2(b2_1) 时，调用了 Base0 类的构造函数。而 Base3 类的复制构造函数成员初始化表中列出基类 Base0，因此程序 B 行建立 b3_2(b3_1) 时，调用了 Base0 类的复制构造函数。请读者自行写出上例运行结果。

3.派生类的赋值运算

5.4 节介绍过，C++系统为类提供默认赋值运算完成同类对象间对应数据成员的赋值。派生类也不继承基类的赋值运算。因此C++系统为派生类提供默认赋值运算，完成派生类对象的赋值。具体的流程是：首先调用基类的赋值运算完成基类成员的赋值，其次派生类成员按照 5.4 节的方法完成逐个成员赋值。

同样如果系统提供的默认赋值运算不能满足派生类的赋值要求，就必须为派生类自定义赋值运算。赋值运算符“=”的重载函数将在第 7 章介绍。

6.4.2 析构函数

派生类的析构函数的功能、语法形式和一般类的析构函数完全一样。

派生类也不继承基类的析构函数。如果需要，派生类中自应定义析构函数。和派生类构造类似，派生类对象的析构也由派生类、各基类、对象成员共同负责：派生类析构函数只完成新增的非对象成员的析构工作，基类及对象成员的析构通过调用基类及对象成员的析构函数完成。只是析构次序和构造次序正好相反：首先执行派生类析构函数体，再调用各对象成员的析构函数，最后调用各基类的析构函数。

例 6-9 在例 6-6 的类中加入析构函数。程序如下：

```
#include <iostream>
using namespace std;
class Base1{
    …
    ~Base1() {cout<<"Base1 析构函数"<<endl;}
};
class Base2{
    …
    ~Base2() {cout<<"Base2 析构函数"<<endl;}
};
class Base3{
    …
    ~Base3() {cout<<"Base3 析构函数"<<endl;}
};
```

```
class Base4{
    …
    ~Base4() {cout<<"Base4 析构函数"<<endl;}
};
class Derived: public Base2, public Base1, public Base3,public Base4{
    …
    ~Derived() {cout<<"Derived 析构函数"<<endl;}
};
```

程序中为所有类增加了析构函数,其余保持不变。程序在释放派生类对象 cder 时,调用派生类的析构函数,派生类的析构函数先执行自身函数体,之后调用对象成员的析构函数,最后调用基类的析构函数。其过程正好和派生类构造函数执行过程相反。请读者自行写出本例程序的运行结果。

6.5 多继承的二义性问题及虚基类

从 6.1 节中可以看到,继承分为单继承和多继承。单继承是多继承的特例。6.2 节中讨论三种继承方式时,派生类只有一个基类,这就是单继承。多继承的派生类是类的一种比较复杂的构造形式,它较好地描述了现实世界中复杂实体的特征。例如在职研究生既具有研究生的特征,又具有教师的特征。由于多继承描述了实体的多种特征,因此多继承能较好地支持软件的重用。但多继承常常会产生成员名不唯一,即二义性问题。本节讨论采用作用域分辨符及虚基类两种方法解决多继承中成员唯一标识问题。

6.5.1 使用作用域分辨符对成员唯一标识

1.派生类没有共同基类

首先考虑各个基类之间没有任何继承关系,所有基类都没有共同上级基类。如果派生类的两个或多个基类具有同名成员,再分成两种情况讨论:

(1)派生类又新增了与基类同名的成员。在这种情况下,派生类成员将隐藏所有基类的同名成员。这时使用"对象名.成员名"方式可以唯一标识和访问派生类新增成员。而对于基类同名成员就要使用基类名和作用域分辨符来标识成员。

(2)如果派生类没有声明与基类同名成员,"对象名.成员名"方式就无法唯一标识,因为这时从不同基类继承过来的成员具有相同的名称,同时具有相同的作用域,这时就必须通过基类名和作用域分辨符来标识成员。

通过基类名和作用域分辨符"::",标识成员的一般形式是:

```
基类名::成员名;               //数据成员
基类名::成员名(参数表);        //成员函数
```

例 6-10 无共同基类多继承成员同名标识例

在该例中基类 Base1 和 Base2 都定义了数据成员 id 和成员函数 show,并共同派生新类

Derived，在派生类中新增了两个同名成员 id 和 show。这时的 Derived 类共含有六个成员，而这六个成员只有两个名字。类的派生关系及派生类的结构如图 6-8 所示。

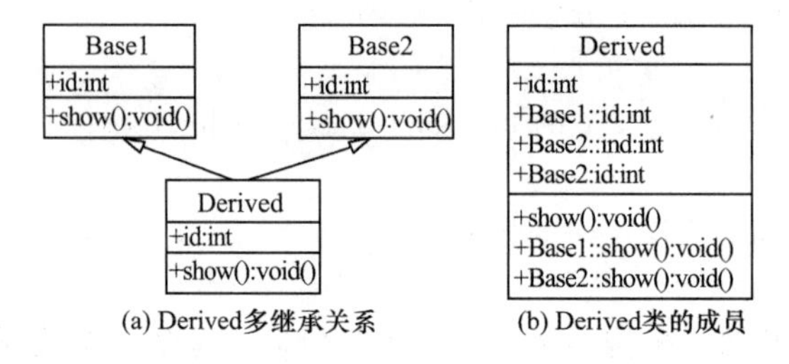

图 6-8 多继承情况下 Derived 的继承关系和成员

派生类中新增的成员具有更小的类作用域，因此，在派生类及建立派生类对象的模块中，派生类新增成员隐藏了基类的同名成员，这时使用“对象名.成员名”的形式，访问的是派生类新增的同名成员。对基类同名成员的访问，只能通过“基类名::成员名”来实现。源程序如下（为了方便对成员的访问，本节例题均将数据成员说明为公有成员）：

```
#include <iostream>
using namespace std;
class Base1{
public:
    int id;
    void show(){cout<<"Base1 id="<<id<<endl;}
};
class Base2{
public:
    int id;
    void show(){cout<<"Base2 id="<<id<<endl;}
};
class Derived: public Base1, public Base2{
public:
    int id;    //同名数据成员
    void show(){cout<<"Derived id="<<id<<endl;}    //同名成员函数
};
int main(){
    Derived d1;
    d1.id=1;            //对象名.成员名标识，访问 Derived 类成员 id
    d1.show();
    d1.Base1::id=2;     //作用域分辨符标识，访问 Base1 类成员 id
    d1.Base1::show();
    d1.Base2::id=3;     //作用域分辨符标识，访问 Base2 类成员 id
    d1.Base2::show();
    return 0;
}
```

程序的运行结果为：

Derived id=1

Base1 id=2

Base2 id=3

通过作用域分辨符,能够唯一标识派生类中由基类所继承来的成员,达到了访问的目的,解决了成员被隐藏问题。

在这个例子中,如果派生类没有新增与基类同名的成员,那么使用"对象名.成员名"就无法唯一确定访问的成员。

```
Derived d1;
d1.id=1;            //错误,对象名.成员名标识具有二义性
d1.show();          //错误,对象名.成员名标识具有二义性
```

因为来自 Base1 和 Base2 类的同名成员具有相同的作用域。这时就必须使用作用域分辨符访问基类同名成员。

2.派生类具有共同基类

在多继承中,当派生类的部分或全部直接基类是从同一个基类派生而来,这些直接基类中从上一级基类继承来的成员就具有相同的名称,因此派生类中也就会产生同名现象。对这种类型的同名成员也要使用作用域分辨符来唯一标识,而且必须用直接基类来进行限定。

例 6-11 具有共同基类的派生类成员同名标识例。

如图 6-9 所示,基类 Base0 定义了数据成员 id 和函数 show。Base0 公有派生类 Base1 和 Base2,Base1、Base2 作为基类共同公有派生 Derived 类。

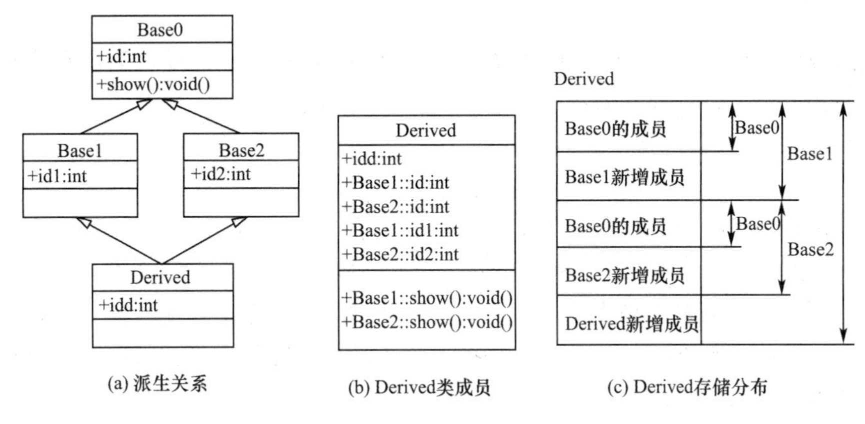

图 6-9　多层多继承情况下的派生类成员和存储分布图

现在来讨论同名成员 id 和 show 的标识与访问问题。间接基类 Base0 的成员经过不同派生路径两次派生后,以相同的名字出现在派生类 Derived 中,这时如果使用间接基类 Base0 来限定,同样无法表明成员到底是从 Base1 还是 Base2 继承过来,因此必须使用直接基类 Base1 或者 Base2 的名字来限定,才能够唯一标识和访问成员。程序如下:

```
#include <iostream>
using namespace std;
class Base0{
public:
    int id;
```

```
    void show(){cout<<" Base0 id="<<id<<endl;}
};
class Base1: public Base0{
public:
    int id1;
};
class Base2: public Base0{
public:
    int id2;
};
class Derived: public Base1, public Base2{
public:
    int idd;
};
int main(){
    Derived d1;
    d1.Base1::id=2;          //使用直接基类 Base1 标识
    d1.Base1::show();
    d1.Base2::id=3;          //使用直接基类 Base2 标识
    d1.Base2::show();
    return 0;
}
```

在主函数中,创建了一个派生类的对象 d1。这时,必须使用直接基类名和作用域分辨符访问从间接基类 Base0 继承来的成员。程序的运行结果为:

Base0 id=2

Base0 id=3

从图 6-9(b)可以看出在派生类 Derived 中包含了分别从 Base1、Base2 继承的基类 Base0 中的同名成员 id 和 show。因此 Derived 中的成员 id 就存在两个副本,show 就存在两个映射。同一成员的多个副本既增加了内存的开销,又会造成数据的不一致性。例如将 Base1::id 设置成 5,将 Base2::id 设置成 10,那么 Derived 的 id 究竟是多少呢? 在C++中使用虚基类技术来解决这一问题。

6.5.2 使用虚基类对成员唯一标识

为了解决不同路径继承同一个间接基类,在派生类中产生多个同名成员的问题,C++采用虚基类的方法,即将共同基类设置为虚基类。这样在派生类中从不同路径继承来的同名数据成员就只存在一个,同名函数也只存在一个映射,这就解决了同名成员的唯一标识问题。虚基类是在派生类定义过程中声明的,语法形式为:

```
class 派生类名:virtual 继承方式 基类名
```

上述语句声明基类为派生类的虚基类。在多继承情况下,virtual 关键字只对紧跟其后的基类起作用。使用虚基类的继承称为虚继承。虚继承之后,虚基类的成员在进一步派生过程中和派生类一起维护虚基类中的一个数据副本。

例 6-12 虚基类例。

还是以例 6-11 为例。不同的是在声明派生类 Base1、Base2 时，将 Base0 类说明成为虚基类，再以 Base1、Base2 作为基类共同派生 Derived 类。这时在 Derived 类中基类 Base0 的成员 id 和 show 就只有一份。这样在建立 Derived 类对象的模块中，直接使用“对象名.成员名”方式就可以唯一标识和访问这些成员。

含有虚基类的派生关系、派生类的成员构成如图 6-10 所示。

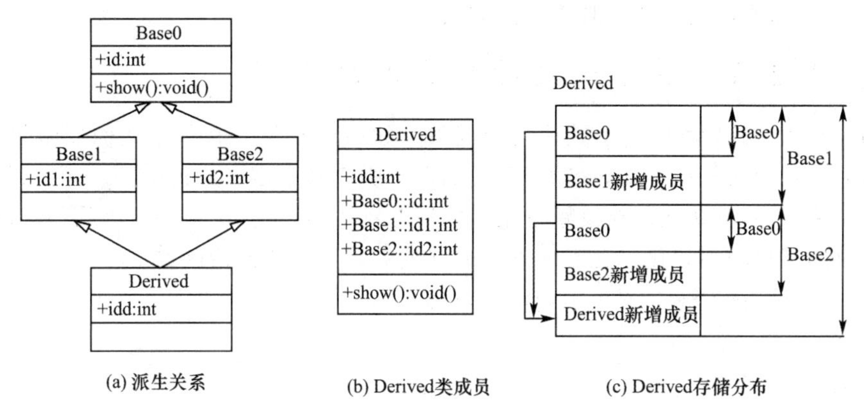

图 6-10　虚基类 Base0 和派生类 Derived 继承关系、存储分布图

程序如下：

```
#include <iostream>
using namespace std;
class Base0{
public:
    int id;
    void show(){cout<<"Base0 id="<<id<<endl;}
};
class Base1: virtual public Base0{ //Base0 为虚基类,Base1 虚继承 Base0
public:
    int id1;
};
class Base2: virtual public Base0{ //Base0 为虚基类,Base2 虚继承 Base0
public:
    int id2;
};
class Derived: public Base1, public Base2{
public:
    int idd;
};
int main(){
    Derived  d1;
    d1.id=2;     //A
    d1.show();  //B
    return 0;
}
```

由于采用了虚基类方法，在派生类 Derived 中就只有一个 id 和一个 show 函数。因此在主函数的 A、B 行就可以通过“对象名.成员名”的方法直接访问基类成员。程序的运行结果为：

Base0 id=2

比较一下使用作用域分辨符和虚基类技术这两种方法，前者在派生类中拥有同名成员的多个副本，分别通过直接基类名来唯一标识，可以存放不同的数据。后者只维护一份成员副本。相比之下，前者可以容纳更多的数据，而后者使用更为简洁，内存空间更为节省。具体应用中，可以根据问题需要选择不同的方法。

6.5.3 虚基类及其派生类的构造函数

在例 6-12 中，虚基类使用了默认构造函数。如果虚基类只有非默认构造函数，没有默认构造函数。从前面介绍可知，这时虚基类的派生类就必须定义构造函数。而且系统规定：在整个继承关系中，直接或间接继承虚基类的所有派生类，都必须在构造函数的成员初始化表中列出对虚基类的初始化。这就和没有虚基类的派生类的构造函数不一样了。

例 6-13 虚基类的派生类构造函数例。

```
#include <iostream>
using namespace std;
class Base0{
public:
    Base0(int n){id=n;cout<<"construction Base0 id="<<id<<endl;}
    int id;
};
class Base1: virtual public Base0{//Base0 为虚基类，派生 Base1 类
public:
    Base1(int a):Base0(a){id1=a+1;cout<<"construction Base1 id1="<<id1<<endl;}//A
    int id1;
};
class Base2: virtual public Base0{//Base0 为虚基类，派生 Base2 类
public:
    Base2(int a):Base0(a){id2=a+2;cout<<"construction Base2 id2="<<id2<<endl;}//B
    int id2;
};
class Derived: public Base1, public Base2{//派生类 Derived 声明
public:
    Derived(int a):idd(a+3),Base0(a),Base1(a),Base2(a){//C 必须列出虚基类 Base0
        cout<<" construction Derived idd="<<idd<<endl; }
    int idd;
};
int main(){
    Derived d1(1);
    return 0;
}
```

对本例程序，读者不免会有两个疑问：

(1)上节介绍派生类的构造函数处理思路是：派生类构造函数只负责直接基类的初始

化，不负责间接基类的初始化。为什么在此例中 Derived 类的构造函数初始化表却把间接基类 Base0 列上呢？

(2)根据之前介绍的派生类构造函数执行过程，本例在建立 Derived 类对象 dl 时，虚基类 Base0 构造函数似乎应该被调用三次，其成员 id 初始化了三次？这明显不合理、也没有必要。但从运行结果看，Base0 的构造函数又只调用了一次，这又是怎么回事？

对这两个问题，C++系统是如下处理的：

(1)由于间接基类 Base0 是虚基类，它的成员 id 在派生类 Derived 中只有一份。如果 Derived 类不负责虚基类 Base0 的初始化，而由 Base1 和 Base2 类负责初始化，就出现了 Base0 类中的一份数据 id 被初始化两次的不合理结果。为了避免这种现象的出现，C++系统对此有特别的处理机制：仅由建立对象的类负责虚基类的初始化(把这个类称之为最远派生类)。而最远派生类的其他基类不再对虚基类初始化。从而保证虚基类的成员在派生类中只被初始化一次。本例中，Derived 类建立了对象 d1，Derived 就是最远派生类，就由 Derived 类的构造函数负责 Base0 的初始化。因此程序 C 行 Derived 类的初始化表中需要列出 Base0 及初始化参数。而且如果 Derived 作为基类继续派生，那么所有这些派生类的构造函数初始化表中，都要列上虚基类 Base0。Derived 构造函数首先调用 Base0 的构造函数，完成虚基类 Base0 的初始化，然后再调用其他非虚基类的构造函数。

(2)本例中，Base1 和 Base2 的构造函数初始化表中也都列出了虚基类 Base0，但是根据上面介绍的机制，因为 Base1 和 Base2 类并没有建立对象，它们都不是最远派生类，因此不负责虚基类的初始化。因此当 Derived 的构造函数分别调用 Base1 和 Base2 的构造函数时，在 A、B 行 Base1 和 Base2 的构造函数只完成自身初始化，不会调用虚基类 Base0 的构造函数对 Base0 初始化。这样就保证了在建立 Derived 类对象 d1 时，虚基类 Base0 的构造函数只被调用一次，从而成员 id 只被初始化一次。

程序运行结果为：

```
construction Base0 id=1
construction Base1 id1=2
construction Base2 id2=3
construction Derived idd=4
```

例 6-13 中，Base1 和 Base2 的基类是虚基类，没有非虚基类。如果派生类的基类既有虚基类，又有非虚基类，那么建立派生类对象时，构造次序又是如何呢？

C++规定，当一个派生类是多继承，基类中既有非虚基类，又有虚基类时，派生类的构造函数执行次序为：

(1)调用虚基类的构造函数。

(2)调用非虚基类的构造函数。

(3)调用对象成员的构造函数。

(4)最后执行派生类的构造函数。

派生类的析构次序仍然与构造次序相反。

例 6-14 含有虚基类、非虚基类的派生类例。

```
#include <iostream>
using namespace std;
class Base0{
    int id;
```

```
public:
    Base0(int n){
        id=n;
        cout<<"construction Base0 id="<<id<<endl;}
};
class Base1: virtual public Base0{
    int id1;
public:
    Base1(int a):Base0(a){
        id1=a;
        cout<<"construction Base1 id1="<<id1<<endl;}
};
class Base2: virtual public Base0{
    int id2;
public:
    Base2(int a):Base0(a){
        id2=a;
        cout<<"construction Base2 id2="<<id2<<endl;}
};
class Base3{
    int id3;
public:
    Base3(int a){
        id3=a;
        cout<<"construction Base3 id3="<<id3<<endl;}
};
class Derived: public Base1, public Base2,virtual public Base3{ // //Base3 为虚基类
    int idd;
    Base3 b3;
    Base2 b2;
public:
    Derived(int a):
Base0(a),Base1(a+1),Base2(a+2),b3(a+3),Base3(a+4),b2(a+5),idd(a+6){
        cout<<"construction d1 idd="<<idd<<endl;
    }
};
int  main(){
    Derived d1(0);
    return 0;
}
```

在此例中，Derived 的基类既有虚基类，也有非虚基类。请读者自行写出程序运行结果。

从本节的介绍可以看出，由于多继承可能存在同名情况，从而出现二义性问题，因此多继承要比单继承复杂得多。在可能的情况下，应尽量使用单继承，或者使用组合类代替多继承。

6.6 类继承实例——公司人员管理程序

本节仍以第 5 章介绍的公司人员管理程序为例，进一步说明类的派生过程及虚基类的应用。

6.6.1 类设计

假设公司具有 4 种类型的员工，其月薪计算办法如下：

技术员，按每小时 200 元计算月薪；

销售员，按该销售员当月销售额的 4%提成计算月薪；

经理，固定月薪 10000 元；

销售经理，月薪由固定部分和销售提成两部分组成，其中固定月薪为 2000 元，销售提成为所管辖部门当月销售总额的 1%。

根据上述需求，由基类 employee 公有派生 technician（技术员）类、salesman（销售员）类和 manager（经理）类。由于销售经理同时具有销售员和经理的特征，因此由 salesman 类和 manager 类共同派生 salesmanager（销售经理）类。由于 salesman 类和 manager 类有共同基类 employee，为了避免二义性，在派生中将 employee 声明为虚基类。

在基类 employee 中，除了定义构造函数和析构函数以外，还统一定义了对各类人员的操作，这样可以规范类族中各派生类的基本行为。但是各类人员计算月薪的方法不同，无法在 employee 中统一定义。因此 employee 类中计算月薪的函数 setpay 定义为空函数。由各派生类根据各自计算月薪的方法，再改写 setpay 函数。公司人员类的继承关系的 UML 表示如图 6-11 所示。

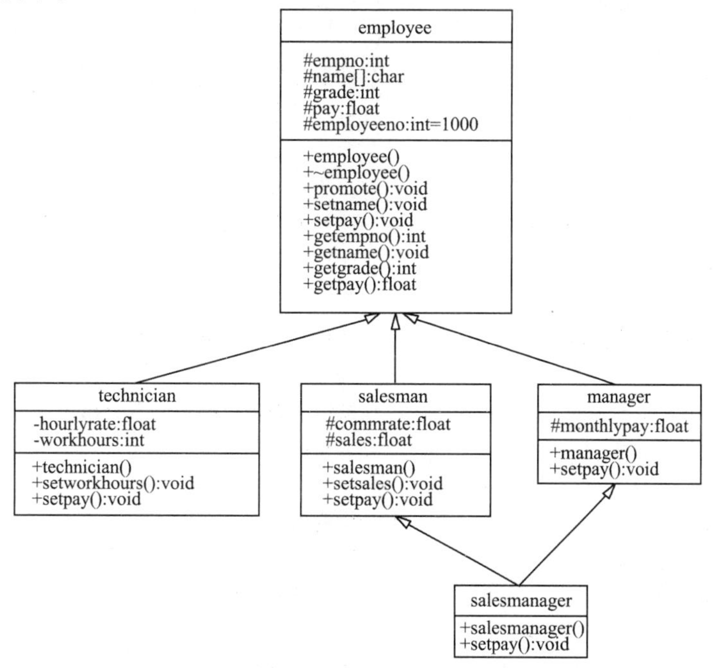

图 6-11　公司人员类的继承关系的 UML 表示

6.6.2 源程序设计

例 6-15 公司人员管理程序。

整个程序由三个文件组成：employee.h 类定义头文件，employee.cpp 类实现文件，ex6_15.cpp 主函数文件。

```
//employee.h
class employee{
protected:
    int empno;
    char  name[20];
    int  grade;
    float  pay;
    static int employeeno;
public:
    employee();                          //构造函数
    ~employee();                         //析构函数
    void  promote(int);                  //升级函数
    void  setname(char * );              //设置姓名函数
    void  setpay();                      //设置月薪函数
    int  getempno();                     //获取编号函数
    void  getname(char * );              //获取姓名函数
    int  getgrade();                     //获取级别函数
    float  getpay();                     //获取月薪函数
};
class technician:public employee{        //技术员类
private:
    float  hourlyrate;                   //每小时酬金
    int  workhours;                      //当月工作时数
public:
    technician();                        //构造函数
    void  setworkhours(int wh);          //设置工作时数
    void  setpay();                      //计算月薪函数
};
class salesman:virtual public employee   {//销售员类,虚继承 employee
protected:
    float commrate;                      //按销售额提取酬金的百分比
    float sales;                         //当月销售额
public:
    salesman();                          //构造函数
    void setsales(float sl);             //设置销售额
    void setpay();                       //计算月薪函数
};
class manager:virtual public employee{   //经理类,虚继承 employee
```

```
protected:
    float monthlypay;                           //固定月薪数
public:
    manager();                                  //构造函数
    void setpay();                              //计算月薪函数
};
class salesmanager:public salesman,public manager//销售经理类
public:
    salesmanager();                             //构造函数
    void setpay();                              //计算月薪函数
};
//employee.cpp
#include<iostream>
#include<cstring>
#include"employee.h"
using namespace std;
int employee::employeeno=1000;

employee::employee(){
    empno=employeeno++;
    grade=1;                                    //级别初值为1
    pay=0.0; }                                  //月薪总额初值为0
employee::~employee(){}
void employee::promote(int inc) {              //升级,提升的级数由inc指定
    grade+=inc;}
void employee::setname(char * na) {            //设置姓名
    strcpy(name,na);  }
void employee::setpay(){}                      //计算月薪,空函数
int employee::getempno(){                      //获取成员编号
    return empno;}
void employee::getname(char * na){             //获取姓名
    strcpy(na,name);  }
int employee::getgrade(){                      //获取级别
    return grade;}
float employee::getpay(){                      //获取月薪
    return pay;}

technician::technician(){                      //每小时酬金200元
    hourlyrate=200;}
void technician::setworkhours(int wh) {        //设置工作时间
    workhours=wh;}
void technician::setpay(){                     //计算technician月薪
    pay=hourlyrate * workhours;}
salesman::salesman(){                          //销售提成比例4%
```

```
    commrate=0.04;}
void salesman::setsales(float sl) {                                //设置销售额
    sales=sl;}
void salesman::setpay(){                                           //计算 salesman 月薪
  pay=sales * commrate;}

manager::manager(){                                                //经理固定月薪 10000 元
    monthlypay=10000;}
void manager::setpay(){                                            //计算 manager 月薪
    pay=monthlypay;}

salesmanager::salesmanager(){
    monthlypay=2000;
    commrate=0.01;}
void salesmanager::setpay(){                                       //计算 salesmanager 月薪
    pay=monthlypay+commrate * sales;   }

//ex6_15.cpp
#include<iostream>
#include<cstring>
#include"employee.h"
using namespace std;
int main(){
    int wh;
    float xs;
    technician t1;
    salesman s1;
    manager m1;
    salesmanager sm1;
    char na[20];

    cout<<"请输入技术员姓名:";
    cin>>na;
    t1.setname(na);

    cout<<"请输入销售员姓名:";
    cin>>na;
    s1.setname(na);

    cout<<"请输入经理姓名:";
    cin>>na;
    m1.setname(na);

    cout<<"请输入销售经理姓名:";
```

```
    cin>>na;
    sm1.setname(na);
    t1.getname(na);
    cout<<"请输入技术员"<<na<<"本月工作时数:";
    cin>>wh;
    t1.setworkhours(wh);
    t1.promote(0);                              //t1 提升 0 级
    t1.setpay();                                //计算 t1 月薪

    s1.getname(na);
    cout<<"请输入销售员"<<na<<"本月销售额:";
    cin>>xs;
    s1.setsales(xs);
    s1.promote(1);                              //s1 提升 1 级
    s1.setpay();                                //计算 s1 月薪

    m1.promote(2);                              //m1 提升 2 级
    m1.setpay();                                //计算 m1 月薪

    sm1.getname(na);
    cout<<"请输入销售经理"<<na<<"所管辖部门本月的销售总额:";
    cin>>xs;
    sm1.setsales(xs);
    sm1.promote(3);                             //sm1 提升 3 级
    sm1.setpay();                               //计算 sm1 月薪

    //显示技术员信息
    t1.getname(na);
    cout<<"编号 "<<t1.getempno()<<"\t 姓名 "<<na
    <<"\t 级别 "<<t1.getgrade()<<"级\t 工资"<<t1.getpay()<<endl;
    //显示销售员信息
    s1.getname(na);
    cout<<"编号 "<<s1.getempno()<<"\t 姓名 "<<na
    <<"\t 级别 "<<s1.getgrade()<<"级\t 工资"<<s1.getpay()<<endl;

    //显示经理信息
    m1.getname(na);
    cout<<"编号 "<<m1.getempno()<<"\t 姓名 "<<na
    <<"\t 级别 "<<m1.getgrade()<<"级\t 工资"<<m1.getpay()<<endl;

    //显示销售经理信息
    sm1.getname(na);
    cout<<"编号 "<<sm1.getempno()<<"\t 姓名 "<<na
```

```
    <<"\t 级别 "<<sm1.getgrade()<<"级\t 工资"<<sm1.getpay()<<endl;
    return 0;
}
```

程序运行结果：

请输入技术员姓名：Qian

请输入销售员姓名：Zhao

请输入经理姓名：Wang

请输入销售经理姓名：Sun

请输入技术员 Qian 本月工作时数：150

请输入销售员 Zhao 本月销售额：40000

请输入销售经理 Sun 所管辖部门本月的销售总额：500000

编号 1000　姓名 Qian　　级别 1 级　工资 30000

编号 1001　姓名 Zhao　　级别 2 级　工资 1600

编号 1002　姓名 Wang　　级别 3 级　工资 10000

编号 1003　姓名 Sun　　 级别 4 级　工资 7000

在本例程序中，每个派生类继承了基类成员，并且新增了数据成员。派生类的构造函数只需初始化本类的新增成员。在建立派生类对象时，系统首先调用基类构造函数初始化基类成员，然后再执行派生类的构造函数初始化新增数据成员。由于本例中所有类的构造函数都是默认的，所以派生类构造函数的初始化表中不用列出基类(包括虚基类)。

每个派生类都有与基类同名的成员函数 setpay，在 main 函数中，当通过派生类的对象调用该函数时，根据同名隐藏规则，系统调用的是派生类的同名函数。基类的空函数 setpay 只起到对类族的基本行为进行统一的作用。

静态数据成员 employeeno 表示员工编号，为所有对象共享。在类外初始化为 1000。每增加一个对象，在基类构造函数中加 1。

这个程序存在两点不足：

(1)基类成员函数 setpay 的函数体为空，在实现部分仍要写出函数体，显得多余。通过下一章介绍的虚函数便可解决这一问题。

(2)在 main 函数中，建立了四个不同类的对象，对它们进行了类似的操作(如输入姓名、输出每个人的基本信息等)，但是却重复写了四遍类似的语句。是否可以依据类型兼容规则，考虑用基类的指针数组指向派生类对象，进而用循环结构依次处理这些对象呢？用目前掌握的方法还不行，因为通过基类指针只能访问基类的成员，但这里需要访问每个派生类自己的 setpay 函数。这个问题也需要虚函数来解决。

本章小结

继承是面向对象程序设计实现软件重用的重要技术。程序员可以在已有类的基础上增加新的数据成员和成员函数，形成派生类。这种程序设计方法称为继承。用继承方法增加新的类，不会影响原有的类层次结构。

单继承的派生类只有一个基类，多继承的派生类有多个基类。

类成员的访问特性和类的继承性质，决定类成员的作用域和可见性。派生类对基类成

员的访问性质受到继承方式的影响。

创建派生类对象时，派生类的构造函数总是先调用基类构造函数初始化基类成员。调用基类带参数的构造函数可以通过成员初始化表实现数据的传递。调用析构函数的次序和调用构造函数的次序相反。

多继承情况下，派生类存在成员标识的唯一性问题，这时可以采用作用域分辨符和虚基类两种方法解决。

练习题

1.根据本章图 6-1 的高校人员的分类系统，写出图中各类人员的类定义(类中成员略)。

图中各类人员名称分别为：高校人员：Col_Staff；学生：Student；教职员：Tech_Staff；专科生：Speci_Student；本科生：Undergraduate；研究生：Gradu_Student；教师：Teacher；行政人员：Admini_Staff；其他人员：Other_Staff；在职研究生：On_Job_Postgraduate。

2.设计一个建筑物类 Building，由它派生出教学楼类 Teach_Building 和宿舍楼类 Dorm_Building，前者包括教学楼编号、层数、教室数、总面积等基本信息，后者包括宿舍楼编号、层数、宿舍数、总面积和容纳学生总人数等基本信息。

3.定义一个图形类 Shape，其中有保护数据成员高度和宽度，以及构造函数，计算面积函数 Area 等。Shape 派生出矩形类、三角形类。在派生类中改写 Area 函数，分别计算矩形类、三角形类的面积。

4.为第 5 章习题 4 Time 类派生新时间类 ZoneTime，ZoneTime 类新增一个表示时区的数据成员 zone。编写构造、复制构造函数，显示、调整时区的函数，并在主函数中创建对象，调用成员函数。

5.将上题 ZoneTime 类与第 5 章习题 3 Date 类共同派生出日期时间类 DateTime。编写派生类的构造、复制构造函数，显示日期、时间、时区等函数。

6.在第 5 章第 5 题的基础上，以人员类 Person 为基类，公有派生出 Student 类，增加私有数据成员 char No[11](学号)、int * psc(课程成绩)，int numsc(课程门数)。课程门数由构造函数参数给出。编写如下函数：

Student 类构造函数、深复制构造函数、析构函数。在构造函数、复制构造函数中申请内存，存放 numsc 门课程成绩。在析构函数中释放内存。

Student& assign(Student&)函数，对 Student 对象赋值。

void change(int n，char * pha) 函数，用形参 n 改变现有课程门数，用 pha 改变现有住址。

void getscore()函数，从键盘读取 numsc 门课程成绩，存入 psc 所指内存。

在 Student 类中改写基类的 showpare()函数，显示 Student 类的全部数据。

要求在 3 个文件中完成：两个类的定义在 person.h 文件中，类的实现在 person.cpp 文件中，主函数在 ex6-6.cpp 文件中。

第 7 章 多态性

多态性是面向对象语言的一个重要特征。通过多态,实现"一个名词,多种含义",或"同一界面,不同实现"。前面介绍的重载函数就是多态的一种简单形式。C++还提供一种更为灵活的多态机制:虚函数。虚函数使得函数调用与函数体的联系在运行时才确定,称为动态联编。类、继承和多态,为软件重用和扩展提供了卓越的表达能力。本章讨论多态性的主要内容——运算符重载、虚函数。

学习目标

1.理解多态性的概念、多态的类型、动态联编的意义;
2.理解运算符重载的概念并掌握运算符重载的两种方法;
3.理解虚函数,掌握在继承关系中使用虚函数的方法;
4.理解纯虚函数、抽象类的概念、作用并掌握应用。

7.1 多态性概述

多态是指同样的消息被不同类型的对象接收时导致不同的行为。所谓消息是指对类的成员函数的调用,不同的行为是指不同的实现,即调用了不同的函数。多态性的常见例子就是运算符重载。例如使用同样的加运算符"+",就可以实现实数相加或复数相加。同样的消息——加,被不同类型的对象接收后,产生不同的行为——两个实数或者两个复数,按照不同的加规则进行加运算。如果是两个不同类型的对象相加,则要先进行类型转化,这就是典型的多态行为。多态性是面向对象语言的重要特征,C++支持多态。

按照多态实现的时间，可以分为两类：编译时多态和运行时多态。前者是在编译过程中确定了同名操作的对象，而后者则要到程序运行过程中才动态地确定操作对象。这种确定具体的操作对象的过程称之为联编。用面向对象的术语讲，联编就是把一个消息和一个对象的函数相联系的过程。因此按照联编进行阶段的不同，可以分为两种不同的联编方法：静态联编和动态联编，这两种联编过程分别对应着编译时多态和运行时多态两种实现方式。

联编工作在编译连接阶段完成，称为静态联编。在默认情况下，C++实行静态联编。在编译阶段，编译程序根据类型匹配等规则就能确定要调用的程序代码。第 3 章介绍的函数重载、第 6 章例 6-5 中通过基类指针调用成员函数以及本章将要介绍的运算符重载都属于静态联编。静态联编的优点是程序运行效率高，缺点是程序通用性差。

和静态联编相对应，在编译过程中无法确定要调用的程序代码，必须要到运行时才能确定操作对象，称为动态联编。C++中是通过虚函数实现动态联编的。动态联编的优点是程序具有更强的通用性、抽象性和易维护性。缺点则是程序运行到函数调用点时，才能确定调用哪个函数，因此程序运行速度慢、效率较低。

面向对象的多态性按照类型可以分为四类：重载多态、强制多态、包含多态和参数多态。前面两种统称为专用多态，而后面两种统称为通用多态。普通函数及类成员函数的重载、本章将要讨论的运算符重载都属于重载多态。强制多态是指将一个变量的类型加以变化，以符合一个函数或者操作的要求。将函数实参的类型转换为形参类型，再进行参数传递就是强制多态。包含多态是研究类族中定义于不同类中的同名成员函数的多态行为，主要是通过虚函数来实现。参数多态与类模板相关联，在使用模板时必须给模板类型参数一个实际的类型才可以实例化。本章主要介绍重载多态——运算符重载和包含多态——虚函数。

7.2 运算符重载

7.2.1 运算符重载规则

运算符重载是指对C++现有的运算符赋予多重含义，使同一个运算符可以操作不同类型对象，从而产生不同的行为。运算符重载是通过函数重载实现的。程序在编译时，编译程序就根据实参和形参的类型，确定具体调用的函数，将函数调用和被调用函数实现绑定。因此运算符重载属于静态多态。

C++中除了 sizeof 、?:、.、::、.* 这 5 个运算符不能重载外，其他运算符都能根据需要进行重载。

运算符重载后，必须保持运算符原来的语义不变，即：

(1)运算符优先级不变；

(2)运算符结合性不变；

(3)运算符的操作数个数不变。

在C++中只有系统预定义的运算符可以重载。有些运算符只能重载为类的成员函数，如=、()、[]、－＞运算符；有些运算符只能重载为类的友元函数，如提取运算符＞＞、插入运算符＜＜。而大多数运算符则既能重载为类的成员函数，也能重载为类的友元函数。

7.2.2 运算符重载为类的成员函数

本节介绍运算符重载为类的成员函数。

1.一般运算符的重载

运算符重载为类的成员函数时，函数参数个数比该运算符需要的操作数个数少一个。因此，双目运算符重载函数只需要一个参数，单目运算符重载函数不需要参数。

双目运算符重载为类的成员函数的声明格式为：

```
函数类型  operator 运算符(类型  参数);
```

其中，operator 是关键字，它与重载的运算符共同构成函数名。

单目运算符重载为类的成员函数的声明格式为：

```
函数类型  operator 前置单目运算符();
```

或

```
函数类型  operator 后置单目运算符(int);
```

其中，后置单目运算符重载函数中的参数 int 仅用做区分该函数是重载前置运算符，还是重载后置运算符，并无其他作用。当以算术表达式形式调用时可以写该参数，也可以不写该参数。

对于双目运算符，一般使用左操作数调用运算符重载函数，右操作数作为函数实参。这样，如果两个对象 c1 和 c2 要进行加运算，那么函数调用形式就是“c1.operator+(c2)”。C++允许对运算符重载函数的调用直接写成表达式形式，即直接写成“c1+c2”。这就和基本类型数据相加的表达形式完全一致，非常直观。当然，“+”运算满足交换律，因此如果写成“c2+c1”，结果应该和“c1+c2”相同。

为什么运算符重载为成员函数时，函数参数可以少一个呢？原因在第 5 章节已经介绍了，类的成员函数都隐含了 this 指针，它始终指向调用函数的对象。当进行 c1.operator+(c2)函数调用时，this 指向了 c1，并且 this 作为隐含参数传递给了重载函数。因此双目运算符的左操作数就没有必要再作为参数显式传递给函数了，只需将右操作数作为函数的参数，而单目运算符重载函数就不需要参数了。

运算符重载为类的成员函数

例 7-1 定义复数类 Complex 和运算符重载函数，完成复数的算术运算。

复数由实部和虚部两部分组成。本例定义一个复数类 Complex，数据成员 Real、Image 分别保存复数的实部和虚部值，并定义部分算术运算符重载函数，依据复数的运算规则完成复数的算术运算。

```
#include <iostream>
#include <cmath>
using namespace std;
class Complex{
    double  Real,Image ;          //复数的实部和虚部
public:
    Complex(double r=0, double i=0){Real=r;Image=i;}
    Complex  operator+(const Complex&);//+运算符重载函数
    Complex&  operator+=(const Complex&);//+=运算符重载函数
```

```
    Complex&  operator=(const Complex&);//=运算符重载函数
    Complex&operator++(); //前置++,规定为实部和虚部各加 1
    const Complex operator++(int); //后置++,规定为实部和虚部各加 1
    void  Print(){
        cout<<"("<<Real<<(Image>0 ? '+':'-')<<fabs(Image)<<"i)\n";  }
};
Complex  Complex::operator+(const Complex& c){
    //也可写成 return Complex(Real+c.Real, Image+c.Image);
    Complex temp;
    temp.Real=Real+c.Real;
    temp.Image=Image+c.Image;
    return temp;
}
Complex& Complex::operator+=(const Complex& c){
    //也可写成 return *this= *this+c;
    Real+=c.Real;
    Image+=c.Image;
    return *this;     //显式使用 this,返回调用函数的对象
}
Complex& Complex::operator=(const Complex& c){
    Real=c.Real;
    Image=c.Image;
    return *this;
}
Complex& Complex::operator++(){
    Real++,++Image;
    return *this;     //返回++之后的对象
}
const Complex Complex::operator++(int){
    Complex temp= *this;
    Real++; ++Image;
    return temp;     //返回++之前的对象
}
int main(){
    Complex c1(4,2),c2(-6,-3),c3,c4;
    c3=c1+c2;  cout<<"c3=";c3.Print();    //A
    cout<<"c2=" ;(c2+=c3).Print();
    c3=c2=c1;  cout<<"c3=";c3.Print();
    c3=c1++;  cout<<"c1=";c1.Print(); cout<<"c3=";c3.Print();
    c3=++c2;  cout<<"c2=";c2.Print(); cout<<"c3=";c3.Print();
    c4=(c1+=c2)++;  cout<<"c1=";c1.Print(); cout<<"c4=";c4.Print();
    return 0;
}
```

程序运行结果：

c3＝(－2－1i)

c2＝(－8－4i)

c3＝(4＋2i)

c1＝(5＋3i)

c3＝(4＋2i)

c2＝(5＋3i)

c3＝(5＋3i)

c1＝(11＋7i)

c4＝(10＋6i)

在本例中复数类 Complex 重载了“＋、＋＝、＝、前后置＋＋”等运算符，实现复数的相应运算。

下面分析程序 A 行“c3＝c1＋c2”的实现过程。

根据优先级，先进行“＋”运算，再进行“＝” 运算。因此，C++编译器把表达式 c3＝c1＋c2 解释为“c3.operator＝(c1.operator＋(c2))”这样一个函数调用过程。即先由 c1 调用 operator＋函数，将 c2 作为函数实参，完成复数对象的加运算，并返回复数和对象。之后由 c3 调用 operator＝函数，将之前返回的复数和对象作为函数实参，完成复数对象的赋值运算。

本例中还重载了前置、后置＋＋运算符。请读者仔细体会前、后置＋＋运算符重载函数在程序设计上的区别。因为C++程序中对后置运算符是不允许连续调用的，即不允许出现 c1＋＋＋＋的表达式。同时后置运算符也不能作为左值，即不允许出现 c1＋＋＝c2 这样的表达式。因此本例中将后置＋＋运算符重载函数声明为 const Complex operator＋＋(int)，以防止在使用中出现这两种情况。

C++系统的赋值和复合赋值运算符具有连续使用功能，即可以如下使用这些运算符：

a＝b＝c＝d；和 a＋＝b＋＝c＋＝d；

赋值和复合赋值运算符重载后，也应该具备上述功能。因此本例中“＝、＋＝”运算符重载函数最后都返回了一个对象 * this。将 * this 作为新的赋值运算的右值，继续参与后续运算，从而保证运算符重载后原有功能不变。在这里，* this 是 this 指针的显式使用。通过指针运算符“ * ”获得 this 所指的对象，这是常见的显式使用 this 的形式。

2.赋值运算符的重载

在 5.4 节曾提到，C++系统为每个类提供默认的赋值运算符“＝”重载函数，使得同类对象可以像普通变量一样进行赋值运算——同类对象间对应数据成员赋值，称之为“按成员赋值”。因此本例中，如果没有定义 Complex 类赋值运算符“＝”重载函数，编译器也会建立和本例赋值运算符“＝”重载函数形式、功能完全一样的默认的赋值运算符重载函数。在通常情况下，默认的赋值运算符能够满足对象的赋值要求。但是当类的构造函数中存在动态申请内存，如例 5-11 Array 类的构造函数那样，这时默认赋值运算，即“按成员赋值”就不能满足要求。假如 Array 类对象 a1、a2 进行赋值运算 a2＝a1，则默认赋值运算如下进行：

a2.size＝a1.size

a2.p＝a1.p

很显然，该例中默认的赋值运算同样产生如图 5-5(b)所示的结果。a2.p=a1.p 产生内存泄漏，a1、a2 两个对象释放时，两次调用 delete [] p，产生内存重复释放问题。因此在这种情况下，就必须自定义赋值运算符重载函数，以避免产生上述情况。

一般说来，赋值运算符"="重载函数完成下述三项任务：

(1)释放由构造函数申请的原有内存区域；

(2)申请新的内存区域；

(3)复制数据到新的内存区域，复制对象的其他数据成员。

下面以例 5-11 为例，介绍 Array 类赋值运算符"=" 重载函数的编写。

```
Array& Array::operator=(Array& ra){
    if(this! =&ra){                        //A
        if(p! =NULL)delete [] p;           //B
        size = ra.size;                    //D
        p=new int[size];                   //C
        if(p! =NULL)
          for(int i=0;i<size;i++)//E
            p[i]=ra.p[i];
    }
    return *this;
}
```

上述程序执行过程如图 7-1 所示。

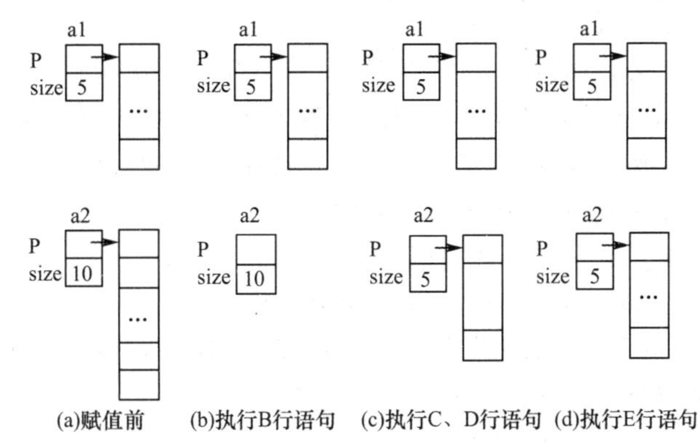

图 7-1 Array 类对象 a2=a1 赋值过程

程序 B 行是先释放 p 所指的内存区域，C 行申请新的内存区域，E 行则将 ra 对象的 p 所指内存区域中的数据复制到本对象的对应区域，D 行则是复制其他数据成员。

正因为有 B 行的内存区域释放操作，所以程序必须防止对象的自我赋值，即出现 a2=a2 这样的赋值。因为如果出现 a2=a2 这样的赋值，A 行中的 this 就等于 &ra(*this 就是 ra)，delete[] p 的结果就把 a2 的内存区域给释放了。因此必须避免出现 a2=a2 这样的自身赋值。如果出现这种情况，程序不做任何处理，直接返回 *this。

重载了上述赋值运算符后，就可以安全运行下面对象的赋值了。

```
Array a1(5),a2(10);
a2=a1; //调用赋值运算符重载函数
a2.show();
```

将此处的赋值运算符重载函数和例 5-12 中的深复制构造函数比较，可以发现，不同之处仅在于赋值运算符重载函数要先执行 delete [] p。这是因为赋值运算符左侧的对象已经存在，具有了内存区域。而调用复制构造函数的对象正在建立，还没有申请内存区域，当然就不需要 delete [] p 了。

派生类不继承基类的赋值运算操作。因此当派生类的默认赋值运算不能满足要求时，派生类也要重载赋值运算符“=”。在派生类的赋值运算符重载函数中，要显式调用基类赋值运算符重载函数，实现基类中成员的赋值操作。

假如，B 类是 A 类的派生类，则 B 类的赋值运算符重载函数应如下设计：

```
class B : public A{
public:
  B& operator=(const B& b){
    if(this! =&b){
      //显式调用基类“=”重载函数
      (A&) * this=b; //也可写成 * (A * )this=b;或 this->A::operator=(b);
      //派生类自身新增成员的赋值
    }
    return * this;
  }
};
```

7.2.3 运算符重载为友元函数

运算符也可以重载为普通函数。因为普通函数不存在 this 指针，也就不能通过对象调用，因此函数的参数个数就是运算符要求的操作数个数。即运算符的所有操作数都要作为重载函数的参数进行传递。此外，为了使对象在普通函数中能够访问私有、保护成员，经常将普通函数说明成友元函数(这一点不是必需的)。

双目运算符重载成类的友元函数的语法格式为：

```
friend 函数类型  operator 运算符(类型 参数 1,类型 参数 2);
```

一般将双目运算符的左操作数作为重载函数的参数 1，右操作数作为重载函数的参数 2。

单目运算符重载成类的友元函数的语法格式为：

```
friend 函数类型  operator 运算符(类型 参数 1[,int]);
```

例 7-2 改写例 7-1，使用友元函数重载运算符，实现复数的运算。

```
#include <iostream>
#include <cmath>
using namespace std;
class Complex{
    double  Real,Image ;          //复数的实部和虚部
public:
    Complex(double r=0.0, double i=0.0){Real=r;Image=i;}
    friend Complex  operator+(const Complex&,const Complex&);
    friend Complex&  operator+=(Complex&,const Complex&);
    friend Complex& operator++(Complex&);  //前置++,规定为实部和虚部各加 1
```

```
    friend Complex operator++(Complex&,int);//后置++,规定为实部和虚部各加 1
    friend ostream& operator<<(ostream&,const Complex&); //<<运算符重载
};
Complex  operator+(const Complex& c1,const Complex& c2){
    return Complex(c1.Real+c2.Real ,c1.Image+c2.Image);
}
Complex& operator+=(Complex& c1,const Complex& c2){
    c1.Real=c1.Real+c2.Real;
    c1.Image=c1.Image+c2.Image;
    return c1;
}
Complex& operator++(Complex& c){
    ++c.Real, c.Image++;
    return c;      //返回++之后的对象
}
Complex operator++(Complex& c,int){
    Complex temp=c;
    c.Real++; ++c.Image;
    return temp;      //返回++之前的对象
    //也可以写成 return Complex(c.Real++,c.Image++);
}
ostream& operator<<(ostream& out,const Complex& c){
    out<<"("<<c.Real<<(c.Image>=0 ? '+': '-')<<fabs(c.Image)<<"i)\n";
    return out;
}
int main(){
    Complex c1(4,2),c2(-6,-3),c3,c4;
    c3=c1+c2;  cout<<"c3="<<c3;      //A
    cout<<"c2="<<(c2+=c3);
    c3=c2=c1;  cout<<"c3="<<c3;
    c3=c1++;  cout<<"c1="<<c1; cout<<"c3="<<c3;
    c3=++c2;  cout<<"c2="<<c2; cout<<"c3="<<c3;
    c4=(c1+=c2)++;  cout<<"c1="<<c1; cout<<"c4="<<c4;
    return 0;
}
```

程序运行结果同例 7-1。

本例中运算符重载成普通函数,由于在重载函数中要通过对象访问类的私有成员 Real 和 Image,因此将重载函数声明为 Complex 类的友元函数。表达式 c3=c1+c2,写成函数调用形式为 c3.operator=(operator+(c1,c2))。c1 作为 operator+函数的第一个参数,c2 作为第二个参数。c3 调用 operator=函数,c1+c2 的和作为 operator=函数的参数。本例中使用了默认的赋值运算符重载函数。

运算符重载的两种形式各有特点。成员函数的重载只需一个参数,使用方便。但某些

运算符只能重载成非成员函数的形式。例如插入运算符“<<”。在表达式“cout<<c3”中，cout 和 c3 是两个不同类型的对象，cout 是流类 ostream 对象，c3 是 Complex 对象。如果把“<<”运算符重载成 Complex 类的成员函数，那么调用 operator<<函数的左操作数必须是 Complex 的对象。而此处是不可更改的 ostream 类对象 cout。因此只能把“<<”运算符重载成友元函数，将 cout 作为 operator<<函数的第一个参数。同样提取运算符“>>”也只能重载成友元函数。插入和提取运算符重载的一般形式为：

```
friend ostream& operator<<(ostream&, 类类型 &);//插入运算符重载函数
friend istream& operator>>(istream&,类类型 &);//提取运算符重载函数
```

因此 Complex 类的插入和提取运算符重载函数的形式为：

```
friend ostream& operator<<(ostream&, Complex&);
friend istream& operator>>(istream&,Complex&);
```

两个重载函数的返回类型也是流对象的引用。之所以需要返回流对象，是为了能在程序中连续使用“<<”或“>>”运算符。

至于如何编写插入和提取运算符重载函数，则要根据不同对象的具体要求确定。例如要求以复数的一般形式(a+bi)输出 Complex 对象，则 Complex 类的插入运算符重载函数可以如下编写：

```
friend ostream& operator<<(ostream& out, Complex& rc){
    out<<"("<<rc.Real<<(rc.Image>=0 ? "+":"-")<<fabs(rc.Image)<<"i) \n";
    return out;
}
```

在例 7-1 中，“+”运算重载为成员函数，能计算“复数+复数”。但是无法计算“实数+复数”。解决此问题的一个方法是再定义两个版本的“+”运算重载函数：

```
Complex operator+(double,const Complex&)和
Complex operator+(const Complex&,double)
```

实现“实数+复数”“复数+实数”。读者在下节就会看到，以非成员函数形式重载运算符，依靠类型转换函数将操作数的类型转换，用一个版本的重载函数就可以实现类似“实数+复数”“复数+实数”这样的运算。

C++系统规定“=、()、[]、->”运算符只能重载为类的成员函数。而提取运算符“>>”、插入运算符“<<”只能重载为类的友元函数。但是不管将运算符重载成何种形式，调用运算符重载函数，一般都可写成表达式形式。

*7.2.4 类型转换

类型转换是指程序在编译或运行时，将数据值的类型转换成另外一种类型。在前面几章中介绍了C++基本类型数据在变量初始化、赋值、混合类型运算、函数参数传递、函数返回值中的转换(显式和隐式)。C++也为类提供了类型转换机制。本节介绍用户自定义的类型，例如类和基本类型之间的转换。有了类类型的转换，就可计算“实数+复数”“复数+实数”，例如“5+复数”之类运算。

可以使用类的构造函数和类型转换函数实现这类转换。与基本类型的数据转换相同，这类转换也分为隐式和显式两种转换方式。

1.基本类型到类类型的转换

类的构造函数,如果有一个形参无默认值,则类的这个构造函数可以实现从基本类型到类类型的转换。其语法形式为:

```
类名(类型1 参数1,类型2 参数2=默认值2,…,类型n 参数n=默认值n);
```

其中类型 1 的参数不具有默认值,该参数被转换成类所需的参数。

为使C++能对例 7-2 中的复数类实现"实数+复数""复数+实数"运算(在此规定"实数+复数""复数+实数"运算是将实数加到复数的实部,复数的虚部不变),需要做以下两项工作:

①定义有一个无默认值参数的类的构造函数。例如,

```
Complex(double r,double i=0.0){Real=r;Image=i;}
```

②重载"+"运算符为友元函数。例如,

```
friend Complex operator+(const Complex&,const Complex&);
```

这样,就能实现上述运算。

例如有:

```
Complex c1(-4,7),c2;
double f=5;
c2=c1+f;  或者 c2=f+c1;
```

编译器在编译 c1+f 或 f+c1 时,由于"+"的左右操作数类型不同,因此必须先转换其中一个操作数类型。由于 Complex 有一个无默认值参数的构造函数,编译器就将 f 传递给该构造函数的参数 r,通过调用构造函数建立一个 Complex 的无名对象,作为"+"的一个操作数。这一过程相当于把 double 类型的 f 转换成一个 Complex 类对象。上述过程可以写成下列形式:

```
c2=c1+Complex(f);  或者 c2=Complex(f)+c1;
```

编译器再将表达式解释为:

```
operator+(c1, Complex(f))或 operator+(Complex(f), c1)
```

由于将 double 类型隐式转换为 Complex 类型,也就不必再定义如下两个"+"重载函数:

```
friend Complex operator+(double,const Complex&);
Complex operator+(const Complex& ,double);
```

就可实现"实数+复数""复数+实数"运算。

这里,构造函数起到了将 double 类型转变为 Complex 类型的作用。因此也将这类构造函数称为类型转换构造函数。

例 7-3 使用构造函数实现类型转换。

```
#include <iostream>
#include <cmath>
using namespace std;
class Complex{
    double  Real,Image;
public:
    Complex(double r, double i=0.0){Real=r;Image=i;} //类型转换构造函数
    friend Complex  operator+(const Complex&,const Complex&);
```

```
    friend ostream& operator<<(ostream&,const Complex&);
};
Complex  operator+(const Complex& c1,const Complex& c2){
    return Complex(c1.Real+c2.Real ,c1.Image+c2.Image);
}
ostream& operator<<(ostream& out,const Complex& c){
    out<<"("<<c.Real<<(c.Image>=0 ? '+': '-')<<fabs(c.Image)<<"i)\n";
    return out;
}
void fun(const Complex& c){
    cout<<"c="<<c;
}
int main(){
    Complex c1=Complex(1);      //A 显式转换 1 为对象
    Complex c2=2;               //B 隐式转换 2 为对象
    Complex c3=5+c1;            //C 隐式转换 5 为对象
    cout<<"c3=";cout<<c3;
    c3=c1+5;                    //D 隐式转换 5 为对象
    cout<<"c3=";cout<<c3;
    cout<<"c2=";cout<<c2;
    c3=9;                       //E 隐式转换 9 为对象
    cout<<"c3=";cout<<c3;
    fun(-3);                    //F 实参-3 隐式转换为对象
    return 0;
}
```

程序运行结果：

```
c3=(6+0i)
c3=(6+0i)
c2=(2+0i)
c3=(9+0i)
c=(-3+0i)
```

主函数 main 中 A～F 行都是将一个 double 类型的数据经构造函数转换为 Complex 类型对象。它与基本类型数据运算时的类型转换情况相仿，转换可以发生在初始化（A、B 行），算术运算（C、D 行）、赋值运算（E 行）以及函数参数传递前（F 行）。若没有转换构造函数，这些语句在编译时都将出错。从显示结果可以看出，“+”运算符重载后交换律不变，即 5+c1 和 c1+5 的结果不变。在本例中，只重载了一个“+”运算，就实现了“复数+复数”“实数+复数”“复数+实数”运算。

2.类类型到基本类型的转换

在类中我们可以定义一种特殊的类型转换函数，将对象转换成基本类型的数据。

类类型转换函数的形式为：

```
类名::operator 类型(){
    函数体
    return  表达式;
}
```

关于类类型转换函数,要说明以下几点:

①类类型转换函数只能定义为一个类的成员函数而不能定义为类的友元函数。类类型转换函数的其他特性与其他成员函数一样。

②类类型转换函数既没有参数,也不显式给出返回类型。但类类型转换函数中必须有"return 表达式;"的语句,表达式值即为对象转换成基本类型后的值。而且该表达式类型必须和转换函数名中的类型一致。

③一个类可以定义多个类类型转换函数。C++编译器将根据操作数的类型自动地选择一个合适的类类型转换函数与之匹配。在可能出现二义性的情况下,应显式地使用类类型转换函数进行类型转换。

例 7-4 将 Complex 类型转换为 double 类型。在该例中,将复数的模作为转换后的值。假如复数为(a+bi),则该复数的模定义为$\sqrt{a^2+b^2}$。

```
#include <iostream>
#include <math>
using namespace std;
class Complex{
public:
    double  Real,Image ;
public:
    Complex(double r, double i=0){Real=r;Image=i;}//类转换构造函数
    friend Complex operator+(const Complex&,const Complex&);
    operator double(){//类型转换函数
        return sqrt(Real * Real+Image * Image);
    }
};
Complex operator+(const Complex& c1,const Complex& c2){
    return Complex(c1.Real+c2.Real ,c1.Image+c2.Image);
}
int main(){
    Complex a(-6,8),b=7;            //A 隐式转换,将 7 转换为 Complex 对象
    double m;
    cout<<"a 的模="<<a<<endl;       //B 隐式转换,将 a 转换为 double 类型
    m=b;                            //C 隐式转换,将 b 转换为 double 类型
    cout<<"b 的模="<<m<<endl;
    double max=a>b ? a :b;          //D 隐式转换,将 a、b 转换为 double 类型
    cout<<"max="<<max<<endl;
//  b=a+9;                          //E
    return 0;
}
```

程序运行结果如下:

a 的模=10

b 的模=7

max=10

在类 Complex 中并没有重载"="和"<<"等运算符,如何对 Complex 类对象 a、b 进行这些操作呢?这都是由于隐式转换的缘故,A 行 b=7 调用了构造函数将 7 隐式转换成对象,并初始化 b。其余行则将对象经类类型转换函数 operator double()隐式转换为 double 类型的数据。

在该类中,由于同时存在类型转换构造函数和类类型转换函数,因此,在使用中有时会出现二义性。例如 E 行的表达式:

```
a+9
```

既可以调用类型转换构造函数将 9 转换为 Complex 对象,然后调用"+"重载函数完成复数加运算。也可以调用类类型转换函数将对象 a 转换为 double 类型数据,然后和 9 进行算术加运算。编译器此时无法确定如何编译。这时只能显式地使用类型转换来解决。

```
double(a)+9      //将对象 a 转换成 double 类型变量
```

或

```
a+Complex(9)      //将 9 转换成 Complex 类型对象
```

解决上述问题的另一个方法是给构造函数加上 explicit 关键字来限定:

```
explicit Complex(int r, int i=0){Real=r;Image=i;}
```

explicit 关键字的含义是:禁止将类的构造函数作为隐式类型转换函数使用。这样当出现 a+9 这样的表达式,就只有一个含义:double(a)+9,而不再是 a+Complex(9)。

7.2.5 运算符重载案例——自定义字符串类

第 4 章中介绍了C++中的字符串类 string。在学习了运算符重载后,本节将建立一个 mystring 类。在 mystring 类中,对关系运算符、下标运算符"[]"、赋值运算符"="等进行重载,使其能够完成 sting 类的大部分功能(简单起见,本例 new、delete 运算时,未做判断指针是否为空等增强程序健壮性的处理)。

例 7-5 mystring 类定义的应用。

```
//mystring.h
#ifndef STRING_H
#define STRING_H
class mystring{
    friend ostream &operator<<(ostream&,const mystring&);
    friend istream &operator>>(istream&,mystring&);
public:
    mystring(const char * = "");        //默认构造函数
    mystring(const mystring&);          //复制构造函数
    ~mystring();                        //析构函数
    const mystring& operator=(const mystring&);//=运算符重载
    const mystring& operator+=(const mystring&);//+=运算符重载
```

```
    bool operator==(const mystring&)const;//==运算符重载
    bool operator!=(const mystring& right)const;//!=运算符重载
    bool operator<(const mystring&)const;//<运算符重载
    bool operator>=(const mystring& right)const;//>=运算符重载
    bool operator>(const mystring& right)const;//>运算符重载
    bool operator<=(const mystring& right)const;//<=运算符重载
    char& operator[](int);//[]运算符重载可以作为左值
    const char& operator[](int)const;//[]运算符重载作为右值
private:
    char * sPtr;
    void setmystring(const char * );
};
#endif

//mystring.cpp
#include<iostream>
#include<iomanip>
#include<cstring>
#include "mystring.h"
using namespace std;

ostream& operator<<(ostream &output,const mystring &s){
    output<<s.sPtr;
    return output;}
istream& operator>>(istream &input,mystring &s){
    char temp[100];
    input>>setw(100)>>temp;
    s=temp;
    return input;}
mystring::mystring(const char * s){
    cout<<"Conversion constructor:"<<s<<"\n";
    setmystring(s);}
mystring::mystring(const mystring &copy){
    cout<<"Copy constructor:"<<copy.sPtr<<"\n";
    setmystring(copy.sPtr);}
mystring::~mystring(){
    cout<<"Destructor:"<<sPtr<<"\n";
    delete[] sPtr;}
const mystring& mystring::operator=(const mystring& right){
    if(&right! =this){
        delete[] sPtr;
        setmystring(right.sPtr);}
```

```
        else
            cout<<"self copy\n";
        return * this;}
const mystring& mystring::operator+=(const mystring &right){
        char * tempPtr=sPtr;
        int length=strlen(sPtr)+strlen(right.sPtr);
        sPtr=new char[length+1];
        strcpy(sPtr,tempPtr);
        strcat(sPtr, right.sPtr);
        delete[]tempPtr;
        return * this;}
bool mystring::operator==(const mystring& right)const
        {return strcmp(sPtr,right.sPtr)==0;}
bool mystring::operator!=(const mystring& right)const//!=运算符重载
        {return !( * this == right);}
bool mystring::operator<(const mystring& right)const
        {return strcmp(sPtr,right.sPtr)<0;}
bool mystring::operator>=(const mystring& right)const//>=运算符重载
        {return !( * this < right);}
bool mystring::operator>(const mystring& right)const//>运算符重载
        {return right< * this;}
bool mystring::operator<=(const mystring& right)const//<=运算符重载
        {return !(right> * this);}
char &mystring::operator[](int subscript){
        return sPtr[subscript];}//返回值可以作为左值
const char &mystring::operator[](int subscript)const{
        return sPtr[subscript];}//返回值只能作为右值
void mystring::setmystring(const char * string2){
        sPtr=new char[strlen(string2)+1];
        strcpy(sPtr,string2);}
//ex7-5.cpp
#include<iostream>
#include<iomanip>
#include<cstring>
#include "mystring.h"
using namespace std;
int main(){
        int i;
        mystring s1("This is "),s3;
        const mystring s2="C++";
        cout<<"s1 是 \""<<s1<<"\"\n";
        cout<<"s2 是 \""<<s2<<"\"\n";
        cout<<"s1 和 s2 比较结果是\n";
```

```
    cout<<"s1==s2 是 "<<(s1==s2 ? "真":"假")<<"\n";
    cout<<"s1! =s2 是 "<<(s1! =s2 ? "真":"假")<<"\n";
    cout<<"s1<s2 是 "<<(s1<s2 ? "真":"假")<<"\n";
    cout<<"s1>s2 是 "<<(s1>s2 ? "真":"假")<<"\n";
    s3=s1;
    cout<<"s3 是 \""<<s3<<"\"\n";
    s1+=s2;
    cout<<"s1 是 \""<<s1<<"\"\n";
    s3+=" C";
    cout<<"s3 是 \""<<s3<<"\"\n";
    for(i=0;i<11;i++)cout<<s1[i];
    cout<<"\n";
    for(i=0;i<3;i++)cout<<s2[i];
    cout<<"\n";
    return 0;
}
```

在程序中定义了 const 版本的 operator[],使得在程序中对于常对象也能使用下标运算符[]。这时调用的是 operator[](int)const 成员函数,但只能作为右值出现。

读者可在此基础上,为 mystring 类增加 find、substr、insert、length、remove、empty 等字符串处理函数,使 mystring 类完全具备 string 的功能。

请读者自行写出程序运行结果。

7.3 多态性与虚函数

第 6 章例 6-5 中,基类 Shape 指针数组 ptrs[]虽然指向了派生类对象,但是通过该指针只能访问到基类的 Show 函数。原因在于编译器在编译时就根据指针类型与基类中的 Show 函数实现了静态绑定。因此每次通过基类指针调用的都是基类的 Show 函数,而不是派生类的同名函数。要使基类指针每次都依据指针指向实际对象的类型,确定调用该类 Show 函数,则需要通过虚函数技术实现动态绑定来解决。

7.3.1 虚函数

如果需要通过基类指针指向派生类的对象,访问派生类中某个与基类同名的成员,方法是将基类中同名函数说明为虚函数。这样,在程序运行时,通过指向派生类对象的基类指针,就可以访问到派生类中的同名函数,从而产生不同的行为,实现运行时多态。

虚函数声明语法格式如下:

```
virtual 函数类型 函数名(参数表){
    函数体
}
```

对于虚函数,还需要说明以下几点:

(1)关键字 virtual 只能出现在虚函数声明中。虚函数在类外定义时,不需要再写 virtual。

(2)虚函数不能是内联函数、静态函数。虚函数只能是类的成员函数,所以友元函数、普通函数不能作为虚函数。

(3)类的构造函数不能是虚函数,析构函数可以是虚函数,而且常常将析构函数声明成虚函数。

虚函数是运行时多态的基础。基类中虚函数经过公有派生之后,运行时多态就有了基础。但要实现运行时多态,还需满足以下 3 个条件:

(1)满足类型兼容规则,即各个类属于同一公有派生类族;

(2)派生类中要重新定义该虚函数;

(3)必须由基类的指针、引用或成员函数来调用虚函数。

不满足这 3 个条件,对虚函数调用,诸如由对象调用虚函数、调用非虚函数(如调用运算符重载函数)等都不属于运行时多态,编译阶段就完成了联编,如例 6-5。

有了虚函数,例 6-5 中存在的问题就迎刃而解了。

例 7-6 改写例 6-5,将 Shape 类的 Show 函数声明为虚函数。

```
class Shape{
public:
    virtual void Show()const{cout<<"This is Shape"<<endl;}
};
```

这样修改后,Shape 类的派生类 Point、Circle 中的同名函数虽然没有显式给出 virtual 声明,但也都是虚函数了。编译系统是遵循以下 3 条规则来判断其是不是虚函数:

(1)该函数是否和基类的虚函数同名。

(2)该函数是否和基类的虚函数有相同的参数个数,对应的参数类型是否相同。

(3)该函数是否和基类的虚函数有相同的返回类型,或者满足类型兼容规则的指针、引用型返回值①。

此例中,两个派生类的同名函数 Show 符合上述 3 条规则,因此也是虚函数。这时派生类的虚函数覆盖了基类的虚函数。

再看是否满足运行时多态的 3 个条件:

(1)本例中 Point 类、Circle 类都是公有派生类,符合类型兼容规则;

(2)Shape 类中的 Show 函数为虚函数,Point 和 Circle 类中也有同名虚函数;

(3)程序中使用 Shape 类指针和引用调用虚函数。

因此满足运行时多态的 3 个条件。确定调用函数的过程在运行时完成,在程序运行到调用语句“sptr－>Show();”这条语句时,系统依据 sptr 实际指向的对象类型(而不是 Shape * 类型),确定调用哪个类的 Show 函数,向该类发送消息——调用该类的 Show 函数,从而达到本章开头提到的“同一界面”—— sptr－>Show(),“不同实现”——调用类族中 Shape、Point、Circle 类的同名 Show 函数的目的。这一过程是在程序运行时完成的,称

---

①这是 C＋＋的国际标准,但 VC＋＋6.0 版本不支持这一标准,它要求返回的函数类型必须是基类型。VS2005 及以上版本支持这一标准。

之为动态联编。动态联编实现了运行时的多态。

程序运行结果如下：

This is Shape
This is Shape
This is Point
This is Point
This is Circle
This is Circle

类的多态性使得程序可以对同一类族中的所有公有派生类对象进行统一处理，抽象程度更高，程序设计更简洁、更高效，更易于开发具有复杂类继承关系的大型软件。

那么在什么情况下需要将基类中函数定义为虚函数或纯虚函数（下节介绍）呢？一般而言，在定义基类函数时，只能给出类的一般性操作，或者在定义基类函数时根本无法提供具体的操作，就应该将该函数声明为虚函数或纯虚函数。在派生类中根据派生类的实际需要，或者给出更具体的操作，或者重新定义该函数。从这个意义上来讲，基类中定义的虚函数为整个派生类族提供了一个通用的规范，说明了类族应该具有的通用行为。派生类根据各自需要再重新定义特殊、具体的操作。而基类中定义的非虚函数，通常表示不希望实现多态，也不希望这些函数在派生类中被改变。虽然C++语法没有强行限制修改这些非虚函数，但一般来说，不要在派生类中重新定义基类的非虚函数。

使用虚函数还必须注意：

(1)当在派生类中未重新定义虚函数，或者定义了虚函数的重载形式，但并没有重新定义虚函数时，这时无法通过基类指针调用派生类的虚函数，调用的仍然是基类的虚函数，属于静态联编。

(2)当基类构造函数调用虚函数时，不会调用派生类的虚函数。假设基类 Shape 和派生类 Point 中都有虚函数 f，如果 Shape()调用 f 函数，则被调用的是 Shape 的 f，而不是 Point 的 f。这是因为当基类被构造时，对象还不是一个派生类的对象。同样，当基类被析构时，对象已经不再是一个派生类对象了，所以当～ Shape()调用 f，被调用的仍然是 Shape 的 f，不是 Point 的 f。

(3)如果基类虚函数的形参有默认值，派生类重写虚函数时，不需要说明不同的默认值。原因是虽然虚函数是动态绑定的，但默认形参值是静态绑定的。也就是说，通过一个指向派生类对象的基类指针，可以访问派生类的虚函数，但默认形参值却只能来自基类。

例 7-7 虚函数实现动态绑定的应用。

```
#include<iostream>
using namespace std;
class Base{
public:
    virtual void f(){cout<<"Base::f()"<<endl;}
    void g(){cout<<"Base::g()"<<endl;}
    void h(){cout<<"Base::h()"<<endl;f(),g();}
};
```

```
class Derived: public Base{
public:
    void f(){cout<<"Derived::f()"<<endl;}
    void g(){cout<<"Derived::g()"<<endl;}
};
int main(){
    Derived d;
    Base *pb=&d;
    d.h();      //A 调用 Base::h(),Derived::f(),Base::g()
    pb->f();//B 调用 Derived::f()
    pb->g();//C 调用 Base::g(),因为 g 不是虚函数
    pb->h();//D 调用 Base::h(),Derived::f(),Base::g()
    return 0;
}
```

本例说明只有通过基类指针或引用访问类的虚函数时，才进行动态绑定。其他情况都是静态绑定。本例 A 行 d 对象调用 h 函数、h 再调用 Derived 的 f 函数、C 行 pb 调用 g 函数、D 行 pb 调用 h 函数都是静态绑定。而 B 行调用 f 函数、D 行的 h 函数再调用 f 函数(本质还是 pb－＞f())都是动态绑定。

7.3.2 虚析构函数

在C++中，不能定义虚构造函数，因为建立一个对象时，必须从基类开始，沿着派生路径逐层调用基类的构造函数，最后调用自身的构造函数，其间没有“选择”构造函数的余地，所以系统规定不能定义虚构造函数。

析构函数可以是虚函数，而且通常将析构函数声明为虚数。

虚析构函数定义形式如下：

```
virtual  类名::~类名(){
    函数体
};
```

如果基类的析构函数被声明为虚函数，则该基类的所有派生类的析构函数，无论是否使用 virtual 关键字进行声明，都自动成为虚函数。

一般来说，如果程序中需要将基类指针指向由 new 运算建立的派生类对象，就必须将基类的析构函数声明为虚析构函数。这样 delete 操作作用于基类指针时，由于在继承关系中的所有类的析构函数都是虚函数，实现了运行时多态。系统按照派生类析构次序自动调用适当的析构函数对派生类对象进行清理工作，避免了内存泄漏等问题。

例 7-8 用虚析构函数删除派生类动态对象。

```
#include<iostream>
using namespace std;
class Base{
public:
    Base(){
        cout<<"Base::Base() is called"<<endl;}
```

```
    virtual ~Base(){       //虚析构函数
        cout<<"Base::~Base() is called"<<endl;
    }
};
class Drived : public  Base{
private:
    int * ip;
public:
    Drived(int size=10){
        ip=new int[size];          //动态分配内存
        cout<<"Drived::Drived() is called"<<endl ;
    }
    ~Drived(){       //虚析构函数
        cout<<"Drived::~Drived() is called"<<endl;
        delete [] ip;
    }
};
int main(){
    Base * pb=new  Drived();
    delete  pb;
    return 0;
}
```

程序运行结果：

Base::Base() is called

Derived::Derived() is called

Derived::~Derived() is called

Base::~Base() is called

主函数中 pb 指向了 new 建立的派生类对象。执行 delete pb，释放该派生类对象时，由于基类的析构函数为虚函数，pb 指针在运行时与派生类的析构函数实现动态联编，因此调用的是派生类 Derived 的析构函数。而派生类析构函数执行结束，再调用基类析构函数。

在此例中如果基类的析构函数不是虚析构函数，则程序运行结果如下：

```
Base::Base() is called
Derived::Derived() is called
Base::~Base() is called
```

由于基类的析构函数不是虚函数，派生类的析构函数也就不是虚函数。在编译 delete pb 时，编译器将其和基类的析构函数绑定。因此执行 delete pb 时就只调用了基类的析构函数，不会调用派生类析构函数。因此派生类对象中 ip 所指的内存区域也就没有被释放，这样就造成了内存泄漏。鉴于此，一般的做法是：将基类的析构函数说明成虚函数。

7.4 纯虚函数与抽象类

纯虚函数是在基类中仅给出函数声明，没有函数实现的虚函数。而含有纯虚函数的类称为抽象类。抽象类的作用是为它的派生类族提供一个基本的框架和统一的对外接口，从而为类族形成一个统一的操作界面。抽象类处于类族的上层，通过继承机制，生成非抽象派生类，然后再将非抽象派生类实例化。抽象类自身不能实例化，只能定义抽象类的指针和引用。通过指针或引用来调用派生类的虚函数，从而形成运行时多态。

7.4.1 纯虚函数

纯虚函数是在基类中仅给出函数声明，没有函数实现的虚函数。纯虚函数的作用就是在基类中通过纯虚函数的声明，统一类族的接口形式。纯虚函数的声明格式为：

```
virtual 函数类型  函数名(参数表)=0;
```

实际上，它与虚函数声明在语法格式上的不同就在于后面加了"=0"。

对于纯虚函数，需要说明以下两点：

(1)纯虚函数没有实现部分，连空函数体也不能写，即纯虚函数没有函数体。因此纯虚函数不能被调用，而函数体为空时表示函数体由空语句构成，该函数可以被调用，只是什么也不做就返回。

(2)“=0”表示程序员将不定义该函数，函数声明是让编译程序在派生类中为该函数保留一个位置。“=0”本质上是将指向函数体的指针定义为NULL。

7.4.2 抽象类

含有纯虚函数的类是抽象类。抽象类的作用是通过纯虚函数为它的类族提供一个基本的框架和统一的对外接口。而接口的完整实现，即纯虚函数的实现，则由抽象类的派生类根据各自需要自行确定。从而使整个类族形成统一的操作界面，能够更有效地发挥多态特性。

抽象类包含了纯虚函数，因此不能实例化，即不能定义一个抽象类的对象，但是可以定义抽象类的指针或引用。通过该指针或引用，可以访问派生类的成员，这种访问具有多态特征。继承抽象类的派生类，如果该派生类给出基类所有纯虚函数的实现，就不再是抽象类，可以实例化。反之，如果派生类没有给出全部纯虚函数的实现，这时派生类仍然是一个抽象类。

那么在什么情况下需要定义抽象类呢？一般而言，定义基类的目的是为整个派生类族提供一个基本的框架和统一的对外接口，以规范整个派生类族的行为。而接口的具体实现，则由基类的各派生类根据各自具体的行为，在派生类中完成。这时就可以将基类定义为抽象类。

纯虚函数与抽象类

例 7-9 抽象类的应用。

改写例6-5，将形状类Shape定义为抽象类，其中包含作为统一接口的三个纯虚函数：Area、Volume 和 Show。该类派生出点Point、圆Circle、圆柱体Cylinder 3个类，并根据3个类的不同情况，各自给出了接口的具体实现。

```
#include<iostream>
using namespace std;
const double PI=3.14159;
class Shape{                              //抽象类
public:
    virtual double Area()const=0;         //纯虚函数,计算面积
    virtual double Volume()const=0;       //纯虚函数,计算体积
    virtual void Show()const=0;           //纯虚函数,显示参数
};
class Point:public Shape{
protected:
        int X,Y;
public:
    Point(int x=0,int y=0){
        X=x,Y=y;}
    double Area()const{
        return 0.0;}
    double Volume() const{
        return 0.0;}
    void Show() const{
        cout<<"Point:"<<endl;
        cout<<"Centre:"<<"("<<X<<","<<Y<<")"<<endl;
    }
};
class Circle:public Point{
protected:
    double Radius;
public:
    Circle(int x,int y,double  r):Point (x,y){
        Radius=r;}
    double Area()const{
        return  PI*Radius*Radius;}
    double Volume() const{
        return 0.0;}
    void Show() const{
        cout<<"Circle:"<<endl;
        Point::Show();
        cout<<"Radius:"<<Radius<<endl;
    }
};
class Cylinder:public Circle{
private:
    double Height;
```

```
public:
    Cylinder(int x,int y,double r,double h):Circle (x,y,r){
        Height=h;}
    double Area()const{
        return   2 * (Circle::Area()+PI * Radius * Height);}
    double Volume() const{
        return Circle::Area() * Height;}
    void Show() const{
        cout<<"Cylinder:"<<endl;
        Circle::Show();
        cout<<"Height:"<<Height<<endl;
    }
};
int main(){
    Point   pot(-3,0);
    Circle   cir(4,7,10);
    Cylinder cy(-5,6,10,20);
    Shape *  ptrs[3]={&pot,&cir,&cy};
    for(int i=0;i<3;i++){
        ptrs[i]->Show();
        cout<<"Area="<<ptrs[i]->Area()<<",Volume="<<ptrs[i]->Volume()
            <<endl;
    }
    return 0;
}
```

本例中抽象基类 Shape 通过纯虚函数 Area、Volume、Show 给出抽象性描述,也为派生类提供了一个基本的框架和统一的对外接口。Shape 类的 3 个派生类 Point、Circle、Cylinder 给出了纯虚函数的实现,因此这些派生类不再是抽象类,可以实例化。主函数中定义了基类 Shape 类的指针数组 ptrs[3],指向各派生类对象。在主函数的循环语句中 ptrs[i]->Show()、ptrs[i]->Area()、ptrs[i]->Volume()调用语句相同,即“同一界面”。但是依据 ptrs[i]指向的对象类型,调用不同对象的 Show、Area、Volume 函数,达到了“不同实现”的多态性效果。

请读者自行写出程序运行结果。

*7.4.3 虚函数动态绑定实现方法

动态绑定实现了运行时多态,也就是在程序运行中,动态地确定类族中被调用的虚函数。下面介绍编译器实现这一过程的一种方法。

对于每一个含有虚函数的类,编译器为其建立一个虚函数表 vtbl,表中存放了该类中所有虚函数的入口地址,即每个表项指向了各虚函数代码的首地址。并且每个类中再增加一个地址成员 vptr,存放该类虚函数表 vtbl 的首地址。这样,建立对象时,对象中也就增加了一个存放虚函数表首地址的数据成员 vptr,其值同样在构造函数中被初始化为 vtbl。

当通过基类指针或引用调用一个虚函数时，就是通过 vptr 找到 vtbl，进而找到存放虚函数地址的表项，取出该地址值，就可调用该虚函数。虚函数的绑定过程就是这样完成的。图 7-2 为例 7-9 Shape 类虚函数动态绑定示意图。

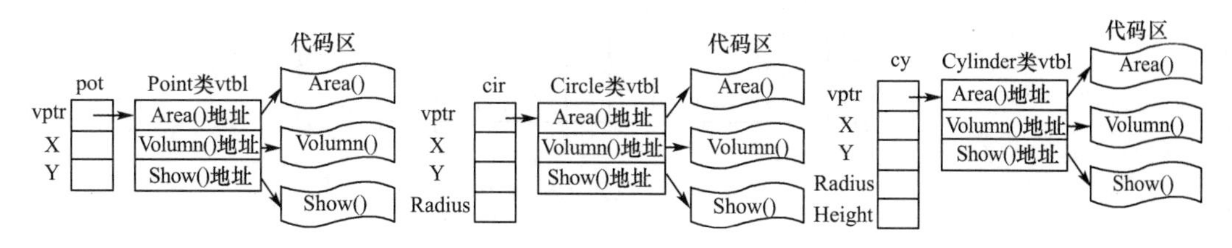

图 7-2 例 7-9 Shape 类虚函数动态绑定示意图

C++的类类型分为两类：多态类型和非多态类型。含有虚函数的类是多态类型，反之是非多态类型。

从动态绑定的实现过程可以看出，虚函数的实现需要额外的内存空间，绑定过程在程序运行时经过多级指针完成，需要额外时间。因此采用虚函数实现运行时多态，虽然程序的通用性强，但程序执行效率比较低。与此对应的静态绑定是在编译时进行，程序执行效率高，也不需要额外的空间。但其缺点是程序的通用性差。

一般而言，如果一个基类的功能十分明确，不需要派生类做任何特殊处理，也不会产生派生类，就应将其说明成非多态类型。例如例 7-1 定义的 Complex 复数类，实现复数的算术运算。只要对象是复数，这些操作是普遍适用的，不需要再通过派生类来实现更特殊、具体的操作。因此将 Complex 定义为非多态类更合适。反之如果基类表示的是一般的功能，其特殊性由公有派生类体现，则应将其说明为多态类型。如例 7-9 中的 Point、Circle、Cylinder 类。

7.5 抽象类实例——变步长梯形积分算法求函数的定积分

在工程应用中，许多定积分的求值都是通过计算机用数值计算的方法近似得到。因为在很多情况下，函数本身只有离散值，或函数的积分无法用初等函数表示。在本节例子中，介绍基本的变步长梯形法求解函数定积分的方法。

7.5.1 算法分析

只考虑简单的情况，设被积函数是一个一元函数，定积分表达式为：

$$I=\int_a^b f(x)\mathrm{d}x \tag{7-1}$$

积分表示的意义是一元函数 $f(x)$ 在 $[a,b]$ 区间与 x 轴所夹的面积，如图 7-3 所示。

如果上述积分可积，对于任意整数 n，取 $h=(b-a)/n$，

记 $x_k=a+k*h$

$$I_k=\int_{x_{k-1}}^{x_k} f(x)\mathrm{d}x$$

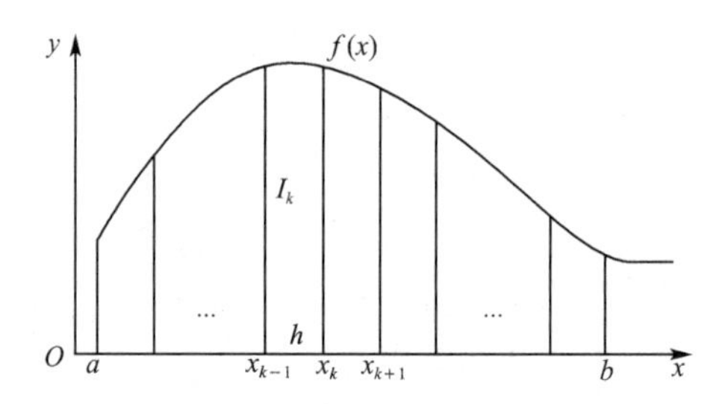

图 7-3　梯形积分原理示意图

则有

$$I=\sum_{k=1}^{n} I_k$$

在小区间$[x_{k-1},x_k]$上，取 I_k 的某种近似，就可以求得 I 的近似值。

在区间$[x_{k-1},x_k]$上取 $I_k=(f(x_{k-1})+f(x_k))*h/2$，就是梯形面积。用梯形面积近似积分值，称为梯形积分法。梯形法积分的一个直观理解就是：把积分区间划分为一系列小区间，在每个小区间上都用梯形面积来近似原函数的积分。当小区间足够小时，就可以得到原来积分希望精度的近似值。这时公式(7-1)的定积分值 I 可以用下式近似表示。

$$T_n=\frac{h}{2}\sum_{k=0}^{n-1}[f(x_k)+f(x_{k+1})] \tag{7-2}$$

即用 n 个梯形面积之和 T_n 来近似定积分值 I。因此使用公式(7-2)替代公式(7-1)的关键是必须给出合适的步长 h，即各小梯形的高。步长太大精度难以保证，而步长太小会导致计算量的增加。因此，实际计算时往往采用变步长的方法，即将步长逐次减半(步长二分)，反复利用公式(7-2)进行计算，直到所求得的梯形面积之和满足事先确定的精度要求。

把积分区间$[a,b]$分成 n 等份，就得到 $n+1$ 个分点，按照公式(7-2)计算面积值 T_n，需要计算 $n+1$ 次函数值。如果积分区间再二分一次，则分点增加到 $2n+1$ 个，再按照公式(7-2)计算面积值 T_{2n}。

把二分前后的 T_n 和 T_{2n}联系起来观察，分析它们的递推关系。在二分之后，每一个积分子区间$[x_k,x_{k+1}]$只增加了一个分点 $x_{k+1/2}=(x_k+x_{k+1})/2$，二分之后这个区间的面积值为：

$$\frac{h}{4}[f(x_k)+2f(x_{k+\frac{1}{2}})+f(x_{k+1})] \tag{7-3}$$

注意：这里的 $h=(b-a)/n$ 还是二分之前的步长。

把每个区间的积分值相加，就得到二分之后的面积值：

$$T_{2n}=\frac{h}{4}\sum_{k=0}^{n-1}[f(x_k)+f(x_{k+1})]+\frac{h}{2}\sum_{k=0}^{n-1}f(x_{k+\frac{1}{2}}) \tag{7-4}$$

将公式(7-2)代入公式(7-4)中，就可以得到递推公式：

$$T_{2n}=\frac{1}{2}T_n+\frac{h}{2}\sum_{k=0}^{n-1}f(x_{k+\frac{1}{2}}) \tag{7-5}$$

对于实际问题，采取的一般步骤为：

第一步，取 $n=1$，利用公式(7-2)计算一个梯形面积值；

第二步，进行二分，利用递推公式(7-5)计算 $2n$ 个梯形面积值；

第三步，进行判断，如果两次面积值的差在给定的误差范围之内，就将二分后的梯形面积值作为被积函数的定积分近似值，计算结束。否则返回第二步，继续二分。

7.5.2 程序设计思路

经上一节算法分析，程序需要计算：

(1)被积函数 $f(x)$在每个小积分区间的函数值；

(2)利用前节推导出的公式(7-2)、(7-5)，给出在整个积分区域、变步长梯形积分的实现。

程序的设计思路是，定义两个抽象类，分别是被积函数基类 F、积分方法基类 Integ。这两个类都有纯虚函数形式的函数调用运算符“()”重载函数。分别是：

```
virtual double operator()(double x) const =0;
virtual double operator()(double a,double b,double eps)const=0;
```

F 类公有派生 Fun 类，Fun 类重写了运算符“()”重载函数，计算被积函数$f(x)$在 x 处的函数值。Integ 类公有派生 Trapz 类，Trapz 类也重写了运算符“()”重载函数，计算被积函数在积分区间$[a,b]$、采用变步长梯形积分法、误差小于 eps 的面积值，即 $\int_a^b f(x)\mathrm{d}x$ 的积分近似值。因为在 Trapz 类中需要计算被积函数在 x 处的函数值，即各小梯形的上、下底的长度，所以在该类中增加了被积函数的抽象基类 F 的引用 rf。

图 7-4 表示相关类及其相互关系。

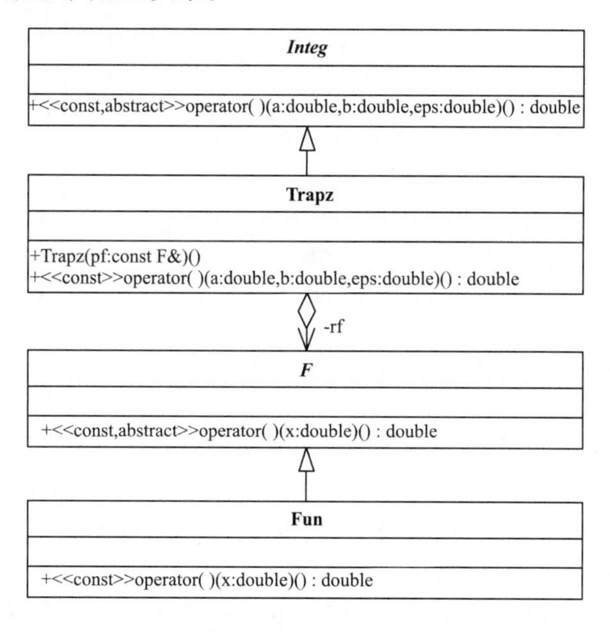

图 7-4　变步长梯形积分类关系 UML 表示

7.5.3 源程序及说明

例 7-10　变步长梯形积分法求解下列函数的定积分。

$$I=\int_0^2 \frac{\log(1+x)}{1+x^2}\mathrm{d}x \tag{7-6}$$

整个程序分为三个文件，Trapzint. h 文件包含类的定义，Trapzint.cpp 文件包含类的实

现，ex7-10. cpp 文件包含主函数。主函数中定义了被积函数类 Fun 和梯形积分类 Trapz 的对象，依据前节给出的算法和程序设计思路，计算给定函数的定积分。

```
//Trapzint.h
#include <iostream>
#include <cmath>
using namespace std;
//被积函数抽象基类 F 定义
class F{
public:
    virtual double operator ()(double x) const=0;     //纯虚函数重载运算符()
};
//F 类的公有派生类 Fun 定义(被积函数类)
class Fun:public F{
public:
    double operator()(double x) const   {
        return log(1.0+x)/(1.0+x * x);}      //被积函数在 x 处的函数值
};
//积分方法抽象基类 Integ 定义
class Integ{
public:
    virtual double operator ()(double a,double b,double eps) const=0;
};
//Integ 类的公有派生类 Trapz 声明(变步长梯形积分法类)
class Trapz:public Integ{
public:
    Trapz(const F&  Rf):rf(Rf){}      //构造函数
    double operator ()(double a, double b,double eps) const;
private:
    const F&  rf;     //抽象基类 F 的引用
};
```

经过 F 类的公有派生，Fun 类给出基类继承来的纯虚成员函数的具体实现，即计算式(7-6)的被积函数在 x 处的函数值。

由于这个成员函数与基类函数的名称、参数、返回值完全相同，系统认定它是虚函数。因此 Fun 不再是抽象类，可以实例化。

Integ 公有派生 Trapz 类，在派生类的成员函数中给出基类继承来的纯虚成员函数的实现，即给出了变步长梯形积分算法的具体实现。同时考虑到在该函数中需要调用被积函数，计算函数值，即梯形的底，因此增加了抽象基类 F 的引用 rf。

```
//Trapzint.cpp
#include "Trapzint.h"
double Trapz::operator ()(double a,double b,double eps) const{ //计算梯形面积
    int n,i;
    double x,h,temp,Tn,T2n;
```

```
        n=1;
        h=b-a;
        T2n=h*(rf(a)+rf(b))/2.0;            //计算 n=1 时的梯形面积值
        do{
            Tn=T2n;
            temp=0.0;
            x=a+0.5*h;
            for(i=1;i<=n;i++){              //计算 n 个新增点的被积函数值之和
                temp+=rf(x);
                x+=h;
            }
            T2n=(Tn+h*temp)/2.0;            //依据递推公式(7-5)计算 2n 个梯形面积值
            n*=2;                           //增加一倍分点
            h/=2;                           //步长缩小一半
        }while(fabs(T2n-Tn)>=eps);
        return T2n;
    }
```

上述函数以运算符“()”重载方式计算被积函数在区间[a,b]上的面积值，将其近似为函数积分值，其误差由 eps 来控制。

```
    //ex7-10.cpp
    #include "Trapzint.h"
    #include <iomanip>
    using namespace std;
    int main(){
        Fun fun;     // Fun 类的对象 fun
        Trapz  trapz(fun);  // Trapz 类的对象 trapz
        cout<<"TRAPZ Int:"<<setprecision(7)<<trapz(0,2,1e-7)<<endl;//计算积分值
        return 0;
    }
```

程序运行结果为：

TRAPZ Int：0.5548952

主函数中定义了 Fun 类的对象 fun、梯形积分类 Trapz 的对象 trapz，并用 fun 来初始化 trapz。利用类型兼容规则和虚函数的特性，在 Trapz 类的构造函数中，将抽象基类 F 的引用 rf 引用派生类 Fun 的对象 fun，rf 就成为 fun 的别名。因此在 Trapz::operator()函数中 rf(a)、rf(b)和 rf(x)是调用了派生类 Fun 的运算符“()”重载函数(可以写成 rf.operator()(a)、rf.operator()(b)和 rf.operator()(x))，计算相应的函数值，得到梯形的底。主函数中 trapz(0,2,1e-7)，也是通过对象 trapz 调用重载的运算符“()”，即 trapz.operator()(0,2,1e-7)，计算被积函数 $\frac{\log(1+x)}{1+x^2}$ 在区间[0,2]、误差在 10^{-7} 的积分近似值。

这样设计程序的好处是：用户通过抽象类 F 派生不同的具体类，就可以计算不同被积函数的函数值；通过抽象类 Integ 派生不同的具体类，就可以计算不同积分方法的积分近似值，比如要采用变步长 Simpson 算法，只需要重新派生一个类 Simpson，在该类中将运算符

“()”重载函数改写为 Simpson 积分算法。

本例综合运用了类的继承、运算符重载、抽象类、虚函数等多项核心技术，充分体现了面向对象技术的优点。

7.6 抽象类实例——公司人员管理程序

第 6 章例 6-15 以一个公司人员管理程序为例，介绍了类的派生过程及虚基类的应用。但是程序存在两个不足：

1.基类的成员函数 setpay 函数体为空，但仍要写出函数体，显得冗余。

2.在 main 函数中，建立了四个不同类的对象，对它们进行了类似的操作，程序重复写了四遍类似的语句，不够简洁，程序通用性不强。

本例将应用抽象类对该程序进行改进，解决上述不足。基类 employee 中将 setpay 定义为纯虚函数，因此 employee 就是抽象类，不能实例化，但可以定义 employee 类指针。依据类型兼容规则，在主函数中用 employee 指针指向派生类的对象，调用派生类中的虚函数 setpay，实现运行时多态。而基类 employee 中其他函数的功能是明确的，在派生类中不会有不同的操作，不需要实现多态。因此在基类中没有必要将这些函数说明为虚函数。在派生类中直接使用这些基类的非虚函数。

例 7-11 公司人员管理程序。

与例 6-15 一样，整个程序分为三个文件：employee. h 类定义头文件，employee. cpp 类实现文件，ex7-11. cpp 主函数文件。

```
//employee.h
class employee{
protected:
    char  name[20];
    int  empno;
    int  grade;
    float  pay;
    static  int  employeeno;
public:
    employee();                  //构造函数
    virtual ~employee();         //析构函数
    void promote(int =0);        //升级函数
    void setname(char *);        //设置姓名函数
    virtual void setpay()=0;     //设置月薪函数(纯虚函数)
    int getempno();              //获取编号函数
    void getname(char *);        //获取姓名函数
    int getgrade();              //获取级别函数
    float getpay();              //获取月薪函数
```

```
};
class technician:public employee{
private:
    float hourlyrate;
    int workhours;
public:
    technician();
    void setworkhours(int wh);
    void setpay();                          //计算月薪函数
};
class salesman:virtual public employee  {
protected:
    float commrate;
    float sales;
public:
    salesman();
    void setsales(float xs);
    void setpay();                          //计算月薪函数
};
class manager:virtual public employee{
protected:
    float monthlypay;
public:
    manager();
    void setpay();                          //计算月薪函数
};
class salesmanager:public manager,public salesman {
public:
    salesmanager();
    void setpay();                          //计算月薪函数
};

//employee.cpp
#include<iostream>
#include<cstring>
#include"employee.h"
using namespace std;
int employee::employeeno=1000;

employee::employee(){
    empno=employeeno++;
    grade=1;                                //级别初值为 1
    pay=0.0; }                              //月薪总额初值为 0
```

```
employee::~employee(){}
void employee::promote(int inc) {
    grade+=inc;}
void employee::setname(char * na) {
    strcpy(name,na);  }
void employee::getname(char * na){
    strcpy(na,name);  }
int employee::getempno(){
    return empno;}
int employee::getgrade(){
    return grade;}
float employee::getpay(){
    return pay;}

technician::technician(){
    hourlyrate=200;}
void technician::setworkhours(int wh) {
    workhours=wh;}
void technician::setpay(){                          //计算 technician 月薪
    pay=hourlyrate * workhours;}

salesman::salesman(){
    commrate=0.04;}
void salesman::setsales(float xs) {
    sales=xs;}
void salesman::setpay(){                            //计算 salesman 月薪
    pay=sales * commrate;}

manager::manager(){
    monthlypay=10000;}
void manager::setpay(){                             //计算 manager 月薪
    pay=monthlypay;}

salesmanager::salesmanager(){
    monthlypay=2000;
    commrate=0.01;}
void salesmanager::setpay(){                        //计算 salesmanager 月薪
    pay=monthlypay+commrate * sales;  }

//ex7-11.cpp
#include<iostream>
#include<cstring>
#include"employee.h"
```

```
using namespace std;
int main(){
    int wh;
    float xs;
    technician t1;
    salesman s1;
    manager m1;
    salesmanager sm1;
    char na[20];

    employee *emp[4]={&t1,&s1,&m1,&sm1};
    int i;
    for(i=0;i<4;i++){
        cout<<"请输入下一个雇员的姓名:";
        cin>>na;
        emp[i]->setname(na);
        emp[i]->promote(i);
    }

    t1.getname(na);
    cout<<"请输入技术员"<<na<<"本月的工作时数:";
    cin>>wh;
    t1.setworkhours(wh);  //设置工作时间

    s1.getname(na);
    cout<<"请输入销售员"<<na<<"本月销售额:";
    cin>>xs;
    s1.setsales(xs);  //设置销售额

    sm1.getname(na);
    cout<<"请输入销售经理"<<na<<"所管辖部门本月销售总额:";
    cin>>xs;
    sm1.setsales(xs);  //设置销售额

    for(i=0;i<4;i++) {
        emp[i]->setpay();  //通过基类指针访问各派生类 setpay 函数
        emp[i]->getname(na);
        cout<<"编号 "<<emp[i]->getempno()<<"\t 姓名 "<<na<<"\t 级别 "
            <<emp[i]->getgrade()<<"级\t 工资"<<emp[i]->getpay()<<endl;
    }
    return 0;
}
```

基类 employee 中的 setpay 为纯虚函数，主函数中用基类 employee 的指针数组 emp 指向各派生类对象。这样就可以用循环结构，在循环体中用统一的形式调用不同派生类对象的同名函数 setpay，完成各自不同功能，实现运行时多态。

本章小结

多态性是面向对象语言的一个重要特征，是指同一个消息被类族中的不同对象接收时产生不同的行为。

运算符重载是编译时多态，其实质是函数重载。通过重载函数，给已有的运算符多重含义。类型转换函数也属于函数重载。

虚函数是实现类的运行时多态的基础。只有通过基类指针或引用调用虚函数才能实现多态。C++是在程序运行时，根据基类指针所指对象类型，调用该对象的同名虚函数，实现运行时多态。

类的构造函数不能定义为虚函数，但通常把基类的析构函数说明为虚函数。这样，基类的所有派生类的析构函数也都是虚析构函数。虚析构函数可以使派生类对象撤销时正确地调用各析构函数。

纯虚函数是在声明时写上“＝0”的虚函数。含有纯虚函数的类称为抽象类。抽象类只能作为基类，不能实例化。通常将基类定义为抽象类，为派生类提供统一的操作界面。

练习题

1.定义分数类 Fraction，该类有两个整型数据成员 nume 和 deno，表示分数分子和分母，并定义算术运算符“＋、－、*、/”重载函数，使分数类能实现分数“＋、－、*、/”运算。

2.定义一个字符串类 Words，有一个数据成员 char *str，指向动态存储区，存放字符串。字符串需在构造函数中申请空间，另外设计下标运算符“[ ]”、赋值运算符“＝”和插入运算符“＜＜”重载函数，以及 Words 的复制构造函数、析构函数。在主函数中定义对象，调用所有函数。

3.有一个交通工具类 vehicle，将它作为基类派生小车类 car、卡车类 truck 和轮船类 boat，定义这些类并定义一个虚函数用来显示各类类名信息。

4.定义一个 Shape 抽象类，内含计算面积的纯虚函数 Area 和计算体积的纯虚函数 Volume，Shape 派生出矩形类 Rectangle，Rectangle 再派生出立方体类 Cube，计算各派生类对象的表面积和体积。在主函数中定义派生类对象，并利用 Shape 指针调用虚函数。

5. 改写第 6 章第 6 题，为 Person、Student 类增加赋值运算符“＝”重载函数，替代原类中的 assign 函数，实现对象的赋值运算。并定义运算符“＜＜”重载函数，输出 Student 对象数据。

第8章 模板与应用

C++最重要的特性之一就是代码重用，为了实现代码重用，代码必须具有通用性。通用代码不受数据类型的影响，可以自动适应数据类型的变化。这类程序设计称为参数化程序设计。模板是C++支持参数化程序设计的工具，通过它可以实现参数化多态性。所谓参数化多态性，就是将程序所处理的对象类型参数化，使得一段程序适用于多种不同类型的对象，从而提高软件开发效率。

本章介绍函数模板、类模板的概念、定义和实例化过程，以及模板在数据结构中的应用。

学习目标

1.理解函数模板的概念、实例化过程，掌握函数模板的定义和运用；
2.理解类模板的概念、实例化过程，掌握类模板的定义和运用；
3.掌握模板在数据结构上的简单应用。

8.1 模板

8.1.1 模板概述

C++是强类型语言，程序设计时必须确定参与运算的对象的类型，以使编译器在编译时进行类型检查。

但是这种强类型的方式有时会带来许多不便。例如必须分别定义两个比较函数，完成两个整数大小比较和两个实数大小比较。又如，图是常用的数据结构，具体的图可能是城市规划图、电气线路图、网络站点图等，抽象的逻辑结构相同，在图上的操作，包含建图、遍历、插入、删除顶点等相同，但顶点的数据类型完全不同。在强类型的程序设计方式下，只能定义不同数据类型的图类。这显然不利于程序扩展、维护，和C++强调代码通用性的宗旨不符。

C++的模板技术实现了类型参数的多态性，使得一段程序可以处理不同类型的对象。在面向对象技术中，这种程序设计方式称为参数化程序设计。有了模板，就可以定义一个带类型参数的函数模板 max，实现不同类型的两个数据的大小比较。也可以定义一个带类型参数的图类模板 graph，实现对不同图类的各种操作。

根据第 3 章的介绍可知，函数是对相同类型数据操作的抽象。而模板则是对相同逻辑结构数据操作的抽象，使用模板可以“生成”不同的、具有具体数据类型的函数和类，属于更高层次的抽象。

C++提供了两种模板：函数模板和类模板。

8.1.2 函数模板

第 3 章介绍了函数重载。重载函数通常是对不同类型的数据完成类似操作。很多情况下，一个算法可以处理多种数据类型。但是用函数实现算法时，即使设计为重载函数，函数名相同，函数体仍然要分别定义。使用函数模板，只需编写一次，然后基于调用该函数模板时提供的参数类型，C++编译器自动生成具有具体类型的函数——模板函数，调用模板函数完成相应的处理。

函数模板的定义形式是：

```
template<模板参数表>函数类型 函数名(形式参数表){…}
```

其中“模板参数表”的语法形式是：

```
typename 标识符 1 [, typename 标识符 2…]
```

标识符表示类型参数。C++规定类型参数名必须在函数定义中至少出现一次。

例 8-1 比较两个数大小的函数模板 max。

```
template <typename T>T& max(T& a, T& b){
    return  a>b ? a : b;
}
```

这个函数模板中，模板参数表只有一个类型参数 T，表示 max 函数类型和参数 a、b 的类型。程序编译时，编译器根据函数调用语句中实参的类型，替换函数模板中的类型参数 T，这一过程称为模板实参推演，也称函数模板的实例化。通常函数模板根据一组实际类型构造出模板函数的过程是隐式发生的。

实例化后的函数称为模板函数，运行时调用的是模板函数。

下面是例 8-1 的完整程序。

```
#include <iostream>
#include <string>
using namespace std;
template <typename T>T& max(T& a, T& b){
    return  a>b? a:b;
```

```
}
int main() {
    int  a=6,b=-4;
    double x=-3.14, y=-8.96;
    string st1("上海"),st2("北京");
    int  i=max(a,b);
    cout <<"整数最大值为:"<<i<<endl;
    double  d=max(x,y);
    cout <<"实数最大值为:"<<d<<endl;
    string  s=max(st1,st2);
    cout <<"字典排序最大为:"<<s<<endl;
    return 0;
}
```

程序运行结果：

整数最大值为:6

实数最大值为:-3.14

字典排序最大为:上海

对函数模板说明如下：

(1)与普通函数一样,函数模板也可以先声明后定义。函数模板声明中的类型参数标识符可以和定义时不一样。例如：

```
template <typename T>T& max(T& a, T& b); //函数模板声明
template <typename U>U& max(U& a , U& b ){ //函数模板定义
    return  a>b? a:b;
}
```

(2)编译器在编译程序时,根据调用语句中实际参数类型对函数模板实例化,以生成一个可以运行的模板函数。例如主函数中第一次调用 max(a,b)时,根据实参 a、b 的类型推演出函数模板的类型参数,T 被 int 取代,从而实例化为一个 int 版本的模板函数：

```
int& max(int& a, int& b){
    return  a>b? a:b;
}
```

类似的,编译 max(x,y)时,T 被 double 取代,编译 max(st1,st2)时,T 被 string 取代,分别实例化为 double 版本和 string 版本的模板函数。函数模板是模板,不能直接运行,它只能生成模板函数。真正运行的是由函数模板实例化而来的模板函数。图 8-1 所示为函数模板和模板函数的关系。

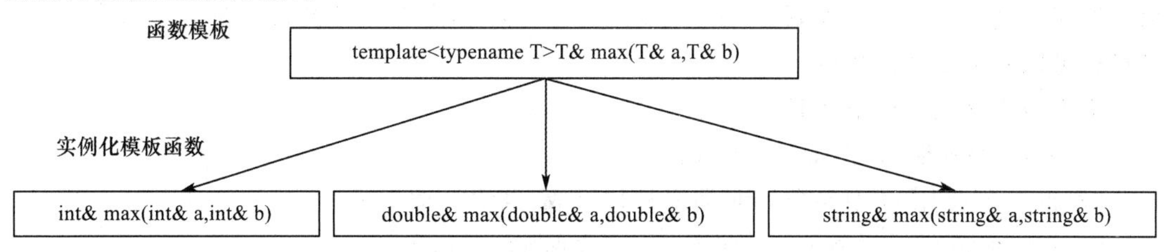

图 8-1　函数模板和模板函数的关系

当然也可以在程序中显式指定函数模板参数类型，使程序的可读性更好。如例 8-1 程序中三次调用可改写成：

```
i=max<int>(a,b);
d=max<double>(x,y);
s=max<string>(st1,st2);
```

(3)函数模板实例化时，实际参数类型替换类型参数。虽然这种参数替换具有类型检查功能，却没有普通传值参数的类型转换机制。例如，对于例 8-1 的函数模板，调用时对应的两个实参类型必须相同。若有：

```
int k; char c;
```

则编译 max(k,c)时，编译器提示类型参数 T 出现二义性错误。原因是类型参数 T 不会对 int 和 char 进行隐式类型转换。但是这种转换在C++普通函数中是很常见的。通常解决的办法是再定义一个同名普通函数与函数模板形成重载。

```
template <typename T>T& max(T& a, T& b){
    return a>b? a:b;
}
int max(int& a, char& b){//重载函数
    return  a>b? a:b;
}
```

这样，max(k,c)、max(c,k)调用都是正确的，调用的都是重载函数 max，而不是模板函数 max。

函数模板不仅可以和普通函数重载，还可以和其他函数模板重载。例如定义一个在一维数组上求最大值的函数模板：

```
template <typename T>T max(T * a, int n);
```

和 template <typename T>T max(T& a, int n)重载。

编译器通过如下匹配规则确定调用哪一个函数：

(1)首先，寻找最符合函数名和参数类型的函数，若找到则调用该函数；

(2)其次，寻找一个函数模板，将其实例化成一个模板函数，看是否匹配。如果匹配，就调用该模板函数；

(3)最后，通过类型转换规则进行参数匹配寻找函数，如果还没有找到匹配的函数则调用错误。如果有多于一个函数匹配，则产生二义性错误。

8.1.3 类模板

可以使用类模板为类定义一种模式，使得类中的一些数据成员、成员函数的参数、返回值能取任意类型。由于类模板需要一个或多个类型参数，所以类模板也称之为参数化类。类模板可以看成是类的抽象。

类模板定义的语法形式是：

```
template <模板参数表>class 类名{类体};
```

“模板参数表”由类型参数和非类型参数组成，其语法形式为：

```
typename 标识符 1 [, typename 标识符 2…,类型说明符 标识符 n,…]
```

(1)模板类型参数由“typename　标识符”构成，每个类型参数至少在类定义中出现

一次。

(2)模板非类型参数由“类型说明　标识符”构成,表示可以接受一个由“类型说明”所规定类型的一个常量,如数组类模板可以有一个表示数组长度的非类型参数。

(3)在类模板外定义的成员函数必须是函数模板。

(4)如果在类模板外定义成员函数,则要采用以下语法形式:

```
template<模板参数表>类型名 类名<类型参数,非类型参数>::函数名(参数表){…}
```

类模板经常用来表示数组、表、树、图等数据结构,因为这些数据结构中的数据类型在定义时是不确定的。

定义类模板后,就可以用以下语法格式定义对象:

```
类名<实际参数表>  对象名;
```

上述定义对象,经历了 2 次实例化过程:根据实际参数,将类模板实例化模板类,再将模板类实例化对象。

例 8-2 定义类模板 Array,实现不同类型的数组功能。

第 5 章例 5-11 定义了一个整型数组类 Array。有了这个类,可以动态确定 int 类型的数组长度。现在将 Array 类改写为类模板,使得它可以生成不同类型、不同长度的数组。

```
//Array.h
template<typename T,int n>class Array{
public:
    Array();
    Array(Array& ra);
    ~Array();
    T& operator[](int &index);                    //重载[],作为左值
    const T& operator[](int &index)const;         //重载[],作为右值
protected:
    int size;
    T * p;
};
template<typename T,int n>Array<T,n>::Array()
{
    size=n;
    p=new T[size];
}
template<typename T,int n>Array<T,n>::Array(Array& ra)
{
    size = ra.size;
    p=new int[ra.size];
    for(int i=0;i<size;i++)
        p[i]=ra.p[i];
}
template<typename T,int n>Array<T,n>::~Array()
{
```

```
    delete [] p;
}
template<typename T,int n>T& Array<T,n>::operator[](int& index)
{
    return p[index];
}
template<typename T,int n>const T& Array<T,n>::operator[](int& index)const
{
    return p[index];
}
//ex8_2.cpp
#include <iostream>
using namespace std;
#include "Array.h"
int main(){
    Array<int,5> intAry;      //用 int 实例化,建立模板类对象 intAry
    Array<double,10> douAry;  //用 double 实例化,建立模板类对象 douAry
    int i;
    for(i=0;i<5;i++)
        intAry[i]=i;
    cout<<"integer Array:\t";
    for(i=0;i<5;i++)
        cout<<intAry[i]<<'\t';
    cout<<endl;
    for(i=0;i<10;i++)
        douAry[i]=i*0.7;
    cout<<"double Array:\t";
    for(i=0;i<10;i++)
        cout<<douAry[i]<<'\t';
    cout<<endl;
    return 0;
}
```

本例头文件 Array.h 中定义了一个类模板 Array,用于实现一个通用的数组类。类模板中说明了一个类型参数 T,实例化时用于指定数组的元素类型。非类型参数 n 用于指定数组长度。两个成员函数 operator[]对数组下标运算符[]进行了重载,分别作为赋值运算的左值和右值。

Array 类模板的成员函数都在类外定义,所以都必须以 template<typename T,int n> 开头。凡是出现类型 Array,后面必须写上参数<T,n>。

在主函数 main 中定义类模板的对象时,必须将实际类型用"<>"括起来替换类型参数。编译器编译语句"Array<int,5> intAry;"的过程是:

首先依据类型表达式 Array<int,5>,用 int 替换类模板 Array 中的类型参数 T,5 传递给 n,将其实例化成如下具体模板类。

```
class Array{
public:
    Array();
    Array(Array& ra);
    ~Array();
    int& operator[](int index);                    //重载[],作为左值
    const int& operator[](int index)const;         //重载[],作为右值
protected:
    int size;
    int * p;
};
```

然后,再由模板类 Array 实例化一个对象 intAry。

由类模板实例化成对象的过程如图 8-2 所示。图 8-2 表明类模板实例化成对象经过了两次实例化过程。

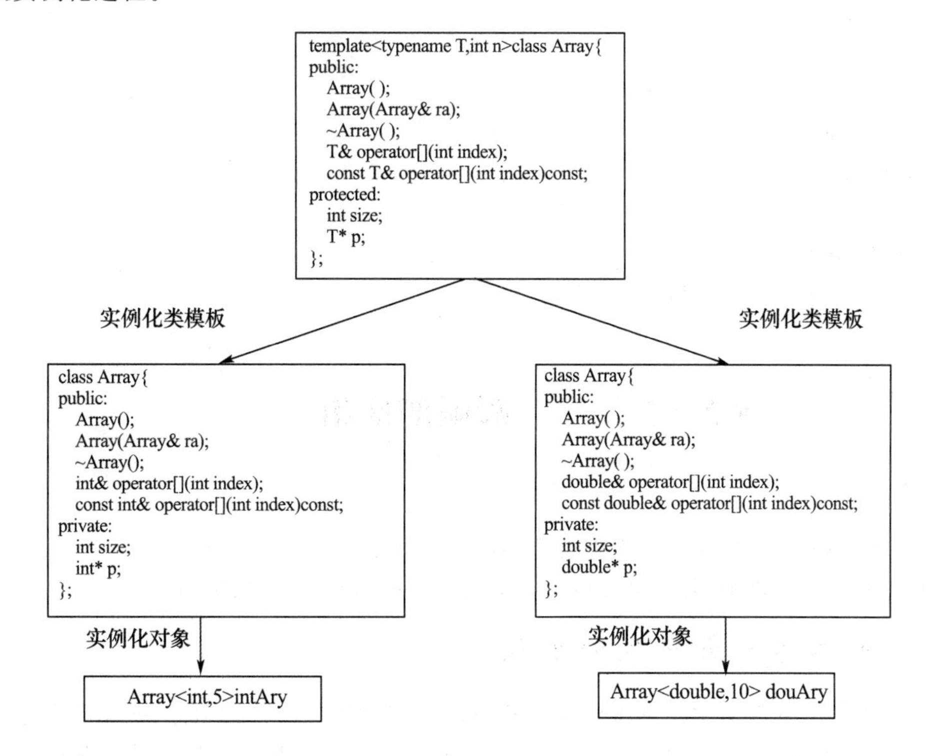

图 8-2 类模板 Array 实例化过程

程序运行结果为:

```
integer Array: 0  1  2  3  4
double Array:  0  0.7  1.4  2.1  2.8  3.5  4.2  4.9  5.6  6.3
```

例 8-3 使用例 8-2 定义的数组类存放前 10 个素数。

```
//ex8_3.cpp
#include <iostream>
#include <cmath>
```

```
using namespace std;
#include "Array.h"
int main(){
    Array<int,10> intAry;
    int i,j,k,count;
    count=0;
    intAry[count++]=2;
    j=3;
    do{
        k=int(sqrt(j));
        i=3;
        while(i<=k && j%i)i+=2;
        if(i>k)intAry[count++]=j;
        j+=2;
    }while(count<10);
    for(i=0;i<10;)
        cout<<intAry[i++]<<'\t';
    cout<<endl;
    return 0;
}
```

程序运行结果为：

2　3　5　7　11　13　17　19　23　29

8.2 模板的应用

前面介绍的函数模板和类模板中类型参数在实例化时采用的都是基本类型。实际上无论是函数模板还是类模板，其参数还可以是类或类模板、函数或函数模板。

8.2.1 类作为函数模板的参数

梯形法求积分是常用的一种求函数定积分的近似方法。计算函数 $f(x)$ 在 $[a,b]$ 区间的定积分，可以把区间 $[a,b]$ 分成 n 份，将每一份近似成一个梯形。函数在该区间的定积分近似为 n 个梯形面积的和。积分步长 $\text{step}=(b-a)/n$，面积为：

$$s = \text{step}\times\frac{f(x_0)+f(x_1)}{2}+\text{step}\times\frac{f(x_1)+f(x_2)}{2}+\cdots+\text{step}\times\frac{f(x_{n-1})+f(x_n)}{2}$$

$$= \text{step}\times\left(\frac{f(x_0)+f(x_n)}{2}+f(x_1)+f(x_2)+\cdots+f(x_{n-1})\right)$$

例 8-4 函数模板 Integrate，实现梯形法计算函数积分。两个被积函数设计为类 F1、F2，作为函数模板的类型参数 T 引入。

```
#include <iostream>
#include <iomanip>
using namespace std;
class F1 {//被积函数类 F1,被积函数为 f(x)=1+x+2x²
public:
    double operator()(double x){return (1+x+2 * x * x);}//
};
class F2 {//被积函数类 F2,被积函数为 f(x)=1+x+2x²+3x³
public:
    double operator()(double x){return (1+x+2 * x * x+3 * x * x * x);}
};
//梯形法求积分函数模板,参数 cf 为被积函数类对象
template<typename T>double Integrate(T cf,float low, float up,int n){
    double result,step;
    result=(cf(low)+cf(up))/2;
    step=(up-low)/n;
    for (int i=1;i<n;i++) result+=cf(low+i * step);
    result * =step;
    return result;
}
int main(){
    F1 f1;
    F2 f2;
    double intf1, intf2;
    int n=1000;
    intf1=Integrate<F1>(f1,0.0,3.0,n);
    intf2=Integrate<F2>(f2,0.0,3.0,n);
    cout<<"定积分值为:"<<intf1<<'\n';
    cout<<"定积分值为:"<<intf2<<'\n';
    return 0;
}
```

此例中 Integrate 设计为函数模板,编译 Integrate<F1>(f1,0.0,3.0,n)时,用 F1 替换 T,将函数模板实例化为模板函数 Integrate(F1 cf,float low, float up,int n)。再调用该模板函数 Integrate(f1,0.0,3.0,n)。因此这样只要增加被积函数类定义,函数模板 Integrate 不必做任何改动就可计算其他任何被积函数的定积分。

8.2.2 类作为类模板的参数

例 8-5 改写例 8-4,设计类模板 Integrate,使用梯形法求积分,计算被积函数的定积分。在类模板 Integrate 中由类型参数 T 引入被积函数类 F1、F2。

```
#include <iostream>
#include <iomanip>
using namespace std;
```

```
class F1{
public:
    double operator()(double x){return (1+x+2 * x * x);}
};
class F2{
public:
    double operator()(double x){return (1+x+2 * x * x+3 * x * x * x);}
};
template<typename T>class Integrate{//积分类模板,被积函数作为类成员
    double low,up,step,result;
    int n;
    T cf;            //被积函数 cf
public:
    Integrate(double a=0, double b=0, int num=100){//构造函数
        low=a;
        up=b;
        n=num;
        integ();//调用积分函数
    }
    void integ();
    void print(){cout<<"定积分值为:"<<result<<endl;}
};
template<typename T>void Integrate<T>::integ(){//梯形法求函数定积分
    step=(up-low)/n;
    result=(cf(low)+cf(up))/2;
    for (int i=1;i<n;i++)
        result+=cf(low+i * step);
    result * =step;
}

int main(){
    Integrate<F1> Inte1(0.0,3.0,1000);   Inte1.print();
    Integrate<F2> Inte2(0.0,3.0,1000);   Inte2.print();
    return 0;
}
```

此例设计类模板 Integrate,完成 T 类型的被积函数 cf 的定积分。其过程与例 8-2 一样,编译程序先将其实例化为模板类 Integrate,其成员 cf 类型替换为 F1。然后再实例化对象 Inte1。对象的构造函数中调用 integ,计算 num 个梯形面积的和。

8.3 类模板应用实例——类模板在单链表上的应用

本节介绍类模板在单链表上的应用。

8.3.1 单链表

第 4 章介绍的数组是一种线性表。线性结构还有另外一种实现结构——链表。链表中每个数据元素一般都是动态建立的。

链表中每个数据元素称为一个结点。链表的各结点在内存中并不一定连续存放,因此链表的结点一般至少应包含两个域:数据域,存放数据;指针域,存放该结点的后继结点的地址。链表正是通过该指针形成一个线性数据结构。链表的第 1 个结点的地址通常保存在链表的表头指针 head 中,通过该指针实现对链表的各种操作。链表最后一个结点(链尾)的指针域为空(=NULL,用"Λ"表示),表示链表结束。每个结点只有一个指针域的链表称为单链表称为单链表。有时为了使在链表上各种操作的算法统一、简洁,通常给单链表再加一个头结点,增加了一个始终指向表尾的指针 tail。这样的单链表结构如图 8-3 所示。在计算机软件系统中,链表是极为常用的一种线性数据结构。

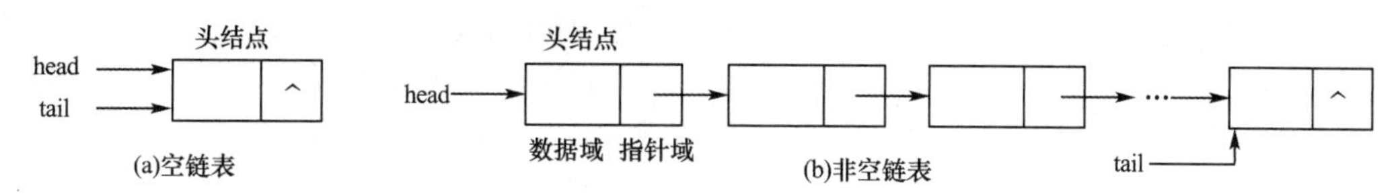

图 8-3 带头结点和头、尾指针的单链表结构

8.3.2 类模板在单链表上的应用

单链表的常用操作通常包括生成单链表,插入、删除指定结点,遍历链表、求表长、寻找某个结点、清空链表等。本节介绍采用类模板技术实现单链表,完成上述操作。单链表的这些操作都作为类的公有函数封装在类中。

例 8-6 类模板实现单链表。

本例中链表的结点由类模板 Node 实现,链表由类模板 List 实现。

1.结点 Node 类模板定义

Node 类模板有两个数据成员,T 类型的 info 和 Node<T> *类型的 link。Node 将链表类模板 List 说明为友元,这样在 List 类的函数中,通过 Node 类模板实例化对象可以访问结点私有成员。

```
template<typenameT>classList;          //List 类模板前项引用声明
template<typename T>class Node{
    T info;                            //数据域
    Node<T> * link;                    //指针域
public:
    Node();                            //默认构造函数,生成头结点
    Node(const T& data);               //生成数据结点的构造函数
    friend class List<T>;              //List 为友元
};
```

2.Node 类模板数据初始化

结点的初始化由 Node 类模板的两个构造函数完成。

```
template <typename T> Node<T>::Node(){link=NULL;}
template <typename T> Node<T>::Node(const T & data){
    info=data;
    link=NULL;
}
```

3.链表 List 类模板定义

List 类模板也有两个数据成员，Node<T> *类型的 head 和 tail，分别指向链表的头、尾结点。

```
template<typename T>class List{
    Node<T> *head, *tail;                        //链表头指针和尾指针
public:
    List();                                      //构造函数,生成头结点
    ~List();                                     //析构函数
// List(List&);                                  //复制构造函数
// List& operator=(List&);                       //=运算符重载函数
    void MakeEmpty();                            //清空一个链表,只剩头结点
    int Length();                                //计算单链表长度
    void PrintList();                            //打印链表的数据域
    void InsertFront(Node<T> * p);               //在表头插入一个结点 p,向前生成链表
    void InsertRear(Node<T> * p);                //在表尾添加一个结点 p,向后生成链表
    Node<T> * CreateNode(const T& data);         //创建数据域值为 data 的结点
    void DeleteNode(const T& data);              //删除数据域值为 data 的结点
};
```

4.List 类模板成员函数实现

构造函数，生成只有表头结点的空链表：

```
template<typename T>List<T>::List(){
    head=tail=new Node<T>();
}
```

析构函数，删除包含头结点在内的所有结点：

```
template<typename T>List<T>::~List(){
    MakeEmpty();
    delete head;
}
//清除链表中各结点,形成空链表
template<typename T>void List<T>::MakeEmpty(){
    Node<T> * tempP;
    while(head->link! =NULL){
        tempP=head->link;
        head->link=tempP->link;   //把头结点后的第一个结点从链表中脱离
        delete tempP;             //释放脱离链表结点的内存空间
    }
    tail=head;
}
```

求链表表长：

```
template<typename T>int List<T>::Length(){
    Node<T> * tempP=head->link;
    int count=0;
    while(tempP! =NULL){
        tempP=tempP->link;
        count++;
    }
    return count;
}
```

输出单链表：

```
template<typename T>void List<T>::PrintList(){
    Node<T> * tempP=head->link;
    while(tempP! =NULL){
        cout<<tempP->info<<'\t';
        tempP=tempP->link;
    }
    cout<<endl;
}
```

在表头结点后插入结点 p：

```
template<typename T>void List<T>::InsertFront(Node<T> * p){
    p->link=head->link;
    head->link=p;
    if(tail==head) tail=p;
}
```

在表最后插入结点 p：

```
template<typename T>void List<T>::InsertRear(Node<T> * p){
    p->link=tail->link;
    tail->link=p;
    tail=p;
}
```

建立一个值为 data 的新结点：

```
template<typename T>Node<T> * List<T>::CreateNode(const T& data){
    Node<T> * tempP=new Node<T>(data);
    return tempP;
}
```

删除数据域值为 data 的结点：

```
template<typename T>void List<T>::DeleteNode(const T& data){
    Node<T> * np1, * np2;
    if(head==tail)//空链表
    {
        cout<<"空链表"<<endl;
        return;
    }
```

```
    np1=head->link;
    np2=head;
    while(np1! =NULL && np1->info! =data){
        np2=np1;
        np1=np1->link;
    }
    if(np1==NULL) { //找不到
        cout<<"无此结点"<<endl;
        return ;
    }
    if(np1==tail){//删除的是最后一个结点
        tail=np2;
        np2->link=NULL;
    }
    else
        np2->link=np1->link;
    delete np1;
    return;
}
```

在主函数 main 中以 int 替换类模板中的类型 T,建立链表,并在链表上进行上述操作。

```
//ex8-6.cpp
#include<iostream>
#include"linklist.h"
using namespace std;

int main(){
    Node<int> * p;
    List<int> l1,l2;
    int n,i,t;
    cout<<"数据个数 ";
    cin>>n;
    for(i=0;i<n;i++){
        cout<<"请输入第"<<i+1<<"个整数 ";
        cin>>t;
        p=l1.CreateNode(t);
        l1.InsertFront(p);              //向前生成 l1
        p=l2.CreateNode(t);
        l2.InsertRear(p);               //向后生成 l2
    }
    cout<<"向前生成链表:"<<endl;
    l1.PrintList();
    cout<<"链表长度:"<<l1.Length()<<endl;
```

```
    cout<<"向后生成链表:"<<endl;
    l2.PrintList();
    cout<<"输入要删除的整数"<<endl;
    cin>>t;
    l1.DeleteNode(t);
    l1.PrintList();
    cout<<"l1 长度:"<<l1.Length()<<endl;
    cout<<l1.Length()<<endl;
    l1.MakeEmpty();
    l1.PrintList();
    return 0;
}
```

本例中 List 没有给出复制构造函数 List(List&)和赋值运算符“=”重载函数 List& operator=(List&)的实现。实际上 List 的复制构造函数是一个完整的单链表复制程序(深复制)。赋值运算符“=”重载函数也不是一个简单的赋值,而是将“=”号右边的整个链表复制给“=”号左边的链表。作为作业,请读者完成上述两个函数的编写。

例 8-7 以第 5 章点类 Point 作为链表的结点类,建立链表。

在 linklist.h 头文件中加入 Point 类定义,并为 Point 类增加"!="、"<<"运算符重载函数。

```
class Point{
public:
    Point(double x=0, double y=0) {X=x;Y=y;}
    Point(Point &p);
    double GetX(){return X;}
    double GetY(){return Y;}
    bool operator!=(const Point &rp1);
    friend ostream& operator<<(ostream& out, Point& rp);
private:
    double X,Y;
};
Point::Point(Point &p){
    X=p.X;   Y=p.Y;}
ostream& operator<<(ostream& out, Point& rp){
    out<<"("<<rp.X<<","<<rp.Y<<")\t";
    return out;
}
bool Point::operator!=(const Point &rp1){
    return X!=rp1.X || Y!=rp1.Y ;
}
```

主函数如下：

```
//ex8-7.cpp
#include<iostream>
#include"linklist.h"
const int NUM=6;

int main(){
    Node<Point> * np;
    List<Point> l1,l2;
    Point poi[NUM]={Point(-5,2),Point(0,0),Point(3,1),Point(4,4),Point(9,3),Point(-7,
6)};
    Point p1(3,4),p2;
    int i;
    for(i=0;i<NUM;i++){
        np=l1.CreateNode(poi[i]);
        l1.InsertFront(np);              //向前生成 l1
        np=l2.CreateNode(poi[i]);
        l2.InsertRear(np);               //向后生成 l2
    }
    cout<<"list1:"<<endl;
    l1.PrintList();
    cout<<"list1:长度:"<<l1.Length()<<endl;
    cout<<"list2:"<<endl;
    l2.PrintList();

    l1.DeleteNode(p1);//删除结点 p1,无此结点
    l1.PrintList();
    cout<<"list1 长度:"<<l1.Length()<<endl;
    l2.DeleteNode(p2);//删除结点 p2,有此结点,被删除
    l2.PrintList();
    cout<<"list2 长度:"<<l2.Length()<<endl;

    l1.MakeEmpty();
    l1.PrintList();
    return 0;
}
```

该例中，List<T>类的 DeleteNode 函数要调用 Point 类的！=运算符重载函数。

在本例中，除了增加 Point 类外，Node 类和 List 类没有做任何修改，就能实现和例 8-6 相同的功能。因此读者可以再一次体会到与数据类型无关的模板技术可以提高软件开发效率。

本章小结

模板是C++类型参数化的多态工具。所谓类型参数化，是指一段程序可以处理在一定范围内各种类型的数据对象，这些数据对象呈现相同的逻辑结构。由于C++程序的基本模块是函数和类，所以，C++提供了两种模板：函数模板和类模板。

模板说明以关键字 template 开始，尖括号“＜＞”中说明类属参数。每个类属参数之前冠以关键字 typename。类属参数必须在模板定义中至少出现一次。类属参数可以用于指定函数的参数类型、函数返回类型和函数中变量类型。

模板由编译器依据使用时的实际数据类型进行实例化，生成可执行代码。实例化的函数模板称为模板函数；实例化的类模板称为模板类。

有了模板，就可以建立与数据类型无关的通用算法，实现C++程序编译时多态。

练习题

1.设计函数模板 template＜class T＞T　sum(T a[],int n)，计算数组 a 中 n 个元素的和。在主函数中对 int、double 以及第 7 章介绍的 complex 复数类型的数组计算元素和。

2.设计函数模板 template＜class T＞T　sort(T a[],int n)，对数组 a 中 n 个元素进行升序排序。在主函数中调用该函数模板对 int、double 以及第 7 章介绍的复数类 complex 的数组进行排序。其中 complex 类型对象的大小是比较复数模的大小。一个复数(a+bi)的模是一个实数，其值是$\sqrt{a^2+b^2}$。

3.设计一个栈类模板，实现栈的基本功能：包括元素进栈、出栈；获取栈顶元素值；获取栈中元素个数；判断栈空、栈满等。在主函数中建立整型栈和自定义数据类型栈(例如可以存放本章例 8-7 中的 point 类对象)，调用相应函数完成栈的操作。

4.完成本章例 8-6 中 List 类模板的复制构造函数和赋值运算符“=”重载函数。

第 9 章 流类库与输入/输出

输入/输出是程序必不可少的部分，C++程序的输入/输出操作是由 I/O 流类库实现的。流类库定义了一批流对象，连接常用的外部设备，如键盘、显示器等。程序员也可以自定义 I/O 流对象，与磁盘文件、字符串等对象连接。使用流类库提供的函数，实现数据传输。本章在介绍C++流类库概念的基础上，介绍标准设备、文件以及字符串的输入/输出。

学习目标

1.了解C++流的概念、C++流类体系及常用流对象；
2.掌握标准设备输入/输出操作，两种格式控制方法以及状态字的使用；
3.理解文件的概念、文本文件和二进制文件的区别，掌握两类文件的输入/输出操作；
4.理解字符串流的概念，掌握字符串流的输入/输出操作。

9.1 流的概念

输入/输出(简称 I/O)不是C++语言的成分，而是以C++标准库的形式提供的。C++的设计者对 I/O 提出了一种方案，虽然它不属于C++语言定义的范畴，但大多数C++编译程序都实现了这个方案，并且也被C++国际标准采纳。

在C++中，将数据从一个对象到另一个对象的传输抽象为“流”。从流中获取数据的操作称为提取操作，向流中添加数据的操作称为插入操作，数据的输入/输出就是通过 I/O 流来实现的。

当程序与外部进行信息交换时，存在两个对象。一个是程序中的流对象，另一个是文件对象。流将程序中的流对象和文件对象建立联系，使得程序中的流对象具有文件对象所有的特性，程序将流对象看作是文件对象的化身。因此程序通过操作流对象实现对文件对象的操作。

操作系统是将键盘、屏幕、打印机和通信端口等设备作为扩充文件来处理的。从C++程序员角度来看，这些设备与磁盘文件并无区别，与这些设备的交互也是通过 I/O 流来实现的。

在C++中，I/O 可以分为：面向标准设备的 I/O、面向文件的 I/O、面向字符串的 I/O 三类。面向标准设备的 I/O 是指程序从标准输入设备键盘获取数据，把程序中的数据输出至标准输出设备显示器；面向文件的 I/O 是指程序从外存储器的文件中获取数据，把数据保存到外存储器的文件中；面向字符串的 I/O 是指从程序的字符串变量中获取数据，把数据保存到字符串变量中。本章将介绍这三种 I/O。

9.2 C++的基本流类体系

9.2.1 流类库

C++的流类库是用继承方式建立的一个 I/O 类库，由抽象类 ios 及其派生类构成 ios 类体系，共同完成 I/O 操作。ios 类的体系结构如图 9-1 所示。

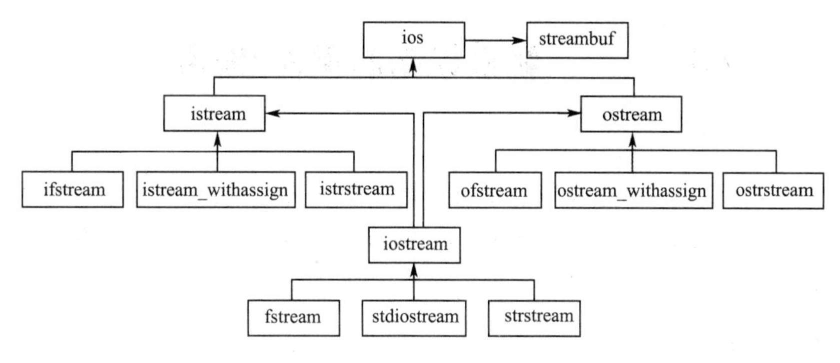

图 9-1 ios 类的体系结构

ios 类是抽象类，主要提供 I/O 所需的公共操作。其派生的 iostream、fstream、strstream 类分别提供标准设备、文件、字符串三类对象的 I/O 功能。这些流类有着相似的接口，程序能够以较为一致的方式使用这些流类，实现不同对象的 I/O，从而使得整个 I/O 流类库具有较好的一致性、可扩展性。从本章的例题中可以体会到流类库的这一特点。

9.2.2 标准流对象

在C++的流类库中定义了 4 个全局文本流对象：cin、cout、cerr 和 clog。使用这 4 个流对象可以完成基本人机交互功能。其中 cin 是 istream 类的实例，称为标准输入流(对象)，以键盘为其对应的标准设备，通过流提取运算符，可以从键盘上输入数据。cout 是 ostream

类的实例,称为标准输出流(对象),以显示器为标准设备。通过流插入运算符,可以将数据输出至显示器。cerr、clog 称为标准错误输出流。标准错误输出设备也是显示器。

对于C++,标准流连接的外部设备都是文本形式(即 ASCII 格式)的设备,即从键盘输入,向显示器输出的数据都是文本形式的数据,因此又称标准流对象为文本流对象。标准流的主要工作是完成数据与外部设备的传输以及数据格式的转换。标准流与外部设备的关系如图 9-2 所示。

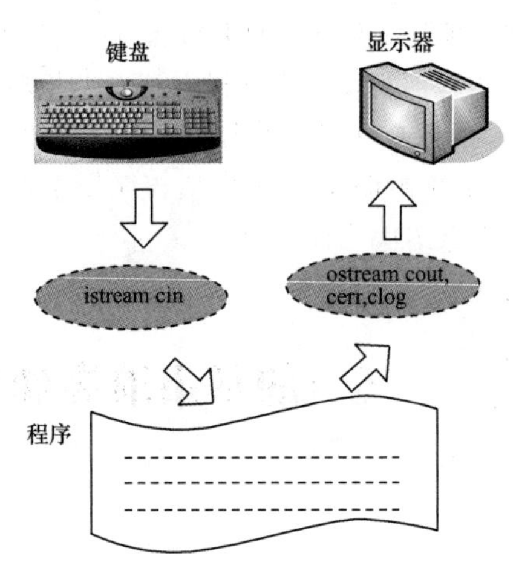

图 9-2 标准流与外部设备的关系

9.3 标准设备的输入/输出

本节介绍使用 istream 流对象 cin,通过提取运算符“>>”,从标准输入设备键盘获取数据。使用 ostream 流对象 cout,通过插入运算符“<<”,把程序中的数据输出至标准输出设备显示器。

9.3.1 输入流

istream 类提供了格式化和非格式化的输入功能。最常用的输入方法是在标准输入流对象 cin 上使用提取运算符“>>”输入数据。格式如下:

```
cin>>变量名 1>>变量名 2…>>变量名 n;
```

提取运算符“>>”从标准输入流 cin 中提取文本数据,将其转换成C++规定的数据格式后,复制给相应的变量。提取运算符忽略了流中的空格、制表符、Enter 键等空白字符。每提取一个数据,提取运算符返回 cin 流对象的引用,因此提取运算符可以连用。当输入流提取了一个无效值时,比如:输入数据类型错误时,提取运算符返回 false 给 cin,此时结束提取操作。

例 9-1 输入流对象 cin 的使用。

```
#include <iostream>
#include <string>
using namespace std;
int main(){
    float f;
    int i;
    string s;
    while(cin>>f>>i>>s)
        cout<<f<<'\t'<<i<<'\t'<<s<<endl;
    return 0;
}
```

程序运行结果：

```
3.4   5.6   7.8↙
3.4   5   .6
9   a   b↙
7.8   9   a
```

输入第 1 行，3.4 赋给 f，而 5.6 是一个浮点数，故将整数部分 5 赋给 i，后面的.6 作为一个字符串赋给 s，7.8 仍然留在输入缓冲区中，留待后续程序提取操作使用。

输入第 2 行后，输入缓冲区中剩下的 7.8 赋给 f，第 2 行的 9 赋给 i，a 赋给 s。当下一次循环试图将 b 作为浮点数赋给 f 时，b 对于浮点对象 f 是一个无效值，cin 的值为 false，结束循环退出。

提取运算符“>>”忽略了流中的空格等空白字符，因此当输入含有空白符的字符串时，空白符被输入流对象 cin 忽略。如下列程序段：

```
char ch;
while(cin>>ch)cout<<ch;
```

当输入：C++   program

输出为：C++program。中间空格被忽略。为了输入含空格等空白字符的字符串，应使用将在 9.3.3 节介绍的 ios 类中的 get、getline 成员函数。

9.3.2 输出流

ostream 类提供了格式和非格式的输出功能。最常用的输出方法是在标准输出流对象 cout 上使用插入运算符“<<”输出数据。格式如下：

```
cout<<变量名 1|表达式 1<<变量名 2|表达式 2…<<变量名 n|表达式 n;
```

插入运算符“<<”可以接受任何表达式，包括函数调用，只要其结果是能被插入运算符接受的数据。输出流对象 cout 将数据从C++机内格式转换成文本格式后，输出至标准输出流对象。插入运算符返回 cout 流对象的引用，所以插入运算符也可以连用。

例 9-2 输出流对象 cout 的使用。

```
#include <iostream>
#include <string>
#include <complex>
using namespace std;
int main(){
    char * s1="a c string";
    string s2("a c++ string");
    complex <double> c(3.14,-1.239);
    int i=10;
    int * pi=&i;
    cout<<s1<<endl<<s2<<endl;
    cout<<c<<endl;
    cout<<i++<<'\t'<<i++<<'\t'<<i++<<endl;        //A
    cout<<"&i:"<<&i<<'\t'<<"pi:"<<pi<<endl;       //B
    cout<<"&s1:"<<&s1;                            //C
    return 0;
}
```

程序运行结果：

```
a c string
a c++ string
(3.14,-1.239)
12  11  10
&i:0012FF4C  pi:0012FF4C
&s1:0012FF70
```

一些编译器处理插入运算符时，插入顺序从右到左，显示顺序从左到右。因此程序 A 行显示 3 个 i++表达式的值，其结果是 12、11、10，而不是 10、11、12。

9.3.3 标准输入/输出流成员函数

本节介绍使用标准 I/O 流的成员函数完成 I/O 操作。

1.输入流成员函数

表 9-1 为常用的输入流成员函数。

表 9-1　　常用的输入流成员函数

函数原型	含义
int get()	提取字符(包括空白符)，然后返回该字符的值。若文件结束，返回 EOF
istream& get(char& ch)	提取字符(包括空白符)给 ch，返回 istream 对象的引用。若文件结束，返回 0
istream& get(char * buf,int nCount,char delim='\n')	最多提取 nCount-1 个字符给 buf，遇结束符 delim(默认为\n)或到达文件结束，则停止提取。存入 buf 中的字符串以 0 结尾，结束符 delim 不存入 buf

函数原型	含义
istream& getline(char * buf,int nCount,char delim ='\n')	最多提取 nCount－1 个字符给 buf,遇结束符 delim(默认为\n)或到达文件结束,则停止提取,存入 buf 中的字符串以 0 结尾,结束符 delim 不存入 buf
int gcount()	返回之前使用 get()、getline()提取的字符数
istream& ignore(int nCount=1,char delim=EOF)	忽略数据流中 delim 结束符之前最多 nCount 个字符,默认情况 ignore()忽略 istream 流对象中一个当前字符
int peek();	读取输入流当前字符,但不提取。该字符仍然在输入流当前字符的位置上

上表中 get(char * buf,int nCount,char delim='\n')和 getline(char * buf,int nCount,char delim='\n')函数的区别如下：

(1)get 函数在读入数据时,遇到结束字符,结束读入操作。该结束字符仍然留在输入缓冲区中,留给下一次的输入语句读取。如果程序不需要这个结束字符,则必须使用输入函数(例如上表中第 1 个和第 2 个 get 函数或 ignore 函数)将该结束字符从缓冲区中单独提取出来。

(2)getline 函数在读入数据时,遇到结束字符,则从输入缓冲区中读取该结束符,但不存放在 buf 所指的字符串中,同时结束读入操作。

这两个函数都会在提取的字符串后加上字符串结束标记“\0”,放入参数 buf 中,同时返回流对象本身。

gcount 函数返回前一次使用 get 或 getline 函数时提取的字符数。

ignore 函数的作用是从输入缓冲区中读取若干个字符,但对所读取的字符不保存、不处理,属于空读。因此常常使用该函数来舍弃缓冲区中当前开始的若干个字符。

例 9-3 标准输入流函数的应用。

```
#include<iostream>
using namespace std;
int main(){
    char s1[255],s2[255],s3[255];
    cin.get(s1,255);                    //A1
    cout<<cin.gcount()<<endl;           //B1
    cin.ignore();                       //或使用 cin.get()提取 Enter 键符
    cin.getline(s2,255);                //C1
    cout<<cin.gcount()<<endl;           //D1
    cin.get(s3,255);                    //E1
    cout<<s1<<endl;
    cout<<s2<<endl;
    cout<<s3<<endl;
    return 0;
}
```

程序运行结果为：

```
This ↙          //A2
4               //B2
```

```
is↙                 //C2
3                   //D2
C++ program↙        //E2
This
is
C++ program
```

A1 行输入“This”和 Enter 键符共 5 个字符，A1 行 get 函数提取“This”4 个字符，因此 B2 行显示 4。显然 Enter 键符仍然留在输入缓冲区中。为了保证 C1 行 getline 函数能读取到后续的字符，程序中使用 cin.ignore 函数舍弃 Enter 键符。D2 行显示 3，是指 getline 函数读取到“is”和 Enter 键符，共 3 个字符。由于“is”后的 Enter 键符已被 getline 读取，所以在 E1 行前不再需要使用 cin.ignore 函数。由于 get 函数能读取包含空白符在内的任何字符，因此输入“C++”和“program”之间的空格亦能被 get 函数读取。从程序运行结果可以看出这一点。

请读者思考，程序中如果没有 cin.ignore 函数，程序运行结果如何。

2.输出流成员函数

表 9-2 为常用的输出流成员函数。

表 9-2　常用的输出流成员函数

函数原型	含义
ostream& ostream::put(char ch)	向输出流输出字符 ch
ostream& ostream::putback(char ch)	将前一次从输入流中提取的字符 ch 插入输入流中
ostream& ostream::flush();	刷新一个输出流，用于 cout 和 clog

本节介绍的标准 I/O 函数也能用于 9.5 节介绍的文件流中。

9.3.4 数据流的错误检测

进行 I/O 操作时，可能会发生各种错误。特别是从输入流中提取数据，出现流错误的可能性较大，例如输入数据的类型错、遇到文件结束等。程序需要检测这些错误，并做相应的处理。

为了检测出数据流产生的各种错误，提高程序的健壮性，在 ios 类中有一个称为流错误状态字的保护型整数 state，用该整数的若干二进制位保存流的当前状态。为了便于记忆，在 ios 中定义了一个枚举类型，枚举类型中的每一个成员都与 state 的某一位对应（见表 9-3）。流还提供了一些检测流状态的成员函数（见表 9-4），使用这些检测函数可以获得 state 相应位的值，从而获知流状态。

表 9-3　与流错误状态字 state 对应的枚举类型成员含义与值

成员名	对应值	含义
ios::goodbit	0x0	数据流正常，没有发生错误，各位均为 0
ios::eofbit	0x01	数据流已达到尾端（遇到结束标志 eof）
ios::failbit	0x02	进行 I/O 操作时数据格式错或 eof 过早出现，属于可恢复的流错误，数据不会丢失。
ios::badbit	0x04	不可恢复的流错误，导致数据丢失

表 9-4　　流错误检测函数

检测函数原型	含义
int rdstate()const	读取并返回当前流状态字
void clear(int nState=0)	设置流状态为 nState，当 nState=0 时，用来清流状态字
int good()const	检测状态字，状态字为 0 返回 true，否则返回 false
int eof()const	检测 eofbit 状态位，eofbit=1 返回 true，否则返回 false
int fail()const	检测 failbit 状态位，failbit=1 返回 true，否则返回 false
int bad()const	检测 badbit 状态位，badbit=1 返回 true，否则返回 false
int operator! ()const	重载！运算符，可代替 fail()函数

当 I/O 流发生错误时，系统会在 state 字相应位置 1。因此为了提高程序的健壮性，应当在程序中加入流错误检测函数，对状态字进行检测，以判断之前的输入或输出是否正常。流错误更正后，state 中的对应位不会自动清除，必须调用 clear 函数将状态字 state 清 0，以示流正常。

例 9-4　流错误的检测应用。

```
#include<iostream>
using namespace std;
void check_states(ios& st){
    cout<<"state: "<<st.rdstate()<<'\t';
    cout<<"eof: "<<(st.rdstate() & ios::eofbit)<<'\t';
    cout<<"fail: "<<(st.rdstate() & ios::failbit)<<'\t';
    cout<<"bad: "<<(st.rdstate() & ios::badbit)<<'\n';
}
int main(){
    int n,status;
    char ch;
    check_states(cin);          // A
    cin>>n;                     // 要求输入整数，但输入"C++"
    check_states(cin);          // B
    cin.clear();
    cin.ignore(5,'\n');
    cin.get(ch);                // 输入 ctrl+Z
    check_states(cin);          // C
    status= ios::eofbit | ios::failbit | ios::badbit; //D
    cin.clear(status);
    check_states(cin);
    return 0;
}
```

程序运行结果是

```
state: 0   eof: 0   fail: 0   bad: 0
C++
state: 2   eof: 0   fail: 2   bad: 0
```

^Z
state: 3 eof: 1 fail:2 bad: 0
state: 7 eof: 1 fail:2 bad: 4

本例检测了流的 4 种状态。在主函数的 A 行，调用 check_states 函数检测程序启动时的流状态，当所有状态位都是 0，表示正常。在 B 行，由于之前的输入数据格式错误，因此检测结果为 fail 为 2。在 C 行，由于之前输入了 ctrl+Z，表示输入文件结束，因此检测结果为 eof 为 1。D 行人为设置 3 种错误状态，因此检测结果为 eof 为 1，fail 为 2，bad 为 4，state 为 7。程序中 cin.ignore(5,'\n')的作用是提取并丢弃输入缓冲区中的错误数据(此处即为"C++")。另外由于不同编译器 ios::eofbit、ios::faitlbit 和 ios::badbit 对应值不同，运行结果会不同。

*9.4 流的格式控制

在很多应用中，需要对程序的 I/O 格式加以控制，例如规定数据的对齐方式、宽度、精度、进制、填充字符等，使数据 I/O 格式多样化，达到输出美观、方便阅读的目的。在C++中提供了两种格式控制的方法：

(1)使用 ios 类中的格式控制函数进行格式控制。

(2)使用预定义操作进行格式控制。

9.4.1 使用 ios 类的格式控制函数

1.格式状态字

在 ios 类中，有一个称为格式状态字 x_flags 的保护型整数，用该整数的若干二进制位保存数据的各种格式。为了方便记忆每一位的含义，在 ios 中也定义了一个枚举类型，该枚举类型中的每一个成员都与 x_flags 中的每一位对应。表 9-5 列出了该枚举类型的各成员及对应值。

表 9-5 与格式状态字 x_flags 对应的枚举类型成员含义与值

成员名	对应值	含义	I/O	组合位
ios::skipws	0x0001	跳过输入中的空白字符(空格、制表、退格和 Enter 键等)	I	
ios::unitbuf	0x0002	插入操作后立即刷新流	O	
ios::uppercase	0x0004	用大写字母输出十六进制数据	O	
ios::showbase	0x0008	在输出时带有表示数制基的字符	O	
ios::showpoint	0x0010	输出浮点数时带小数点	O	
ios::showpos	0x0020	输出正数时，加"+"	O	
ios::left	0x0040	输出左对齐，用填充字符填充右边		adjustfield = left|right|internal
ios::right	0x0080	输出右对齐，用填充字符填充左边(默认对齐方式)		
ios::internal	0x0100	在规定宽度内，前缀符号之后，数据之前，用填充字符填充		

成员名	对应值	含义	I/O	组合位
ios::dec	0x0200	按十进制处理 I/O 的数据		basefield=dec|oct|hex
ios::oct	0x0400	按八进制处理 I/O 的数据		
ios::hex	0x0800	按十六进制处理 I/O 的数据		
ios::scientific	0x1000	按科学计数方式输出浮点数		floatfield=scientific|fixed
ios::fixed	0x2000	按定点数方式输出浮点数		
ios::boolalpha	0x4000	输出字符串 true、false 表示真假	O	

从表 9-5 可以看出，每一个枚举量实际上对应两字节(16 位)数据中的一个二进制位。所以需要同时使用多种格式控制时，只需将 x_flags 的对应位用按位或运算符“|”组合即可。

除此之外，在类 ios 中还有 3 个保护类型的成员，用来保存 I/O 流格式：

```
int x_precision;        //浮点数精度，默认为 6 位
int x_width;            //输出域宽，默认域宽为 0
char x_fill;            //域宽有剩余时填充的字符
```

2.格式控制函数

由于 x_flags 是保护类型的成员，所以在 ios 类中提供了 5 个函数设置/返回表 9-5 的格式状态(见表 9-6)、6 个函数设置/返回其他格式状态(见表 9-7)，实现对流格式的控制。这些成员函数都声明为公有成员函数，作为流类的公共接口。

表 9-6　　格式状态字设置函数

函数原型	功能
long flags()const	返回流的当前格式状态字
long flags(long lFlags)	设置流的格式位 lFlags，返回设置前的格式状态字
long setf(long lFlags)	追加流的格式位 lFlags，返回设置前的格式状态字
long setf(long lFlags, long lMask)	追加流的格式位 lFlags，清除格式位 lMask，返回设置前的格式状态字
long unsetf(long lMask)	清除流的格式位 lMask

表 9-7　　格式控制函数

函数原型	功能
int width()const	返回当前域宽
int width(int)	设置新的域宽，返回原域宽
char fill()const	返回当前填充字符
char fill(char)	设置新的填充字符，返回原填充字符
int precision() const	返回当前精度
int precision(int)	设置新的数据精度，返回原精度

例 9-5 格式化输出浮点数。

```
#include <iostream>
using namespace std;
int  main(){
    int i;
    double x=22.0/7;
    cout<<"输出定点数"<<endl;
    cout.setf(ios::fixed|ios::showpos);
```

```
    for(i=1;i<=5;i++){
        cout.precision(i);
        cout<<x<<'\t';
    }
    cout<<endl;
    cout.unsetf(ios::fixed);
    cout<<"输出浮点数"<<endl;
    cout.setf(ios::scientific);
    for(i=1;i<=5;i++){
        cout.precision(i);
        cout<<x*1e5<<'\t';
    }
    cout<<endl;
    return 0;
}
```

程序运行结果为：

输出定点数

+3.1　+3.14　+3.143　+3.1429　+3.14286

输出浮点数

+3.1e+005　+3.14e+005　+3.143e+005　+3.1429e+005　+3.14286e+005

9.4.2 使用预定义的操作子控制格式

从前节看到使用 ios 类中的成员函数进行流格式控制比较麻烦，每个函数的调用需要单独写一条语句，不能将它们直接写在提取或插入语句中。为此C++在 istream 和 ostream 类中定义了一批函数，称为操作子（又称操作符），作为提取运算符“>>”和插入运算符“<<”的右操作数来控制 I/O 格式，从而简化了格式控制。这些操作子中，不带参数的操作子在 iostream 头文件中声明（见表 9-8），带参数的操作子在 iomanip 头文件中声明（见表 9-9）。

有了这些操作子，对数据格式的控制就会很方便。

例如，n=255，要求分别以八、十、十六进制（大写字母）的形式输出 n，只需如下编程：

```
cout<<uppercase<<oct<<n<<"\t"<<dec<<n<<"\t"<<hex<<n<<endl;
```

表 9-8　在 iostream 中定义的操作子

操作子	功能	I/O
boolalpha/ * noboolalpha	真假表示为字符串 true、false/真假表示为 0、1	O
showbase/ * noshowbase	产生/不产生前缀，指示数值的进制基数	O
showpoint/ * noshowpoint	显示小数点/只有当小数部分存在时才显示小数点	O
showpos/ * noshowpos	在/不在非负数值中显示“+”	O
skip/ * noskip	输入操作符跳过/不跳过空白字符	I
uppercase/ * nouppercase	在十六进制下显示 0X，科学计数法中显示 E/在十六进制下显示 0x，科学计数法中显示 e	O

（续表）

操作子	功能	I/O
* dec/hex/oct	按十/十六/八进制显示	I/O
left/right/interanl	将填充字符加到数值的左边/右边/符号和数值的中间	O
* fixed/scientific	按定点数/科学计数法方式输出浮点数	O
flush	刷新 ostream 缓冲区	O
endl	插入换行符，然后刷新 ostream 缓冲区	O
ws	跳过空白字符	I

注：* 表示默认的流状态

表 9-9　　在 iomanip 中定义的操作子

操作子	功能	输入/输出
setfill(char ch)	用 ch 填充空白符	O
setprecision(int n)	设置浮点数输出精度为 n	O
setw(int n)	设置输出域的宽度为 n	O
setbase(int b)	设置输出基数，b=8、10、16	O
setiosflags(ios::lFlags)	设置 lFlags 指定的标识位	I/O
resetiosflags(ios::lFlags)	清除 lFlags 指定的标识位	I/O

请读者采用流操作子的控制方式，改写例 9-5。

9.5 文件的输入/输出

当需要永久保存程序中的数据时，或者程序需要从文件中获取数据时，就要使用文件或数据库。文件是保存在外存储器上的数据集合。在本节中文件指的是磁盘文件。在C++中对文件的操作也是通过流类进行的。常用的文件流类有支持从文件中读取数据的 ifstream 类、支持将数据写入文件的 ofstream 类以及同时支持文件读写的 fstream 类。

9.5.1 文件的基本概念

C++把文件看成一个有序的字节流，称为流式文件。文件操作前，要打开文件。文件打开后，该文件就和程序中的文件流对象建立了关联。在程序中就通过该文件流对象对打开的文件进行读/写操作。在打开文件的内部有一个指示读写位置的指针，对文件的读写操作都在指针处进行。当文件流为输入流时，该指针称为读指针，每一次读取操作从读指针当前所指位置开始读。当文件流为输出流时，该指针称为写指针，每一次写入操作从写指针的当前位置开始写。每次读写操作后，读/写指针自动向文件尾移动若干字节，以指示下一次读写的位置。文件打开后，指针一般在文件开始处。如图 9-3 所示为文件字节流示意图。文件使用结束后，要关闭文件。

在C++中，根据文件中数据保存的格式，可将文件分为两类：文本文件和二进制文件。

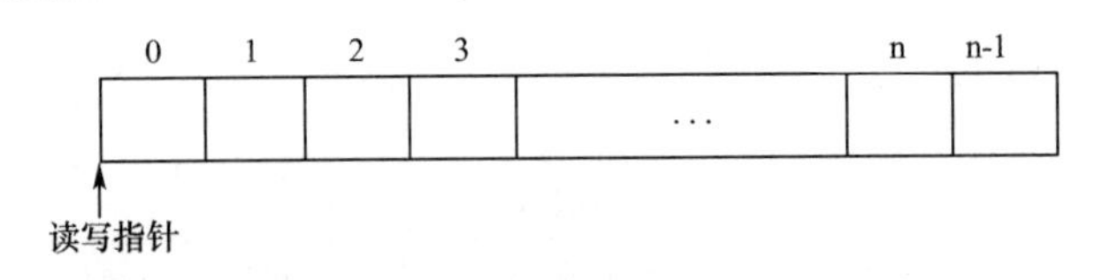

图 9-3　文件字节流示意图

所谓文本文件，即文件中的数据都以 ASCII 码形式存放，即只包含可显示字符及有限的几个控制字符。在进行插入操作“＜＜”时，程序中的数据，如 double、int 等类型的数据都将从机内格式转换成 ASCII 码格式。而进行提取操作“＞＞”时，又要将数据从 ASCII 码格式转换成 double、int 等类型的机内格式。由此可见文本文件的读写效率较低。C++中的 .cpp、.h 等文件就属于文本文件。9.2 节介绍的 4 个流对象 cin、cout、cerr 和 clog 都是本文流对象，使用这些对象，都存在上述格式转换过程。

经上述分析可知，C++中同一类型数据，在文本文件中占用的字节数不一定相同。例如两个 int 类型的十进制数：1234、1234567，在程序中都是相同字节数。保存在文本文件中时，需要转换成 ASCII 码，其长度分别是 4 字节和 7 字节。从低字节到高字节，分别是十六进制的

31 32 33 34

和

31 32 33 34 35 36 37

因此为了便于识别，文件中各数据之间必须由空白符(空格、换行、制表符)作为间隔。文本文件仅有“行”结构，即输出一个换行符，构成一行。不存在与数据类型相关的逻辑结构。

所谓二进制文件，就是文件中数据格式与C++程序中的数据格式完全一致，读写二进制文件时，系统不对数据做任何转换。如上例两个 int 类型的十进制数 1234、1234567，在程序中和在二进制文件中的存储格式都一样，占用相同字节数，从低字节到高字节，分别是十六进制的

D2、04、00、00

和

87、D6、12、00

即同类型的数据长度相等，因此二进制文件具有一定的逻辑结构。数据类型决定了一个数据的长度，同类型的数据长度相等。因此文件中同类型数据之间也就无须空白符加以间隔。

对文件的读写可以是顺序的，也可以是随机的。所谓“顺序”读写，就是对文件的读写，必须从文件的第一个字节开始，逐个字节向后进行。如需要读写文件第 n 个数据，从前面的分析可知，在文本文件中，同类型的数据不等长，因此必须先读写前 n−1 个数据，才能读写到第 n 个数据。所谓“随机”读写，是指可以从文件的任何位置进行读写。由于同类型的数据在二进制文件中长度相等，因此，很容易计算出第 n 个某种类型的数据在二进制文件中的位置，直接将文件读写指针定位到该位置读写数据。因此一般来说，文本文件大多顺序读写，而二进制文件既能随机读写，也能顺序读写。

在C++中，流类库提供了不同的函数实现不同方式的文件读写。

9.5.2 文件的操作步骤

在C++中使用文件的步骤是固定的：

(1)建立一个文件流对象；

(2)打开文件，将文件流对象和要处理的外存储器上的文件建立关联；

(3)读写文件，通过流对象的成员函数或插入/提取运算符完成对文件的读写；

(4)关闭文件，当不再使用文件时，要通过关闭文件流对象，解除文件流对象与文件的关联。之后该文件流对象还可以继续与其他文件建立关联。

1.建立一个文件流对象

使用文件前，必须先建立文件流类对象。建立文件流对象的语法形式为：

```
ifstream   输入文件流对象；
ofstream   输出文件流对象；
fstream    输入/输出文件流对象；
```

例如：

```
ifstream ifile;//建立一个输入文件流对象
ifile 对象又被称为内部文件。
ofstream ofile;//建立一个输出文件流对象
```

2.打开文件

建立了文件流对象后，就可使用该对象调用文件流的 open 函数，打开要处理的文件。打开文件也就是将文件流对象与要处理的文件建立关联。之后对文件的所有操作都通过该文件流对象进行。

文件流中声明了 3 种打开文件的方式。

打开输入文件：

```
void ifstream::open(const char * szName, int nMode=ios::in, int Prot=filebuf::openprot);
```

打开输出文件：

```
void ofstream::open(const char * szName, int nMode =ios::out, int Prot =filebuf::openprot);
```

打开输入/输出文件：

```
void fstream::open(const char * szName, int nMode =ios::in|ios::out, int Prot =filebuf::
openprot);
```

其中：

第 1 个参数 szName 为带路径的要打开的磁盘文件名。路径用“\\”分隔；

第 2 个参数 nMode 为打开方式，可用按位或运算符“|”组合几种打开方式。在 ios 类中定义了公有枚举类型，对各种打开方式及对应的值加以说明（见表 9-10）。对于输入文件流类 ifstream 对象的默认打开方式是输入方式，即 ios::in，对于输出文件流类 ofstream 对象的默认打开方式是输出方式，即 ios::out。

第 3 个参数 Prot 为打开文件的保护方式。

表 9-10　　文件打开方式

打开方式	对应值	含义
ios::in	0x01	打开输入文件，是 ifstream，istream 的默认方式

（续表）

打开方式	对应值	含义
ios::out	0x02	打开输出文件，是 ofstream，ostream 的默认方式
ios::ate	0x04	打开输出文件，文件指针处于文件尾。ate=at end
ios::app	0x08	从文件尾添加数据
ios::trunk	0x10	如文件存在，清除文件内容（默认方式）
ios::binary	0x80	以二进制方式打开文件（默认方式为文本模式）

在上表中：

ios::in 标识打开输入文件（读取文件）。如要打开的文件不存在，则返回失败。

ios::out 标识打开输出文件（写入文件）。如文件不存在，则建立新文件。如文件已经存在，且未同时设置 app、in 方式，则先删除该文件，再建立一个新的同名空文件。

ios::app 标识打开输出文件，原文件内容保留，新输出数据保存在文件尾部。

ios::binary 标识以二进制方式打开文件。同时用“out”时，如文件不存在，则建立新文件。

这里输入是指以文件为信息的源，数据由文件流入程序，即提取（>>）操作，或称读操作；而输出是指以文件为信息的汇，数据由程序流到文件，即插入（<<）操作，或称写操作。

例如：

```
ifile.open("first.txt",ios::in);
```

就是以“读”方式打开在当前路径下的“first.txt”文件。如果在当前路径下，first.txt 文件不存在，则打开操作失败。正确打开文件之后，ifile 流对象就和 first.txt 建立关联，之后就通过 ifile 流对象对 first.txt 文件进行提取操作。

```
ofile.open("C:\\mydata\\txt\\first.txt",ios::out);
```

在 C:\mydata\txt\路径下，以“写”方式打开“first.txt”文件。如果在 C:\mydata\txt\路径下 first.txt 文件已经存在，则先删除该文件，再建立一个名为 first.txt 的空文件。如果 first.txt 文件不存在，则直接建立 first.txt 文件。正确打开文件之后，ofile 流对象就和 first.txt 文件建立关联，之后就通过 ofile 流对象对 first.txt 文件进行插入操作。

文件操作的第 1、2 两步可合并成如下一步：

```
ifstream ifile("first.txt",ios::in);
```

打开文件的操作完成后，应该判断文件是否打开成功。若打开成功，则文件流对象值为非 0，若不成功则为 0（NULL）。因此打开一个文件的完整程序应为[①]：

```
ifstream ifile("first.txt",ios::in);
if(! ifile){//"!"为重载的运算符,见表 9-4
        cerr<<"不能打开文件:first.txt"<<endl;
        return -1;          //失败则返回操作系统
}
```

3.文件读写

根据不同的文件类型、操作要求，使用提取、插入运算符或读写函数对文件流对象进行

①为了节省篇幅本章其后的例题都省略了文件是否打开成功的判断。

I/O 操作。这在以下几节中详细讨论。

4.关闭文件

文件操作结束后，要显式关闭该文件。其语法形式为：

```
文件流对象.close();
```

如关闭 ifile、ofile 文件流对象如下：

```
ifile.close();
ofile.close();
```

关闭文件流对象时，系统把与该文件相关联的文件缓冲区中的数据写到文件中，以保证文件的完整，并收回与该文件相关的内存空间。同时把文件流对象与磁盘文件之间的关联断开，以防止误操作修改磁盘文件。之后该文件流对象可以继续关联其他文件。文件流对象在程序结束时或它的生存期结束时，也要调用析构函数，释放内部分配的预留缓冲区等。

9.5.3 文本文件的读/写

本节讨论文本文件的读写操作。

一般使用提取运算符“>>”和插入运算符“<<”进行文本文件的读写。

例 9-6 CGoods 类对象的保存与读取。

第 5 章介绍的 CGoods 类对象，在程序中是以二进制形式存储的。本例中将 CGoods 类对象以文本形式保存到文件中。然后再从文件读入程序。为了读写对象，为 CGoods 类增加插入和提取运算符重载函数。

```
ostream& operator<<(ostream& dist,CGoods& cg){  //输出流类 ostream
    dist<<cg.Name<<"\t"<<cg.Amount<<"\t"<<cg.Price<<"\t"<<cg.Total_value
        <<endl;
    return dist;
}
ifstream& operator>>(ifstream& sour,CGoods& cg){  //输入文件流类 ifstream
    sour>>cg.Name>>cg.Amount>>cg.Price>>cg.Total_value;
    return sour;
}
int main(){
    CGoods cg[]={CGoods("奥迪 3000",3,30),CGoods("奔驰 2000",2,50),CGoods("联想笔记本",
10,0.6),CGoods("美的空调",12,1.2),CGoods("Sony 投影仪",4),  CGoods("iphone6s",20,0.45)};
    CGoods c1;
    int i,n=sizeof(cg)/sizeof(CGoods);
    ifstream ifile;
    ofstream ofile;
    ofile.open("CGoods.txt",ios::out);
    for(i=0;i<n;i++){
        ofile<<cg[i]; //A 调用<<重载函数,向文件流对象输出
    }
    ofile.close();
    ifile.open("CGoods.txt",ios::in);
```

```
    for(i=0;i<n;i++){
        ifile>>c1;//B 调用>>重载函数,从文件流对象输入至 c1
        cout<<c1; //C 调用<<重载函数,向标准输出流对象输出 c1
    }
    ifile.close();
    return 0;
}
```

CGoods 类重载了插入运算符"<<"和提取运算符">>",实现 CGoods 类对象的读写。其中程序 A、C 行两次调用"<<",分别实现向文件流对象和向标准输出流对象输出对象数据。

本例演示的是典型的C++数据存入文件和由文件读取数据的方法。按面向对象的说法把对象存入文件和由文件重构对象。产生的 CGoods.txt 文件是文本文件。用记事本打开后显示文本的内容和程序显示的结果相同。

例 9-7 使用 getline 函数读文本文件。

9.3 节介绍了使用 getline 函数从标准输入流读入一行文本数据。本例介绍使用该函数从文本文件中读入一行数据(所谓一行,就是读到换行符为止)。

```
#include<iostream>
#include<fstream>
using namespace std;
int main(){
    char data[201];
    ifstream sfile;
    ofstream tfile;
    sfile.open("d:\\ex9-1.cpp",ios::in);
    tfile.open("e:\\ex9-1.cpp",ios::out);
    while(! sfile.eof()){
        sfile.getline(data,201,'\n');
        tfile<<data<<endl;
    }
    sfile.close();
    tfile.close();
    return 0;
}
```

程序实际完成了例 9-1 C++源程序文件的复制。使用 getline 函数从 d:\ex9-1.cpp 文件中读入一行(假定每行长度不超过 200 个字符),再写入文件 e:\ex9-1.cpp 中。由于 getline 函数可以读入空白符,但对于换行符,可以读入但不保存在 data 中。所以在写文件时要加入换行符。读者可以看到 e:\ex9-1.cpp 的文件内容、格式和 d:\ex9-1.cpp 的完全一致。

9.5.4 二进制文件的顺序读/写

由于二进制文件具有一定的逻辑结构,因此二进制文件既适用于顺序读写,也适用于随机读写。二进制文件一般没有行的概念，因此二进制文件不适合使用 getline 函数来读写。

二进制文件顺序读写可以使用 get 和 put 函数一次读写一个字节，也可以使用 read 和 write 函数进行多字节的成组读写。下面分别加以讨论。

1.使用 get 和 put 函数读写任意格式的文件

例 9-8 使用 get 和 put 函数复制一个任意格式的文件。

```
#include<iostream>
#include<fstream>
using namespace std;
int main(){
    char ch,sourname[100],destname[100];
    cout<<"输入源文件名 ";
    cin>>sourname;
    ifstream sourfile(sourname,ios::in|ios::binary);
    cout<<"输入目的文件名 ";
    cin>>destname;
    ofstream destfile(destname,ios::out|ios::binary);
    while(sourfile.get(ch))      //A
        destfile.put(ch);        //B
    sourfile.close();
    destfile.close();
    return 0;
}
```

本例中 A 行使用 get 读入 sourfile 一个字节，B 行使用 put 将读入的字节写入 destfile。当遇到文件结束时，与之相连的 sourfile 输入流的值将变为 NULL，使循环停止。从而实现一个文件的复制。由于使用 get 和 put 函数读写一个字节，不需要了解文件的逻辑结构，所以这两个函数可以实现对任何类型文件的读写操作。

2.使用 read 和 write 函数成组读写

get 和 put 函数每次读写一个字节。对于不了解文件数据结构的任何类型文件，这种读写方法是有效的，但读写效率明显低下。如果了解文件的数据结构，就可以使用 read 和 write 函数进行多字节成组读写。read 和 write 函数原型如下：

```
istream& read(char * buf, int nCount)
```

read 函数从相应的流中提取 nCount 个字节(字符)，并把它们放入 buf 所指的缓冲区中，函数返回输入流对象。

```
ostream& write(char * buf,int nCount)
```

write 函数从 buf 所指的缓冲区中把 nCount 个字节插入相应的流中。函数返回输出流对象。

注意：缓冲区 buf 的数据类型为 char *，当输入文件中数据时，必须进行类型转换。

例 9-9 改写例 9-6，使用 write 函数将 CGoods 对象数据顺次保存在二进制文件 CGoods.dat 中，再使用 read 顺次读出。CGoods 类定义同前。

```
int main(){
    //CGoods 数组 cg[]定义同例 9-6
    CGoods c1;
    int i,n=sizeof(cg)/sizeof(CGoods);
    ofstream ofile;
    ifstream ifile;
    ofile.open("CGoods.dat",ios::out|ios::binary);
    for(i=0;i<n;i++){
        ofile.write((char *)&cg[i],sizeof(CGoods));
    }
    ofile.close();
    ifile.open("CGoods.dat",ios::in|ios::binary);
    for(i=0;i<n;i++){
        ifile.read((char *)&c1,sizeof(CGoods));
        cout<<c1; //调用<<重载函数,向标准输出流对象输出
    }
    ifile.close();
    return 0;
}
```

在本例中,执行语句"ofile.write((char *)&cg[i],sizeof(CGoods));"将 cg[i]对象以二进制形式写入文件。执行语句"ifile.read((char *)&c1,sizeof(CGoods));"则将文件中一个对象的数据以二进制形式读入。

本例中使用 read 和 write 函数一次读写一个 CGoods 对象的数据,效率显然比 get 和 put 函数一次读写一个字节要高得多。请读者思考,此例是否还有更高效的读写方法?

9.5.5 二进制文件的随机读写

前面介绍的文件读写操作都是对文件中的数据从前至后依次进行的,因此称为顺序读写。由于二进制文件具有一定的逻辑结构,程序可以方便地确定要读写的数据在文件中的位置,因此对二进制文件可以进行随机读写,以提高读写的灵活性和效率。ifstream、ofstream 类中定义了随机访问文件的相关函数,实现对文件中数据的随机读写。

流的随机访问,是通过文件的读写指针来实现的。前面已经介绍过,在C++的流中定义了文件的位置指针。对于输入操作,称为读指针(get 指针)。对于输出操作,称为写指针(put 指针)。文件打开后,读写指针一般指向文件的开始处。因此进行随机读写前,必须将读写指针移动到要读写的数据处。程序使用相关函数来控制读写指针。表 9-11 列出了 ios 类中 6 个与读写指针有关的函数。

表 9-11　　ios 类中 6 个与读写指针有关的函数

函数原型	含义
istream& seekg(long pos)	将 get 指针移到文件的 pos 指出的位置处
istream& seekg(long off,ios::seek_dir dir)	以 dir 为起点,将 get 指针移动 off 个字节数
long tellg()	返回 get 指针的当前位置

（续表）

函数原型	含义
ostream& seekp(long pos)	将 put 指针移到文件的 pos 指出的位置处
ostream& seekp(long off,ios::seek_dir dir)	以 dir 为起点，将 put 指针移动 off 个字节数
long tellp()	返回 put 指针的当前位置

上表函数中 seek_dir 是在 ios 类中定义的，与文件位置指针有关的公有枚举类型。具体定义为：

```
enum seek_dir{beg=0,cur=1,end=2};
```

3 个枚举常量值的含义如图 9-4 所示（流指针的含义）。

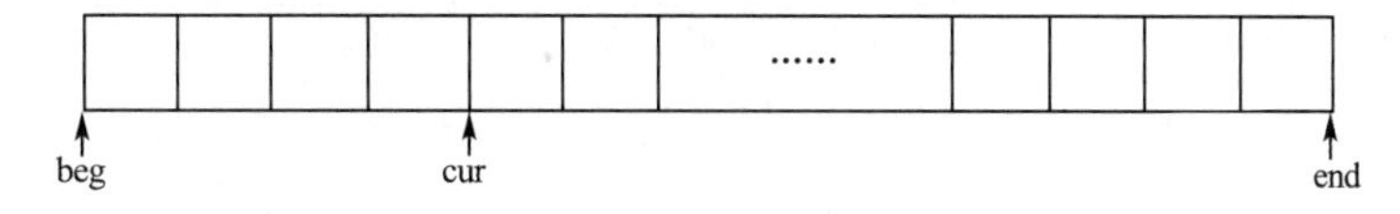

图 9-4　枚举常量值与文件位置指针关系

（1）ios::beg　表示指针在流的开始位置；

（2）ios::cur　表示指针当前的位置；

（3）ios::end　表示指针在流的结束位置。

当 dir 为 ios::beg 时，off 的值应为正数；当 dir 为 ios::end 时，off 的值为负数；而当 dir 为 iso::cur 时，off 的值可以为正数，也可以为负数。正数时从前向后移动文件指针，负数时从后向前移动文件指针。

例如：

```
input.seekg(20);              //以流文件的开始位置为基准，读指针后移 20 个字节
input.seekg(20,ios::beg);  //同 seekg(20)
input.seekg(-20,ios::cur);//以指针当前位置为基准，读指针前移 20 个字节
input.seekg(20,ios::cur);  //以指针当前位置为基准，读指针后移 20 个字节
input.seekg(-20,ios::end);//以流文件的结束位置为基准，读指针前移 20 个字节
```

通常 tellg(tellp)和 seekg(seekp)联合使用，例如通过 tellg 函数得到 get 指针位置，再通过 seekg 函数来移动 get 指针到所希望的位置。

例 9-10　使用随机读写方式访问二进制文件。

本例在例 9-9 基础上，使用随机读写方式访问二进制文件 CGoods.dat，读取一个商品数据。

```
#include<iostream>
#include<fstream>
using namespace std;
//CGoods 类定义同前
int main(){
    CGoods c1;
    int i,n=6;
    ifstream ifile;
    ifile.open("CGoods.dat",ios::in|ios::binary);
    for(;;){
```

```
        cout<<"输入商品序号(1~6),输入 0,结束 ";
        cin>>i;
        if(i==0)
            break;
        if(i<1||i>n){
            cout<<"商品编序错,请重新输入"<<endl;
            continue;
        }
        ifile.seekg(sizeof(CGoods)*(i-1),ios::beg);
        ifile.read((char*)&c1,sizeof(CGoods));
        cout<<c1;
    }
    ifile.close();
    return 0;
}
```

程序运行结果:

输入商品序号(1~6),输入 0,结束　4

美的空调　12　1.2　14.4

输入商品序号(1~6),输入 0,结束　1

奥迪 3000　3　30　90

输入商品序号(1~6),输入 0,结束　0

*9.6 字符串流的输入/输出

以上介绍的文件流是以外存储器(例如硬盘、U 盘)上的文件为程序数据源和汇的。本节介绍字符串流的 I/O 则以内存中字符数组(字符串)为程序中数据源或汇的,因此字符串流也称为内存流。利用字符串流,可以实现字符串与其他各种类型变量(包括对象)格式的相互转换,即将内存字符数组中数据读入程序的各类变量(对象)中,或者将程序中各类变量(对象)中的数据写入内存的字符数组中。

串流类包括输入字符串流类 istrstream 、输出字符串流类 ostrstream、字符串流类 strstream。由于字符串流对象关联的不是文件,而是内存中的一个字符数组,因此和文件 I/O 的差别在于不需要打开和关闭串流对象。在建立字符串流对象时,通过给定参数来确立字符串流与字符数组的关联,即通过串流类构造函数来建立关联。

串流类常用构造函数如下:

```
istrstream::istrstream(const char*);   //用于输入串,表示使用数组中全部数据
istrstream::istrstream(const char* ,int);   //用于输入串
ostrstream::ostrstream(char*,int,int=ios::out);   //用于输出串
```

其中,第 2 个参数说明流缓冲区大小即数组中被使用的字符数量,第 3 个参数为打开方式。

例 9-11 字符串流类的应用。

```
#include <iostream>
#include <strstream>
#include <iomanip>
#include <cstring>
using namespace std;
//CGoods 类定义同前
void change(CGoods& c,char * name,int& amount,double& price,double& tv){
    ostrstream ostr;  //使用可动态扩展的内部缓冲区
    ostr<<c;          //对象转换为字符串,保存在内部缓冲区中
    istrstream istr(ostr.str());//ostr.str()返回内部缓冲区指针
    istr>>name>>amount>>price>>tv;//字符串再转换为基本类型
}
int main(){
    char str[50];
    int    i1=234,  i2;
    float  d1=67.89,  d2;
    int i,amount;
    char name[20];
    float price,tv;
    ostrstream output(str,50);
    istrstream input(str,0); //第 2 个参数 0,表示连接到以串结束符\0 终结的串
    output<<i1<<'\t'<<d1<<'\n'<<'\0'; //整数和实数转换为字符串,保存在 str 中
    cout<<"字符串:"<<str;
    input>>i2>>d2;  //字符串转换为整数和实数
    cout<<"整数:  "<<i2<<'\t'<<d2<<endl;
    CGoods cg[]={CGoods("奥迪 3000",3,30),CGoods("奔驰 2000",2,50),
        CGoods("联想笔记本",10,0.6),CGoods("美的空调",12,1.2),
        CGoods("Sony 投影仪",4),  CGoods("iphone6s",20,0.45)};
    for(i=0;i<6;i++){
        change(cg[i],name,amount,price,tv);
        cout<<setw(12)<<name<<setw(5)<<amount<<setw(10)
        <<price<<setw(10)<<tv<<endl;
    }
    return 0;
}
```

程序运行结果:

```
字符串:234  67.89
整数:  234  67.89
奥迪 3000   3    30    90
...
iphone6s   20   0.45   9
```

main 函数中 output 为输出串流对象，str 为其数据目的；input 为输入串流对象，str 为其数据源。change 函数则将 CGoods 对象先转换成字符串，保存在输出串流对象 ostr 的缓冲区中。再使用输入串流对象 istr 将其转换为其他类型。从本例可以看出，借助字符串流可以实现各类变量、对象与字符串的格式转换。在 windows 环境编程中会大量使用字符串流。

9.7 文件应用实例——公司人员管理程序

在第 5～7 三章中使用类的各种技术逐步改进完善了公司人员管理程序，但是这些程序还存在数据没有保存、程序运行结束数据丢失的问题。学习了本章内容，就可以运用文件流，将程序中的数据保存在文件中，以备后用。

例 9-12 使用文件技术保存公司人员数据。

在数据结构和程序的组织上，本例与前例一致。在主函数中增加了将各类人员数据保存为文本文件、再读出并显示的功能。整个程序由 employee.h、employee.cpp、ex9-12.cpp 组成。其中 employee.h、employee.cpp 内容同例 7-11。

```
//ex9-12.cpp
#include<iostream>
#include<fstream>  //包含文件流头文件
#include"employee.h"
using namespace std;
int main(){
    int i,wh,grade,empno;
    float sl,pay;
    char name[20];
    technician t1;
    salesman s1;
    manager m1;
    salesmanager sm1;

    employee  *vchar[4]={&t1,&s1,&m1,&sm1};
    for(i=0;i<4;i++)  {
        cout<<"请输入下一个雇员的姓名:";
        cin>>name;
        vchar[i]->setname(name);
        vchar[i]->promote(i);
    }
    t1.getname(name);
    cout<<"请输入技术人员"<<name<<"本月的工作时数:";
```

```
    cin>>wh;
    t1.setworkhours(wh);

    s1.getname(name);
    cout<<"请输入推销员"<<name<<"本月的销售额:";
    cin>>sl;
    s1.setsales(sl);

    sm1.getname(name);
    cout<<"请输入销售经理"<<name<<"所管辖部门本月的销售总额:";
    cin>>sl;
    sm1.setsales(sl);

    ofstream ofile("employee.txt",ios_base::out);//创建一个输出文件流对象
    for(i=0;i<4;i++){
        vchar[i]->setpay();
        vchar[i]->getname(name);
  ofile<<vchar[i]->getempno()<<'\t'<<name<<'\t'<<vchar[i]->getgrade()
      <<'\t'<<vchar[i]->getpay()<<'\n';
    }
    ofile.close();
    ifstream infile("employee.txt", ios_base::in);//创建一个输入文件流对象
    cout<<"编号\t姓名\t级别\t本月工资\n";
    for(i=0;i<4;i++){
        infile>>empno >>name>>grade>>pay;
        cout<<empno <<'\t'<<name<<'\t'<<grade<<'\t'<<pay<<'\n';
    }
    infile.close();
    return 0;
}
```

本例程序仅为文件操作的简单演示，在真正的应用程序中还应考虑更多繁杂的处理细节。

本章小结

C++流类库是用继承方法建立起来的一个 I/O 类库。流是对字节序列从一个对象流动到另一个对象的抽象。

流对象是内存与文件(或字符串)之间数据传输的通道。标准流与系统预定义的外部设备连接，文件流与用户定义的外部文件连接。一旦流对象和对象关联，程序就可以使用流的操作方式传输数据。

设备的连接是C++预定义的。其他流类对象与关联对象的连接使用流类构造函数实现。

流本身没有逻辑格式。对数据的解释由应用程序的操作决定。流类库提供格式化和非格式化的I/O功能。

文件I/O要用文件流对象。文件操作的四个步骤是：建立文件流对象、打开文件、读/写文件、关闭文件。

根据数据保存格式分为文本文件和二进制文件，根据数据存取方式分为顺序存取和随机存取。对文本文件一般顺序读写，对二进制文件则可以顺序和随机读写。

练习题

1.分别采用流格式控制函数和流操作子实现以下数据I/O：

(1)以左对齐方式输出整数，域宽为12。

(2)以八进制、十进制、十六进制I/O整数。

(3)实现浮点数的指数格式和定点格式的I/O，并指定精度。

(4)从键盘输入包含空格的字符串到字符型数组，以回车符结束。

2.改写本章例9-5，采用操作子实现控制格式。

3.使用get和put函数读写一个多媒体文件，例如照片或视频文件。

4.编写一程序，将两个文本文件前后连接合并成一个文本文件。

5.建立若干个由第5章习题5创建的Person类对象，并分别以文本文件和二进制形式将Person类对象保存到文件中。然后再读取文件中的内容显示。

6.如下改写例2-6求解一元二次方程 $ax^2+bx+c=0$ 的根程序：

(1)定义一元二次方程类Resolution，包含5个数据成员：a、b、c、x1、x2；

(2)定义构造函数，初始化一元二次方程a、b、c；

(3)定义成员函数quotient，计算根(不考虑复数解)；

(4)重载“>>”“<<”提取和插入运算符，以文本形式读取和保存一元二次方程数据。

(5)在主函数中，从文本文件中读取a、b、c，初始化Resolution对象，计算根，再将对象保存在文本文件中。

第 10 章

异常处理

素质目标

程序设计不仅应考虑程序的正确性,还要考虑程序的容错能力。在程序设计期间,要充分考虑程序运行时可能出现的各种异常问题,如用户操作不当、计算机运行环境限制、设备没有准备好等情况。在出现这些情况时,程序应有适当的处理措施,不轻易出现死机,或退出系统,或发生数据丢失等灾难性后果,提高程序的健壮性。C++提供了异常处理的机制。本章介绍异常的概念、C++的异常处理机制和方法、C++标准库的异常处理。

学习目标

1.理解异常的概念、异常处理的思想;
2.理解C++中 try-throw-catch 异常处理机制;
3.掌握异常处理方法,学会处理程序运行时常见的异常。

10.1 异常的概念和异常处理的基本思想

程序的错误通常包括:语法错误、逻辑错误、运行异常。

语法错误指书写的程序语句与语言规则不符,无法通过编译器编译。这类错误在编译、连接时由编译器指出。

逻辑错误是指程序能顺利运行,但是没有实现预期的功能及得到预期结果。这类错误通过调试、分析发现问题。

运行异常(exception)是指程序在运行的过程中由于意外的结果、运行环境问题造成程序异常终止,如操作员操作失误、内存空间不足、设备没有准备好、文件读写不成功、执行了除 0 操作等。程序运行中的运行异常是可以预料但难以避免的。对于运行异常不能简单地退出整个程序，特别是对大型程序更不能如此处理。因此为了保证程序的健壮性，必须在程序中对运行异常进行预见性处理。对运行异常进行预见性处理称为异常处理。

有些程序是利用 if 语句检查调用函数的返回值，或者在函数调用之前检查，如在求两数之商时就需要在函数调用前检查除数是否为 0，防止异常。

```
float Div(int a,int b){return a/(float)b;}
cin>>a>>b;
if (b==0)      //捕获异常
    cerr<<"Divide 0!"<<endl;
else
    cout<<a<<"/"<<b<<"="<< Div(a,b);
```

这种处理机制将正常处理与异常处理交织在一起，程序结构不清晰，易读性差。而且对于像构造函数、析构函数这类系统自动调用，又没有返回值的特殊函数，就没有办法利用返回值返回异常。为此，C++提供了异常处理的功能。

在一个大型软件中，由于函数之间有着明确的分工和复杂的调用关系，发现错误的函数往往不具备处理错误的能力。这时它就引发一个异常，希望它的调用者能够捕获这个异常并处理这个错误。如果调用者也不能处理这个错误，还可以继续传递给上级调用者去处理。这种传递会一直继续到异常被处理为止。如果程序始终没有处理这个异常，最终它会被传递到运行系统那里。运行系统捕获异常后通常只是进行标准的异常处理。如图 10-1 所示为异常传播方向。

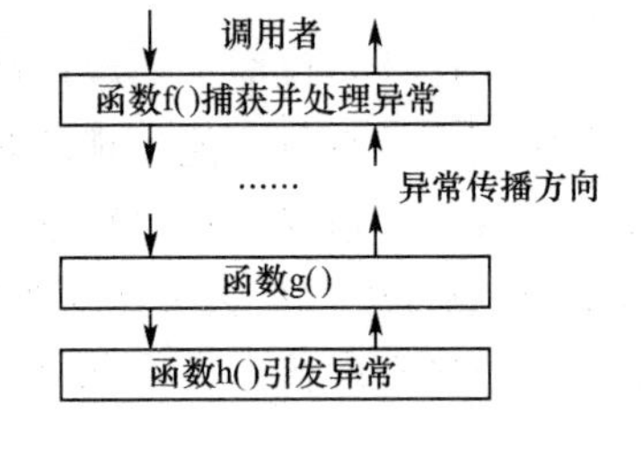

图 10-1　异常传播方向

这样的异常处理思想使得异常的引发和异常的处理可以安排在不同的函数中。底层的函数着重解决应用问题，不必过多地考虑对异常的处理。上层调用者则在适当的位置安排处理不同类型的异常。

10.2 异常处理机制

C++提供了一种以结构化的形式来描述异常处理过程的机制。该异常处理机制能够把程序的正常处理和异常处理逻辑分开表示，使得程序的异常处理结构清晰。通过异常集中处理的方法，解决异常处理问题。

10.2.1 异常处理的过程

C++中异常处理机制的主要思想是：程序在结构上分为两个区域：异常抛出区、异常处理区（图 10-2），把可能造成异常的一系列操作（语句或函数调用）放在异常抛出区的 try 语句块中，如果 try 语句块中的某个操作在执行中产生了异常，则通过执行一个 throw 语句抛出（产生）一个异常对象。抛出的对象将由异常处理区的 catch 语句来捕获并处理。

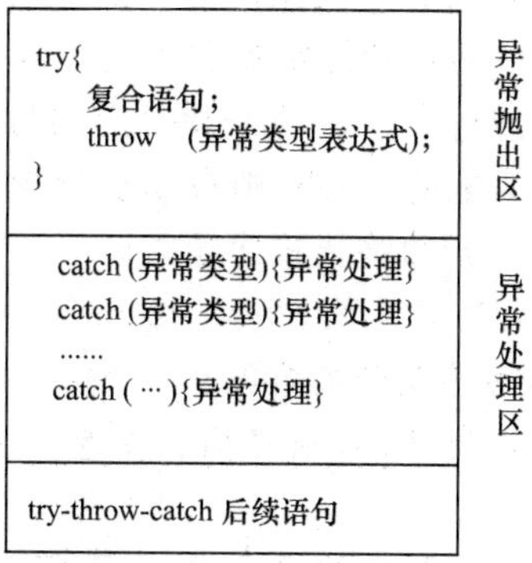

```
try{
    复合语句;
    throw  (异常类型表达式);
}
```
异常抛出区

```
catch (异常类型){异常处理}
catch (异常类型){异常处理}
......
catch ( … ){异常处理}
```
异常处理区

try-throw-catch 后续语句

图 10-2　C++异常处理程序结构

(1)try 语句块语法如下：

```
try{
    复合语句
}
```

try 中的语句块称为保护段,保护段中可以是任何C++语句,包括函数调用。try 中一般包含 throw。

(2)throw()语句的功能是在发生异常时,产生并抛出异常对象。语法格式如下：

```
throw (异常类型表达式);
```

其中异常类型表达式为除了 void 类型外的任何类型的C++表达式。

(3)catch 语句在异常处理区中捕获 throw 抛出的异常对象,然后进行相应的异常处理。语法格式如下：

```
catch(异常类型声明){
    复合语句
}
…
catch(…){
    复合语句
}
```

其中：

(1)try 和 catch 块为复合语句,因此当 try 和 catch 子句中只有一条语句时也必须用"{ }"括起来。

(2)throw 中的异常类型可以是基本数据类型、构造数据类型、还可以是自定义类型。类型名后可以带变量(对象)名,这样就像函数的参数传递一样,可以将异常类型表达式的值传入。

(3)catch 中的异常类型还可以写成…,表示可以捕获任意类型的异常。因此 catch(…)不能出现在其他捕获语句之前。通常将处理任意类型异常作为最后一个 catch。

异常处理的执行过程如下：

(1)程序执行到 try 异常抛出区,执行 try 中的保护段代码。

(2)如果执行保护段代码期间没有发生异常,当然就不执行 throw 语句,控制跳过其后异常处理区 catch 语句块,执行后续语句。

(3)如果在执行保护段代码或执行保护段调用的任何函数(直接或间接调用)期间引发了异常,则通过 throw 创建一个异常对象,并抛出该异常对象,进入异常处理区。catch 处理程序按 catch 出现的顺序依次进行异常类型匹配。如果找到类型匹配的 catch,则该 catch 处理程序被执行。执行结束,程序转移到异常处理区的后续语句执行。如果没有找到类型匹配的 catch,则继续检查外层的 try 块。一直到最外层的封闭的 try 块被检查完。

(4)如果始终没有找到类型匹配的 catch,则自动执行操作系统 terminate 函数,默认情况下,terminate 函数再调用 abort 函数终止程序运行。

注意:如果 catch 子句异常类型是基类,则该 catch 子句能匹配该基类的所有派生类。即该 catch 子句可以捕获基类和该基类的所有派生类异常。因此如果需要分别捕获基类和派生类类型异常,进行各自的异常处理,必须将捕获派生类异常的 catch 子句列在前,捕获基类异常的 catch 子句列在后。

例如,假如 A 类是基类,B 类是 A 类的派生类,在程序中既要捕获 A 类异常,又要捕获 B 类异常,则这时必须按如下顺序书写 catch 子句。

```
catch(B){ …}
catch(A){ …}
```

例 10-1 处理除零异常。

```
#include<iostream>
using namespace std;
int Div(int x,int y);
int main(){
    try  {
        cout<<"5/2="<<Div(5,2)<<endl;
        cout<<"8/0="<<Div(8,0)<<endl;
        cout<<"7/1="<<Div(7,1)<<endl;
    }
    catch(int){
        cout<<"except of deviding zero.\n";
    }
    cout<<"that is ok.\n";
    return 0;
}
int Div(int x,int y){
    if(y==0)
        throw y;
    return x/y;
}
```

程序运行结果:

5/2=2

except of deviding zero.

that is ok.

从程序运行结果可以看出,当执行 cout<<"8/0="<<Div(8,0)<<endl;语句调用 Div(8,0)时发生除零异常。程序抛出一个 int 类型异常。该异常抛出后,由于 Div 函数不具备处理该类型异常功能,因此系统将该异常传递给 Div 函数调用者 main 函数。在 main 函数中,进入异常处理区,该异常类型和 catch(int)类型匹配,被捕获,执行对应的异常处理程序,显示"except of deviding zero."。之后,程序执行异常处理区之后的语句,显示"that is ok."。而异

常抛出区中后续语句，如此例中的 cout<<"7/1="<<Div(7,1)<<endl;不再执行。

从此例中可以看出异常处理区中的各 catch 处理程序的顺序安排很重要。如果将上例的异常处理程序安排成下面形式，则 catch(int)始终不被匹配。

```
catch(…){//处理所有类型异常
…
}
catch(int){//处理 int 类型异常
    cout<<"except of deviding zero.\n";
}
```

10.2.2 异常接口声明

为了加强程序的可读性，使用户能够清楚了解所使用的函数可以抛出哪些异常，可以在函数的声明中列出函数可以抛出的所有异常类型，称为异常接口声明。语法形式如下：

```
函数类型 函数名(形参表) [throw([异常类型表])];
```

其中：

(1)"异常类型表"中列出函数可以抛出的各种异常类型名。

(2)当函数声明中没有 throw 关键字时，表明函数可以抛出任何异常；

(3)当函数声明中有 throw 关键字时，但没有"异常类型表"时，表明函数不抛出任何异常。

例 10-2 带有异常接口声明的函数。

```
#include<iostream>
using namespace std;
void fun(int x) throw (int,char,double);// fun()函数可以抛出三种异常类型
int main(){
    try{
        for(int i=1;i<4;i++)
            fun(i);
    }
    catch(int){
        cout<<"catch int\n";  }
    catch(char){
        cout<<"catch char\n"; }
    catch(double){
        cout<<"catch double\n";  }
    return 0;
}
void fun(int x) throw (int,char,double){
     if(x==0)throw x;
     if(x==1)throw 'a';
     if(x==2)throw (double)x;
}
```

程序运行结果：

catch char

10.2.3 异常处理的嵌套

在一个带异常处理的函数中调用另一个函数，而在另一个函数中也会产生异常。这样

通过函数嵌套调用便形成了嵌套的异常处理。在这种情况下，下层函数所抛出的异常首先在本层 catch 语句序列中依次查找与之匹配的处理。如果本层不能捕获，则本层函数抛出的异常逐层向上层传递，最后回到主函数中。所以无论嵌套调用了几层函数，只要在 try 块中调用，这些函数抛出的异常，都可以捕获，并且可以集中在主函数中处理。图 10-3 体现了嵌套异常处理的思想。

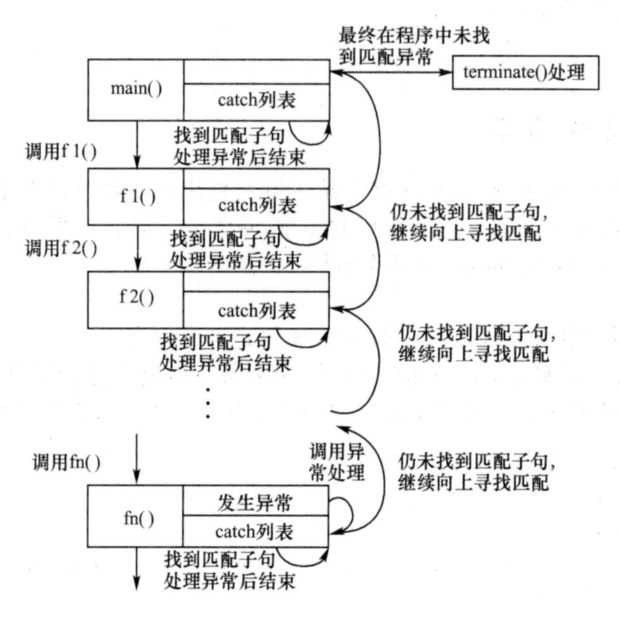

图 10-3　嵌套异常捕获和处理过程

例 10-3　带嵌套异常处理的一元二次方程求解。

一元二次方程求解公式为：

当 $a=0, b\neq 0$，　　$$x=-c/b \tag{10-1}$$

当 $a\neq 0$，　　$$x=\frac{-b\pm\sqrt{b^2-4ac}}{2a} \tag{10-2}$$

在求解过程中可能出现两种异常：公式(10-1)和(10-2)中除数为 0 以及公式(10-2)中 $b^2-4ac<0$。程序如下：

```
#include<iostream>
#include<cmath>
using namespace std;
struct Root{
    double x1,x2;
};
Root resolution(double a,double b,double c) throw(double);
double quotient(double a,double b) throw(char * );
int main(){
    double a,b,c;
    Root root;
    cout<<"Input a,b,c(^C 结束) ";
    while(cin>>a>>b>>c){
```

```
        try{
            root=resolution(a,b,c);
            cout<<"x1="<<root.x1<<",\tx2="<<root.x2<<endl;
        }
        catch(double){
            cerr<<"Sqrt negativate exception"<<endl;
        }
        catch(...){
            cerr<<"Unexcepted or rethrow exception"<<endl;
        }
        cout<<"Input a,b,c(^C结束)";
    }
    return 0;
}
Root resolution(double a,double b,double c)throw(double){
    Root tempr;
    try{
        if(a==0 && b! =0){
            tempr.x1 =tempr.x2 =quotient(-c,b);
            return tempr;
        }
        if(b * b<4 * a * c)throw(b);
        tempr.x1 =quotient(-b+sqrt(b * b-4 * a * c),2 * a);
        tempr.x2 =quotient(-b-sqrt(b * b-4 * a * c),2 * a);
        return tempr;
    }
    catch(char * Errs){
        cerr<<Errs<<endl;
        //exit(0);                //A
        //throw;                  //B
    }
}
double quotient(double a,double b) throw(char * ){
    if(b==0)throw("Divide 0");
    else return a/b;
}
```

运行程序结果：

```
Input a,b,c(^C结束) 1 1 -6
x1=2      x2=-3
Input a,b,c(^C结束) 1 2 3
Sqrt negativate exception
Input a,b,c(^C结束) 0 0 3
Divide 0
x1=-6.98351e-251,      x2=2.87248e-313
Input a,b,c(^C结束) ^C
```

当输入 1 1 －6 时，程序运行正常。当输入 1 2 3 时，resolution()函数中 b * b<4 * a * c 条件成立，产生 double 异常。由于 resolution()函数不捕获，仅抛出 double 类型异常，因此该异常向上层传递给 main 函数。在 main 函数中，通过 catch(double)捕获并处理。当输入 0 0 3 时，quotient 函数的 b==0 条件成立，同样在 quotient 函数不捕获，仅抛出 char * 类型异常。异常向上层传递到 resolution 函数中，在 resolution 中捕获并进行处理。函数调用与异常抛出关系见图 10-4。

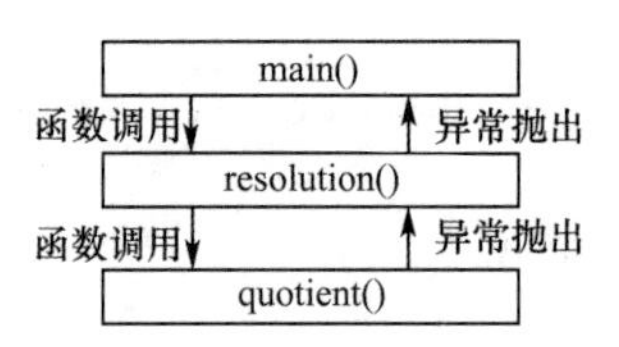

图 10-4　函数调用与异常抛出关系

本例使用 throw(double)、throw(char *)分别抛出负数求平方根异常和除数为 0 异常。当一个问题中异常类型较多时，可以考虑设计专门的异常类来标识。

10.2.4 异常的重新抛出

异常处理程序在捕获异常后，会出现两种情况：

(1)发现本身不能处理，或者只能做部分处理。

(2)即使进行了某些处理，还需要继续或重新处理。

例如在例 10-3 中，当除数为 0 时，抛出“Divide 0”异常，resolution 函数对异常进行了捕获处理，然后函数返回。由于产生了异常，这时返回的结果没有意义。可是在 main 函数中将这个没有意义的返回结果进行赋值和输出。

那么如何在调用产生异常的函数后，退出该函数呢？一种方法是在对异常进行捕获处理后，加入 exit()，如例 10-3 中的 A 行，使程序退出。但 exit 只是使程序简单退出，函数的退栈以及局部对象的析构均没用执行，这有可能造成严重后果。这时正确的处理方法是将该异常重新抛出。

C++中重新抛出已经抛出的任何一种异常的语句是：

throw；

如例 10-3 中，resolution 函数的 B 行，就是将异常再次抛出。由于 resolution 函数有异常抛出，main 中调用 resolution 函数后的赋值语句 root= resolution(a,b,c)；就不再有意义，不应该再执行，从而避免输出 root 无意义的结果。

在 catch(…)捕获到重新抛出的异常后，函数 resolution 的退栈就开始了，包括从 try 开始建立的局部对象的析构函数的调用等。catch(…)捕获异常进行处理后，还可以执行 catch 后续语句，而不是简单的退出。

采用重新抛出异常方法(去掉 B 行注释)后程序输出结果：

Input a,b,c(^C 结束)　<u>0　0　3</u>

Divide 0

Unexcepted or rethrow exception

注意：在使用 throw 重新抛出时，必须曾经抛出过异常，否则会出错。另外重新抛出的 throw 语句只能用在 catch 语句或者 catch 语句调用的函数中。

* 10.3 异常处理实例——数组下标越界异常处理

C++标准库提供了一个异常类层次结构。异常类以 exception 作为基类，定义在库的 <exception>头文件中。用户可以使用C++标准库中的异常类处理程序中的异常。exception 基类提供了 what()虚函数，用户程序也可以在 exception 的派生类中改写 what()函数，以输出相应的异常信息。

异常类层次中有一个 out_of_range 逻辑异常，专门用来处理数组下标越界。通过这个异常类能够很好地解决数组下标越界问题。例 10-4 数组类模板 Array 重载下标运算符“[]”，如果下标值越界，则会抛出一个 out_of_range 类型的异常。这些异常类也可以在用户程序中使用，或根据需要进一步派生来描述程序中的异常。

例 10-4 标准库异常类处理数组下标越界异常。

```
#include <iostream>
#include <string>
#include <iomanip>
#include <stdexcept>
using namespace std;
const int DefaultArraySize=10;
template<typename elemType> class Array{
public:
    explicit Array(int sz=DefaultArraySize){size=sz;pa=new elemType[size];}
    ~Array(){delete[] pa;}
    elemType& operator[](int ix) const{//下标运算符[]重载
        if(ix<0 || ix>=size){//增加异常抛出，防止下标越界
            string eObj="Out_of_range error in Array<elemType>:: operator[]()";
            throw out_of_range(eObj);
        }
        return pa[ix];
    }
private:
    int size;
    elemType * pa;
};
int main(){
    int i;
    Array<int> arr;
    try
    {
        for(i=0;i<=DefaultArraySize;i++){
```

```
            arr[i]=i+1;  //写入 arr[10]时出界
            cout<<setw(5)<<arr[i];
        }
        cout<<endl;
    }
    catch(const out_of_range& excp) {//输出异常信息
        cerr<<'\n'<<excp.what()<<'\n';
        return -1;}
    return 0;
}
```

程序运行结果：

1 2 3 4 5 6 7 8 9 10

Out_of_range error in Array<elemType>::operator[]()

为了使用预定义的异常类，程序必须包含头文件<stdexcept>。传递给 out_of_range 构造函数的 string 对象 eObj 描述了被抛出的异常。当该异常被捕获时，通过 exception 类的 what 成员函数可以获取这些信息。这样处理后，数组类对象 arr[]中的下标越界将导致 Array 的 operator[]抛出一个 out_of_range 类型的异常，它将在主函数 main()中被捕获。

本章小结

异常处理是C++提供的一种捕获和处理程序错误的结构化机制。常见的异常有 new 无法取得所需内存、数组下标超界、运算溢出或除数为 0 以及函数的无效参数等。

C++异常处理通过关键字 try、throw、catch 来实现。发生异常之后，控制不会返回异常抛出点，而由程序执行相应的 catch 块，然后跳过所有后续 catch 块恢复执行。

异常接口声明可以用参数形式声明一个函数允许抛出的异常类型。

一个异常处理程序如果不能确定异常的处理方式，可以在 catch 块中再把异常抛给上一级调用函数。

异常处理一般应用于大型程序中，以统一的方式处理整个程序的异常。

练习题

1.以 String 类为例，在 String 类的构造函数中使用 new 分配内存。如果操作不成功，则用 try 语句触发一个 char 类型异常，用 catch 语句捕获该异常。同时将异常处理机制与其他处理方式对内存分配失败这一异常处理进行对比，体会异常处理机制的优点。

2.定义一个异常类 Cexception，有成员函数 reason()，用来显示异常的类型。定义一个函数 fun1()触发异常，在主函数 try 模块中调用 fun1()，在 catch 模块中捕获异常，观察程序执行流程。

参考文献

[1] 张娜.C++高级程序设计教程.北京:清华大学出版社,2017.

[2] 陈家骏,郑滔.程序设计教程用C++语言编程.3 版.北京:机械工业出版社,2015.

[3] 郑莉,董渊.C++语言程序设计(第 5 版).北京:清华大学出版社,2020.

[4] 吴文虎,徐明星.程序设计基础.3 版.北京:清华大学出版社,2010.

[5] H.M.Deitel.C++大学基础教程.5 版.张引译.北京:电子工业出版社,2012.

[6] Stephen Prata.C++Primer Plus.6 版中文版.北京:人民邮电出版社,2012.

[7] Walter Savitch.C++入门经典.10 版.北京:清华大学出版社,2018.

[8] Stanley B.Lippman.C++ Primer 中文版.5 版.王刚等译.北京:电子工业出版社,2013.

[9] 马石安,魏文平.面向对象程序设计教程(C++语言描述)(第 3 版)北京:清华大学出版社,2018.

附录

附录 A　ASCII 字符表

ASCII 码	字符	ASCII 码	字符	ASCII 码	字符	ASCII 码	字符
0	NULL	32	sp	64	@	96	\,
1	SOH	33	!	65	A	97	a
2	STX	34	”	66	B	98	b
3	ETX	35	#	67	C	99	c
4	EOT	36	$	68	D	100	d
5	END	37	%	69	E	101	e
6	ACK	38	&	70	F	102	f
7	BEL	39	’	71	G	103	g
8	BS	40	(	72	H	104	h
9	HT	41	)	73	I	105	i
10	LF	42	*	74	J	106	j
11	VT	43	+	75	K	107	k
12	FF	44	,	76	L	108	l
13	CR	45	—	77	M	109	m
14	SO	46	.	78	N	110	n
15	SI	47	/	79	O	111	o

（续表）

ASCII码	字符	ASCII码	字符	ASCII码	字符	ASCII码	字符
16	DLE	48	0	80	P	112	p
17	DC1	49	1	81	Q	113	q
18	DC2	50	2	82	R	114	r
19	DC3	51	3	83	S	115	s
20	DC4	52	4	84	T	116	t
21	NAK	53	5	85	U	117	u
22	SYN	54	6	86	V	118	v
23	ETB	55	7	87	W	119	w
24	CAN	56	8	88	X	120	x
25	EM	57	9	89	Y	121	y
26	SUB	58	:	90	Z	122	z
27	ESC	59	;	91	[	123	{
28	FS	60	<	92	\	124	|
29	GS	61	=	93	]	125	}
30	RS	62	>	94	∧	126	~
31	US	63	?	95	_	127	DEL

附录 B 系统关键字

ISO C++98/03 关键字共 63 个，C++11 增加到 73 个。附录 B 中给出了常用的 60 个关键字及含义。

序号	关键字	意　义
1	auto	C++98/03 自动类型变量，C++11 改为自动类型推断
2	bool	逻辑型数据
3	break	跳出循环体，结束循环
4	case	分支语句中的分支
5	catch	捕获异常
6	char	字符型数据
7	class	定义类的关键字
8	const	常量
9	const_cast	强制将 const 类型转变成非 const 类型
10	continue	跳出本次循环，进行下一次
11	default	分支语句中的默认分支
12	delete	释放指针指向的内存块
13	do	do 型循环
14	double	双精度浮点型数据
15	dynamic_cast	继承体系中的对象指针类型转换
16	else	判断语句中的否定分支
17	enum	定义枚举型数据
18	explicit	显式声明构造函数
19	extern	声明外部变量
20	false	逻辑假
21	float	浮点型数据
22	for	for 型循环
23	friend	友元
24	goto	跳转语句
25	if	判断语句
26	inline	声明为内联函数
27	int	整型数据
28	long	长整型数据
29	mutable	mutable 修饰的类成员变量，可以在 const 修饰的成员函数里修改

（续表）

序号	关键字	意 义
30	namespace	名字空间
31	new	申请内存块
32	operator	定义运算符重载
33	private	私有继承
34	protected	保护继承
35	public	公有继承
36	register	寄存器类型变量
37	reinterpret_cast	指针类型的强制转换
38	return	从函数中返回
39	short	短整型数据
40	signed	有符号型数据
41	sizeof	取数据类型长度运算符
42	static	静态数据
43	static_cast	静态强制类型转换
44	struct	定义结构体型数据
45	switch	分支语句
46	template	模板
47	this	本对象指针
48	throw	抛出异常
49	true	逻辑真
50	try	代码段保护
51	typedef	重定义数据类型
52	typeid	运行时类别识别
53	typename	类型名
54	union	定义联合体型数据
55	unsigned	无符号
56	using	使用名字空间
57	virtual	虚函数
58	void	定义函数不返回数值
59	volatile	编译器编译时不对变量进行优化
60	while	while 型循环

附录 C　C++运算符的功能、优先级和结合性

<table>
<tr><th>优先级</th><th>运算符</th><th>功能</th><th>结合性</th></tr>
<tr><td rowspan="5">1</td><td>( )</td><td>改变优先级</td><td rowspan="5">左→右</td></tr>
<tr><td>::</td><td>作用域运算</td></tr>
<tr><td>[]</td><td>数组下标</td></tr>
<tr><td>.　-></td><td>成员选择</td></tr>
<tr><td>.*　-> *</td><td>成员指针选择</td></tr>
<tr><td rowspan="10">2</td><td>++　--</td><td>自增、自减</td><td rowspan="10">右→左</td></tr>
<tr><td>&</td><td>取地址</td></tr>
<tr><td>*</td><td>取内容</td></tr>
<tr><td>!</td><td>逻辑非</td></tr>
<tr><td>~</td><td>按位非</td></tr>
<tr><td>+　-</td><td>取正、负(单目运算)</td></tr>
<tr><td>( )</td><td>强制类型转换</td></tr>
<tr><td>sizeof</td><td>求存储字节</td></tr>
<tr><td>new　delete</td><td>动态分配、释放内存</td></tr>
<tr><td>3</td><td>*　/　%</td><td>乘、除、求余</td><td rowspan="4">左→右</td></tr>
<tr><td>4</td><td>+　-</td><td>加、减(双目运算)</td></tr>
<tr><td>5</td><td><<　>></td><td>左、右移位</td></tr>
<tr><td>6</td><td><　<=　>　>=</td><td>小于、小于等于、大于、大于等于</td></tr>
<tr><td>7</td><td>==　!=</td><td>等于、不等于</td><td rowspan="6">左→右</td></tr>
<tr><td>8</td><td>&</td><td>按位与</td></tr>
<tr><td>9</td><td>∧</td><td>按位异或</td></tr>
<tr><td>10</td><td>|</td><td>按位或</td></tr>
<tr><td>11</td><td>&&</td><td>逻辑与</td></tr>
<tr><td>12</td><td>||</td><td>逻辑或</td></tr>
<tr><td>13</td><td>?:</td><td>条件运算</td><td rowspan="2">右→左</td></tr>
<tr><td>14</td><td>=　+=　-=　*=　/=　%=
<<=　>>=　&=　^=　|=</td><td>赋值、复合赋值</td></tr>
<tr><td>15</td><td>,</td><td>逗号运算</td><td>左→右</td></tr>
</table>